KB141351

대학인의 글쓰기를 위한
문식력과 문장력

황경수 · 최태호 · 박종호 지음

청운

■ 머 리 말

한국어를 통해 사상과 감정을 표현하고, 상상력을 기르기 위해 학생들은 독서량을 늘리고 쓰도록 해야 한다. 이 책을 통해 학생들이 교양인으로서 올바른 국어생활을 할 수 있는 능력을 배양하고, 국어활동을 할 수 있도록 하였다.

학생들 스스로의 생각과 느낌을 그대로 글로 옮길 수 있는 것은 아니고, 쓰고 싶어도 그것을 문장으로 나타내기를 어려워한다. 그러므로 우리 학생들이 가장 부담스러워하는 글쓰기 활동을 통해 주체적으로 참여할 수 있도록 유도하고자 한다.

우리 학생들은 학교나 사회생활에서 말을 하거나 글을 쓸 때 어느 것이 올바른 표현인지 아닌지 대답할 수 없는 경우가 무척 많다. 이 책은 우리 선조들의 얼과 정신이 살아 있는 속담을 예문으로 들면서 우리말과 글을 올바로 인식하고, 활용할 수 있도록 설명하였다. 또한, 부족한 문법에 대하여는 국어학적으로 논의하여 좀 더 학생들이 연구할 수 있는 기회를 제공하려고 하였다.

이 책의 순서는 1부 글쓰기의 이론과 실제, Ⅱ부 실용문 작성법, Ⅲ부 속담을 활용한 우리말글 실례, Ⅳ부 언어 예절 등으로 설명하였다.

이 책이 나오기까지 많은 분들의 도움을 받았다. 국어문화원 원장님으로서 항상 학문의 길에 격려를 아끼지 않으신 김희숙 교수님, 뚝심으로 연구하라고 가르침을 주신 정종진 교수님, 열정과 끈기를 알려주신 양희철 교수님, 직분에 충실함을 일깨워주신 임승빈 교수님,

그리고 정년을 하셨지만 조용히 후원자가 되어 주시는 권희돈 교수님께 진심으로 감사를 드린다.

그리고 글로벌 비전 2020년을 준비하는 과정에서 "중부권 최고의 명문대학으로 가치를 높이고, 학생과 함께 미래의 비전을 이야기하다."의 초석을 만들어가기 위하여 열정과 노고를 아끼지 않으시는 청주대학교 김윤배 총장님께 감사의 말씀을 드린다.

지금까지 교정에 도움을 주신 청주대학교 국어국문학과 윤정아, 송대헌, 김보은 선생님, 충북대학교 전계영 선생님에게도 고마움을 표한다.

끝으로 이 책의 출판을 흔쾌히 허락하신 도서출판 청운 전병욱 사장님과 편집부 여러분께도 진심으로 감사드린다.

2012년 2월

저자

차례

Ⅰ. 글쓰기의 이론과 실제

Ⅰ. 글쓰기의 이론과 실제

1 글은 무엇인가?.

1) 글은 생활이다

(1) 말과 글은 생각을 나타내는 도구이다.
일반적으로 입말은 ① 다양성, ② 즉각성, ③ 친교성, ④ 표현성, ⑤ 함성, ⑥ 체성, ⑦ 순간성, ⑧ 동태성, ⑨ 모호성, ⑩ 비논리성, ⑪ 비격식성, ⑫ 상황 의존성 등이 있다.
글말은 ① 단순성, ② 계획성, ③ 제보성, ④ 서술성, ⑤ 분리성, ⑥ 추상성, ⑦ 영구성, ⑧ 정태성, ⑨ 명시성, ⑩ 논리성, ⑪ 격식성, ⑫ 문맥 의존성 등이 있다.

(2) 말은 성장하면서 자연적으로 습득하지만, 글은 체계적인 수련을 통하여 습득해야 한다.

(3) 글은 말과 같이 우리 생활에서 뗄 수 없는 생활필수품이다.

2) 글은 인격이다.

(1) 글은 사람의 사상과 감정을 문자로 형상화하는 표현 활동이다.

(2) 글은 인간의 됨됨이와 수준을 판가름하는 잣대가 된다.

(3) 글 속에는 그 사람의 인격이 들어있다.

3) 글은 진실이다.

(1) 상대방을 감동시키려면 글의 내용이 진실해야 한다.

(2) 글을 효과적으로 전달하기 위해서는 정확해야 한다.

(3) 상대방을 효과적으로 설득시키려면 논리적이어야 한다.

2 글과 친해지려면 어떻게 해야 하나?

1) 글쓰기를 두려워하지 마라.

(1) 쉽게 생각하라.

(2) 무엇을 쓸까 고민하지 마라, 세상에 널려있는 것이 모두 소재가 된다.

2) 형식에 얽매이지 마라.

(1) 장르가 중요하지 않다(장르는 문예 양식의 갈래이다. 특히 문학에서는 '시, 소설, 희곡, 수필, 평론' 따위로 나눈 기본형을 이른다. '갈래', '분야'로 순화하였다.).

(2) 자신의 생각을 자연스럽게 백지 위에 적어라.

3) 나의 이야기를 써라.

(1) 내가 경험한 이야기를 써라.

(2) 나의 경험을 부끄럽게 생각하지 마라.

(3) 나의 경험은 소중한 것이다.

4) 생각을 백지 위에 노출시켜라.

(1) '구슬이 서 말이라도 꿰어야 보배다.'

(2) 아무리 좋은 경험과 생각을 가지고 있더라도 표현하지 않으면 소용없다.

5) 글은 누구나 쓸 수 있는 것, 특별한 것이 아니다.

(1) 획일화된 지도를 하고 있다.

(2) 글은 소수의 특권이 아니다.

3 좋은 문장은 어떻게 만들어지는가?

1) 내용이 '분명'한 글이어야 한다.

아무리 긴 글을 써놓았어도 담긴 내용이 공허하거나 무의미한 글이면 그 글은 쓸 필요가 없다. 글 속의 정보, 지식 등이 가치 있고 풍부하다는 의미이다.

2) 글에는 '독창성'이 있어야 한다.

문장은 특정한 개인이 쓰는 것이므로 개인의 경험과 지식, 상상력이 표현된다. 소재, 주제, 구성, 문체의 독창성을 말한다.

3) 글은 '정직'하게 써야 한다.

자신의 독창적인 글인가? 아니면 인용한 글인가? 하는 문제이다.

4) 글 속에는 '성실성'이 들어있어야 한다.

자기다운 글을 정성스럽게 쓰는 것을 뜻한다. 대부분 사람들은 '자기가 실제로 생각하고 있는 글을 쓰는 것이 아니라 그렇게 생각해야 한다.'고 보는 것을 쓰려고 한다. 그 결과 마음에도 없는 글, 자신의 글이 아닌 설익은 문장으로 자신의 교양과 유식함을 제시하며 허세를 부리게 된다.

5) 좋은 글에는 '명료성'이 들어있다.

'무엇을 쓰고 있는가?'를 알 수 있도록 분명한 뜻이 들어있어야 한다(설명문 · 논설문).

6) '경제성'이 있어야 한다.

최소한의 노력으로 최대의 효과를 얻는 경제제일법칙과 같이 문장에서도 필요한 자리에 필요한 만큼의 말만 쓰는 것이 문장의 경제성이다.

7) '정확'해야 한다.

적절한 어휘로 어법에 맞게 써야 한다(표준어법 · 맞춤법 · 띄어쓰기).

표준 어법에서는 욕설(예 : 문딩아)이 될 수 있으나 오랜만에 만나는 친구 간에는 아주 정겨운 표현일 수 있다. 하지만 수련 초기에는 문장의 일정한 법칙을 따르며 쓰는 훈련을 길러야 한다.

8) '일관성'이 있어야 한다.

글 속의 부분과 부분이 긴밀하게 연계를 이루어야 한다.

글의 시점, 난해도, 형식적 요건(어조 · 문체 · 내용) 등이 글의 처음에서 끝까지 일정하게 전개되어야 한다. 문장과 문장, 단락과 단락의 일관성이 있어야 한다.

9) 문장은 '자연'스러워야 한다.

자연스러움은 문장의 흐름이 순탄한 동시에 거슬리는 어구가 없이 이해하기에 편한 글을 말한다. 지나치게 기교를 부리거나 현학적인 냄새를 풍기려다가는 부자연스러운 문장을 쓰게 된다.

4 문장 기술 방법

글의 기술 방법은 글을 쓰는 동기나 의도에 따라 다르게 나타나며, 종류에는 1) 설명, 2) 논증, 3) 묘사, 4) 서사가 있다. 이 네 가지 기술방식이 실제에 있어 단독으로 나타나는 경우는 거의 없으며, 어느 글에서나 위의 네 가지 기술방식 중 어느 하나가 주가 되기 마련이다. 나머지 방식이 쓰인다 해도 그것은 어디까지나 주된 방식을 보조하는 역할을 할 뿐이다.

1) 설명(說明)

대상을 쉽게 풀어서 그것이 무엇인가를 알리는 진술방식이다. 즉 '~는 ~다.'라는 기술방식으로 독자가 전혀 모르거나, 확실히 모르는 대상의 내용을 이해시키기 위한 목적의 글이다. 이때 그 대상이 바로 주제가 된다. 가장 일반적인 기술방법이다.

예문)

① 세종대왕(이도)은 인간이다.(지정)

② 하얀 참나무 숲 사이로 꼬불꼬불한 오솔길을 따라 오르면, 누군가가 경영하는 목장 하나가 눈에 들어옵니다.(설명인 묘사의 문장)

③ 보광사 소작인들은 해마다 소작료와 소작료 매석에 대해서 너 되씩이나 되는 조합비와 비료대금과 그것에 따른 이자를 바쳐야만 되었다. 그리고 비료대금을 갚는 기한이 해마다 호세와 같았다.(설명인 서사의 문장)

④ 모파상은 여자의 일생 · 벨아미와 비곗덩어리 · 진주목걸이 등이 있다.(예시)

⑤ 또한 처용의 처와 날개의 아내는 같은 유형이다.(비교와 대조의 문장)

2) 논증(論證)

명백하지 않은 사실이나 문제에 대하여 그 진위 여부를 증명하고, 나아가 독자로 하여금 필자가 증명한 바를 옳다고 믿게 하고, 그 증명한 바에 따라 행동하게 하도록 하는 기술방식이다. "모든 관념은 선동이다."라고 한 홈즈의 말처럼 논증은 곧 설득이다. 그러므로 논증은 설명의 단계에 해당하는 증명과 사고하고 행동하기를 요구하는 설득의 단계를 갖는다. 설명의 목적이 어떤 대상을 설명하여 분명하게 알게 함에 있다면, 논증은 쓰는 이의 견해에 대하여 의혹을 갖거나 반대 의견을 가진 이들을 설득시키는 일이다. 따라서 논증하는 사람은 자신의 견해를 확고히 하고 반대 의견에 대한 논쟁의 태세를 갖추고 있어야 한다.

예문)

① **만약 네가 교통신호를 어기면, 벌금을 물것이다.**
너는 벌금을 물지 않았다.
그러므로 너는 교통신호를 어기지 않았다.

② **만약 네가 교통신호를 어기면, 벌금을 물것이다.**
너는 교통신호를 어기지 않았다.
그러므로 너는 벌금을 물지 않을 것이다.

③ **이 차를 놓치면 지각을 할 것이다.**
너는 이 차를 놓쳤다.
그러므로 너는 지각을 하겠다.

④ **이 차를 놓치면 지각을 할 것이다.**
너는 이미 지각을 했다.
그러므로 너는 그 차를 놓쳤겠다.

3) 묘사(描寫)

구체적인 대상을 언어로 그려 보이는 기술방식이다. 즉, 설명이 대상에 관한 정보와 지식을 전달하는데 비해, 묘사는 대상에서 받은 인상을 전달하는 것으로 그 인상을 독자의 감각과 상상력에 호소하는 것이다. 요컨대, 대상에서 받은 인상을 구체적인 대상 자체의 표현을 통하여 개성적으로 그려내는 것이 묘사다. 묘사에는 설명적인 것과 암시적인 것이 있다. 앞서 이야기 한 것과 마찬가지로 설명적인 것은 설명에 속하고, 암시적인 묘사와도 긴밀한 관계가 있으며, 종종 설명이나 논증과도 교섭한다.

예문)

① 음산한 검은 구름이 하늘에 뭉게뭉게 모여드는 것이 금시라도 비 한 줄기 할 듯하면서도 여전히 짓궂은 햇발은 겹겹 산속에 묻힌 외진 마을은 통째로 자실 듯이 달구고 있었다.(김유정의 '소나기')

② 어느덧 열여드레 날이 천마재 위에 비죽이 솟았다. 산속은 괴괴하다. 나무 사이로 세차게 흐르는 달빛이 더욱 적막을 돋우었다. 숲 위에서 반짝이는 별들만이 순이와 현보를 지키고 있었다.(정비석의 '성황당')

4) 서사(敍事)

서사는 사건의 경과를 이야기하는 기술방법으로 소설이 가장 대표적인 양식이다. 묘사가 어떤 한 순간의 고정된 대상의 모습을 보여주는데 비하여, 서사는 움직이는 모습을 보여주는 것이다. 요컨대 서사는 인물과 사건을 가진 이야기의 제시다.

예문)

① 일제강점기란 1910년 경술국치로 대한제국이 망하고 일본이 우리나라를 지배하게 된 이래, 1945년 8월 15일 태평양전쟁으로 패전하기까지 36년 동안 일본이 우리나라를 통치하던 시대이다. 상황이 복잡하거나 일반적으로 이해될 수 없을 경우에는 설명하려는 과정 '시기'를 정의한다.

② 일제강점기는 정책 변화에 따라 편의상 3기로 구분할 수 있다. 제1기 무단정치시대, 제2기 문화정치시대, 제3기 병참기지시대가 그것이다.
서사 내용이 길거나 복잡할 때는 전체를 몇 개의 기능 단계나 양상으로 나눈다.

③ '~하는 동안에, ~한 뒤(후)에, ~하기 전에' 등
시간 관계를 명확히 하기 위하여 시간 표시 부사 어구를 자주 사용한다.

5 문장 구성 방법

문장은 처음의 한 낱말로 시작하여 마지막 낱말로 끝을 맺는다. 이러한 낱말의 배열과 문장을 전개해 나가는데 일정한 형식과 질서를 구성이라 하는데, 이는 글쓴이의 사상 곧 주제를 효과적으로 전달하기 위하여 1) 주제 설정, 2) 소재 선택, 3) 구상, 4) 구성방식, 5) 집필, 6) 퇴고 등의 과정을 거친다.

1) 주제 설정

주제는 '대화나 연구 따위에서 중심이 되는 문제', '예술 작품에서 지은이가 나타내고자 하는 기본적인 사상', '주된 제목' 등의 뜻이다.

글의 중심 내용으로 글쓴이가 말하고자 하는 의도를 주제라고 하며, 주제 설정에 있어서는 다음과 같은 요건을 필요로 한다.

① 주제는 작은 범위로 한정하여 참주제를 정한다.
② 자신에게 관심이 있으며 잘 알고 있는 쉬운 주제를 정한다.
③ 독자에게도 관심과 흥미를 줄 수 있는 재미있는 주제를 정한다.

2) 소재 선택

소재는 '어떤 것을 만드는 데 바탕이 되는 재료.', '예술 작품에서 지은이가 말하고자 하는 바를 나타내기 위해 선택하는 재료.' 등의 뜻이다.

글의 재료가 될 수 있는 이 세상의 모든 것을 소재라 하며, 소재 선택에 있어서는 다음과 같은 요건을 필요로 한다.

① 글의 내용을 다채롭게 하려면 이야깃거리가 풍부하고 다양한 소재를 선택해야 한다.
② 출처가 명백하고, 사실과 추론의 구별 등 확실한 소재를 선택해야 한다.
③ 설명, 비교, 실례, 인용 등 주제를 뒷받침할 수 있는 소재를 선택한다.
④ 독창성, 구체성, 긴장감, 친근함, 해학성 등 관심거리가 될 만한 소재를 선택한다.

3) 구상

글의 줄거리를 만드는 것으로 글쓰기에 들어가기 전 '무엇을 어떻게 쓸 것인가'에 대해 생각하는 과정이다. 그러므로 글을 쓰는데 있어 구상이 필요한 이유는 무엇일까? 주제만 가지고 글이 되지 않는 것은 당연한 이야기이다. 주제를 강조하고 더 효과적으로 전달하기 위해서는 내용을 담아야 한다. 또 어떤 내용을 어떻게 배치해야 할 것인가를 빈틈없이 생각해야 한다. 이 과정이 구상이다.

주제만 가지고 글을 쓴다는 것은 여행자가 준비 없이 먼 길을 떠나는 것과 같다. 여행자는 어디로 무슨 목적을 가지고 떠날 것인가, 목적지까지 가는데 어떤 과정을 거쳐 갈 것인지 목적지에 당도해서는 목적을 이루기 위해 어떻게 할 것인지를 꼼꼼하게 점검을 해야 목적지에 당도해서 허둥대지 않고 효과적으로 임무를 수행할 수 있는 것이다. 마치 병사가 적군의 고지를 점령하기 위해 사전에 지형지물, 적의 병력과 화력 등 여러 가지 정보를 총동원하여 작전을 세우는 것과 같다. 만약 이런 작전 계획이 부실하게 되면 많은 병력의 손실을 보게 되거나 고지를 점령하기는커녕 전쟁에서 패하게 된다.

작품을 시작하기 전 구상은 작전회의와 같은 것이다. 사전 구상이 철저하게 되면 원고 작업에 들어가서도 막히지 않고 작가가 의도한 주제를 효과적으로 만들 수 있는 것은 두 말 할 필요도 없는 것이다. 구상에 있어서는 다음과 같은 요건을 필요로 한다.

① 글의 내용이 통일성을 가져야 한다.
② 내가 쓰고자 하는 주제와 맞는 모든 요소들이 일관성을 갖도록 한다.
③ 글의 전체적인 요소들을 비중에 따라 배치한다.
④ 지금까지의 직・간접 경험을 총동원한다.

4) 구성 방식

① 논리적 구성: 서론, 본론, 결론의 3단 구성과 4단 구성, 5단 구성이 있다.
② 기타 구성: 포괄식(두괄, 미괄, 쌍괄), 열거식, 점층식 구성 등이 있다.

5) 집필

집필의 순서는 (1) 서두, (2) 본문, (3) 결말이 있다.

(1) 서두

서두는 글의 첫머리로, 글의 첫인상을 좌우하는 중요한 부분이다. 따라서 글의 첫머리에 흥미를 느껴야 독자는 끝까지 글을 읽게 된다. 또한 서두가 잘 되어야만 본문이나 결말을 잘 쓸 수 있다.

〈바람직한 서두〉

㉠ 사실을 직접 서술한다.

사실의 어떠함을 직접 서술하는 경우이다.

㉡ 과제에 대한 간략한 소개를 한다.

이것은 글의 내용, 목적, 방법 등에 대한 소개를 뜻한다.

㉢ 솔직함이 독자를 감동시킨다.

독자에게 자신의 과거나 기타 솔직한 이야기를 솔직하게 고백함으로써, 감동과 아울러 친근감을 줄 수 있다. 그러나 솔직한 자기 고백이 지나쳐 자기 비하가 되어 버리면 역효과가 나기 쉬우므로 조심해야 한다.

㉣ 적절한 의문형의 제시나 열거로 주의를 불러일으킨다.

의문형으로는 글의 서두를 시작하여 과제에 대한 관심을 불러일으키는 방법으로, 의문형 서두는 독자와의 공감 영역에서 문제를 제기하고 머리를 맞대어 열거하는 정도의 효과를 얻을 수 있다. 의문형으로 시작하는 방법은 독자에게 생각할 여유를 주며 친절하고 자상한 느낌을 주기는 하지만, 이 방법을 너무 즐겨 쓰다보면 문장의 호흡이 느려지고 장황해지기 쉽다.

㉤ 짧고, 참신한 관련 어구나 사항을 인용한다.

타당성이 있는 어구나 사항을 짧게 인용하여 신뢰감을 얻는 기술 방식이다.

ⓑ 주의 환기로서 과제에 접근한다. 서두를 과제와 관계가 있는 일반적인 화제로부터 시작하여 관심을 끈 다음 과제를 제시하여 서두를 삼는 것이다.

〈바람직하지 못한 서두〉

㉠ 상식에 불과한 진부한 인생론을 과장하여 꺼내는 것이다.

㉡ 제목이 정해진 지시작문인 경우 주어진 과제에 대하여 불평하는 것이다.

㉢ 글을 쓰게 된 동기나 과정에 대해 개인적인 변명을 늘어놓는 것이다.

㉣ 개념을 확정하기 위하여 사전적 정의를 참조하는 것은 좋으나, 전적으로 그것에 의지하여 글 전체를 이끌어 가려는 것이다. 이러한 글의 서두는 첫 인상을 흐리게 하거나, 고루한 느낌을 주게 되므로 피해야 한다.

(2) 본문

이 부분에서는 주제를 살리기 위해 내용이 다양해지며, 여러 사례들이 구체적으로 나타난다. 글의 전개 방법으로는 의미가 있는 중요한 사건이나 이론들을 반복함으로써 글을 이끌어 가는 방법이다.

(3) 결말

글을 마무리하는 방법으로는 대체로 요약·전망 일반적 진술이 있다. 글의 끝부분, 결말은 서두에 못지않게 독자에게 강한 인상을 남겨주게 되므로 앞의 내용에 알맞도록 자연스럽게 마무리하여야 한다.

설명, 논증의 글에서는 본론의 내용을 요약, 정리하면서 빠진 것을 보충하고, 앞으로의 전망에 대한 기대를 덧붙이는 식의 결말이 적합하므로 주로 쓰이는 방법이다.

6) 퇴고

(1) 퇴고의 일반 원칙: 초고를 다듬고 고치는 정리 작업으로 3가지 원칙을 지닌다.

㉠ 부가의 원칙: 부족하거나 빠뜨린 부분을 첨가, 보충한다.

㉡ 삭제의 원칙: 불필요한 부분, 지나친 표현을 삭제, 생략한다.

㉢ 재구성의 원칙: 문장의 구성을 변경하여 주제의 전개를 새롭게 한다.

(2) 퇴고 과정

〈전체 검토〉

㉠ 주제는 처음의 의도, 동기와 다르지 않는가?

㉡ 주제 외에 다른 부분이 더 강조되지 않았는가?

〈부분 검토〉

㉠ 논점, 단락 등 문장의 중심부가 유기적인 통일성을 이루며, 강조성이 살려져 있고, 중요도에 따른 비율은 적절한가?

㉡ 부분과 부분의 접속관계는 논리적으로 모순이 없으며 명료한가?

㉢ 낱말 검토: 낱말은 정확성·명료성·참신성·구체성 등의 요구에 맞도록 선택되었는가?.

㉣ 표기법 및 부호 검토: 표기법, 띄어쓰기는 바르며 부호는 적절하게 사용되었는가?.

㉤ 자연스러움의 검토: 원고가 끝나면 소리 내어 읽어서 부자연스러운 곳은 없는가?

7) 평가

① 문장은 이해하기 쉬운가?(평이성)
② 독창성 있는 내용인가?(독창성)
③ 가치 있는 화제를 전개했는가?(가치 있는 주제)
④ 단락의 접속은 긴밀한가?(일반성)
⑤ 논리성 있게 전개되는가?(논리성)
⑥ 표현이 풍부하고 다양한가?(충분한 표현)
⑦ 정확하고 구체적이며 명료한 낱말을 선택하여 썼는가?(낱말 선택의 적절성)
⑧ 문법, 표기법, 띄어쓰기, 문장 부호 적기 등은 바로 하였는가?(정확성)

(예문 1)

'인구의 도시집중화 현상'

해방 이후, 우리나라의 인구는 급격한 도시 집중 현상을 보여 왔다. 그 원인은 다양하다. 그러나 여기서는 가장 대표적인 세 측면, 경제적인 측면과 사회적인 측면, 그리고 문화적인 측면으로 나누어 생각해 보기로 한다.

앞에서 지적한 세 측면을 범주로, 도시 집중의 원인을 구체적으로 살펴보자.

첫째, 경제적 측면과 관계되는 것으로 빈곤이 가장 커다란 문제임을 지적할 수 있다. 우리나라는 지난 20여 년 동안 놀랄만한 경제 성장을 이룩했고, 물질적인 빈곤에서 벗어날 수 있었다. 그러나 이러한 산업 경제의 발전 단계에서 도시와 농촌의 격차는 어느 때보다 심화되었다. 그래서 농촌 사람들이 느끼는 상대적인 빈곤은 도시 집중의 가장 커다란 요인이 되고 있다.

둘째, 사회적 측면으로는 사회적 혼란, 전통적인 생활에서의 탈피를 그 원인으로 들 수 있다. 더 중요한 것은 질 높은 교육, 도시생활에의 동경, 기술 또는 능력을 발휘할 수 있는 조건 등을 들 수 있다. 농촌에서는 교육의 기회가 도시에 비해 적기 때문에 좋은 여건에서의 교육을 위하여 농촌을 떠나게 되었다. 또한, 직업도 농업 하나로 단일화되어 있고, 그나마 좋은 보수를 얻는 것도 아니므로, 자기의 기술 또는 능력을 발휘할 수 있고, 다양한 고용 기회가 있는 도시생활을 동경하게 되어 정든 농촌을 떠나 도시로 이동하고 있다.

셋째, 문화적 측면도 무시할 수 없다. 문화시설의 편의 때문에 도시로 이주하는 것은 문화시설이 도시에 편중되었기 때문이다. 농촌에서의 문화생활이란 텔레비전이 고작이다. 연극 관람은 아예 생각할 수 없는 정도이다.

이상에서 살펴본 바와 같이 인구의 도시 집중 현상은 도시와 농촌의 균형 있는 발전이 이룩되지 못했기 때문이다. 따라서 인구의 도시 집중을 막기 위해서는 도시와 농촌의 균형적인 발전이 이루어져야 한다.

(예문 2)

'식민사관과 한국사학'

최근의 역사학계에서 논의의 대상으로 부각된 문제로 '사관', 즉 한국사를 보는 시각에 대한 엇갈린 견해를 들 수 있다. 식민사관과 민족주의 사관의 대립이 그것이다. 전자는 일본이 한국에 대한 침략과 수탈을 정당화하기 위하여 주장했던 것이며, 후자는 이러한 일제 민족말살정책으로 인한 민족적 시련을 정신적으로 극복하려는 노력의 일환으로서, 한국사를 보다 주체적·객관적으로 파악하려는 사관이다.

한국사의 서술에서 발견되는 식민사관의 요소는 대체로 다음과 같은 것들이다.

첫째, 반도적 성격론으로서, 지정학적 위치가 민족성과 민족의 운명마저도 결정한다는 일종의 숙명론이다. 이는 한국사의 성격을 주변성·사대주의적 성격으로 규정되어, 한국 민족의 자주성·창조성을 일체 부정해 버릴 소지를 지닌 것이다.

둘째, 민족성론으로서, 한국 민족성의 단점으로 의타심·온건성·당파성 등을 들고 있는 견해이다. 이러한 까닭에 일본은 한국에 대한 침략과 수탈을 '비주체적이고 자치 능력이 없는 조선에 대한 보호 정치'라는 이름으로 정당화 할 수 있었던 것이다. 그러나 한국사가 이렇듯 암울하고 자주적이지 못한 모습으로 점철된 것이 아님은 누구나 아는 사실이다. 한국 민족이 꽃피운 찬란한 문화유산 하나만으로도 그것은 여실히 증명되는 것이다.

셋째, 정체성론으로서, 한국 사회는 사회적 변혁을 위한 적극적 노력에도 불구하고 근대 사회로의 이행에 필요한 봉건 사회를 거치지 못한 채 전근대적인 단계에 머물고 있다고 설명하는 것이다. 이러한 주장 역시 한국의 정체성을 지적하고 이를 근대화하기 위한 일본의 역할을 강조하려는 저의를 숨긴 것이다.

위와 같이 한국사에 있어서의 식민사관적 요소는 많은 질곡을 가져왔다. 한국사의 어두운 면만을 조명하고, 민족성은 지배받아 마땅한 것으로 규정해 버림으로써 일본은 한국에 대한 침탈을 합리화하려 했던 것이다. 이에 민족주의 사관은 식민사관을 지양·극복하고, 보다 주체적이고 정확하게 사관을 바라보는 노력을 수반해야 할 것이다.

(예문 3)

'남녀 평등의 사회'

모든 근로자는 노동의 대가로 보수를 받는다. 보수는 근로자의 노력과 생산량에 비례하여 적정한 수준을 유지해야 한다. 이것에 대해 이의를 제기하는 사람은 없을 것이다. 그러나 남녀의 능력은 서로 같을 수 없고 남자는 우월하고 존엄한 자이며, 남자의 직업은 사회에 보다 유용한 것인 반면, 여자는 열등하고 하찮은 존재이며, 여자들의 직업은 천하다고 생각하는 사람들도 현실적으로 많이 있다. 그들은 남녀 임금의 격차는 당연한 것이며 그대로 유지되어야 한다고 주장한다.

그러나 그러한 사고는 위험한 것이다. 운전기사의 일은 안내양의 일보다 어렵고, 의사의 일은 간호사의 일보다 더 많은 지식과 노력을 필요로 하긴 해도, 운전기사와 의사의 일만이 우월한 것이고 사회에 필요한 것이라고 할 수는 없다. 남녀의 일은 그 나름대로 모두 가치 있는 것이며 사회에 어느 것 하나 없어서는 안 될 것이다. 동일 직종, 동일 업무에 있어서 단지 남녀라는 성별의 차이로 인한 임금의 격차는 없어져야 한다. 남녀 임금 격차의 폐지는 첫째, 개인의 자유와 평등을 존중하며 남녀의 차별을 부인하는 민주주의 이념에 부합된다. 둘째, 여성의 능력을 계발시켜 준다. 셋째, 직업의 귀천 의식을 없애 준다. 넷째, 전통적인 악습 타파에 공헌한다. 즉 남녀의 임금 격차를 인정하게 되면 남존여비의 잘못된 인습을 인정하는 결과가 되지만, 이를 폐지하면 잘못된 인습도 사라지게 될 것이다. 이상과 같이 네 가지 이유만으로도 남녀의 임금 격차는 시정되어야 할 것이다.

신체적, 정신적 남녀의 차이가 있긴 해도, 그러나 그것은 차별할 성질의 것이 아니라 상호 보완의 관계에 있는 것이다.

그렇다고 하여 무조건적인 임금의 균등도 옳지 못하다. 각 직업의 종류와 일의 성질에 따라 합리적으로 차이를 인정하는 것이야말로 오히려 평등의 원칙에 합당하며, 남녀 간에도 상호 신뢰와 존중을 더하는 방법이기 때문이다.

(예문 4)

'나의 직업'

직업에 관해서 천한 것이 있다고 분류하는 것은 곤란하다. 사회는 –상층에서 하층에 이르기까지– 어느 한 분야의 직업을 제거시킨다면, 원만하게 성립될 수 없으며, 개인은 그 나름대로 상당한 불편을 느끼게 될 것이다.

농사짓는 일을 없앤다면 우리의 식생활에 타격이 심할 것이고, 공장을 폐쇄시킨다면 우리가 손수 물건을 만들어야 하는 어려움이 따를 것이고, 시장을 문 닫아 버린다면 일없이 물건을 만드는 곳에 가서 사야 하는 불편이 야기될 것이며, 정치를 빼어 버린다면 사사건건 이곳저곳에서 의견 충돌이 생겨 혼란이 일지도 모른다. 또한 회사에서 사원이 없는 사장은 있을 수 없으며, 만일 청소부가 없다면 모두가 항상 청소에 신경을 써야 하고, 경비원이 없으면 도난을 막기 위해서 바쁜 일손을 쉬더라도 주의를 경계할 필요가 생기게 된다.

이처럼 우리 사회에서의 직업은 어느 직업이든지 사회에 필요한 부분의 몫을 다하고 있기 때문에 직업에 귀천은 있을 수 없다. 하지만 직업의 선택은 중요하다. 자신의 소질과 적성, 자아를 실천하고 완성하는데 직업은 중요한 역할을 한다. 그렇기 때문에 직업의 선택으로서 자신의 생활은 제약을 보여주는 증거가 된다.

직업은 남에게 보이기 위한 것만은 아니다. 물질 만능주의의 사회에서 사람이 기계의 한 부속품처럼 되었을지라도 인간성 회복은 개인 스스로 노력할 때 이루어질 수 있다. 그렇기 때문에 직업은 자아의 실현과 완성을 이룰 수 있는 것이어야 한다. 자신의 생활이 없는 직업이란 있을 수 없기 때문이다.

(예문 5)

'맞선'

젊은 남자와 여자가 결혼에 대해 갖는 생각은 다양하다. 특히 그 상대자를 선별하는 기준과 결합까지의 과정은 개인의 은밀한 꿈으로 지속된다. 어느 시대이든 어떤 문화권에서든 결혼은 성인으로서의 의식이었으며 단지 좋은 사람을 만난다는 것만이 아닌 소유권과 경제적 교환 문제가 포함되어 얽혀왔다.

남자와 여자가 자유롭게 만날 수 있고 때로는 결혼이란 제도 자체가 거추장스러워진 시대에 맞선을 논한다는 것은 진부한지도 모른다. 그러나 맞선은 여전히 중요하게 진행되고 있다. 또 의외로 많은 젊은 남녀가 맞선이라는 형태의 보장된 만남을 통해 안전한 결혼을 원하고 있기도 하다. 그만큼 맞선 그 자체는 좋은 기능을 가졌다고 볼 수 있겠다. 연애가 부정적으로 인식되었던 시대야말로 맞선은 그 기능을 십분 발휘하였고 요즘도 오랫동안 공부나 일, 기타의 이유로 이성을 만날 수 있는 기회를 놓쳐버린 사람들에게는 결혼의 좋은 풍토가 되고 있다.

결혼은 두 사람의 결합을 넘어서서 집안과 집안, 사회의 관계 속에서 의미되어지는 것이다. 이런 관점에서 볼 때 맞선은 연애보다 훨씬 폭넓은 결혼의 상황들을 포함하고 진행된다. 좋은 성장과정, 학벌, 재력, 외모를 가진 앞으로 기대되는 사람을 맞선으로 만난다. 그 후 연애의 기간을 통해 외형적인 가치만이 아닌 인간적 내면과 친숙해지고 사랑을 하여 결혼을 결정하는 것은 나쁘지 않다.

하지만 대부분의 경우, 맞선은 결혼 적령기라는 부담감과 더불어 평생의 동반자를 상품화시켜 교환 가치로 선택하게 된다. 특히 가문과 가문의 권위가 만난 이유로 하여 너그러운 교제 기간을 갖지 못하고 결혼의 여부를 결정해 버리게 된다. 바로 이런 점이 맞선을 긍정적으로만 평가할 수 없는 요인이 되게 하는 것이다.

"맞선? 한 번도 안보고 결혼하면 섭섭한 거 아냐?"라는 말이 있다. 그렇다. 연애 한 번도 안 해보고 결혼하는 것은 섭섭한 것 이상일 것이다. 어떠한 형태로 시작되는 만남이라든지 서로가 많은 경험을 함께 할 수 있는 연애기간은 반드시 필요하다고 본다. 모든 남녀가 길거리에서 만나 사랑에 빠질 만큼 연애박사들은 아니다. 맞선이 가진 함정에 빠지지 않고 사람을 만나려는 진실한 노력을 가진다면 필요한 사람들에게 좋은 제도가 될 수 있다.

결혼은 자연스럽고도 신중한 결정이다. 인생의 기쁨과 슬픔을 같이 할 사람을 선택하는데 여러 번의 사랑과 연애를 거듭한 후 정말 잘 맞는 내 짝을 찾아내야 하지 않을까.

(예문 6)

'사회규범'

인간은 사회 속에서 태어나서 사회 속에서 살아간다. 그리고 집단생활의 질서를 유지하기 위해서 법, 도덕, 관습 등의 사회규범을 만들어 필요에 따라 개인의 생활, 자유를 구속하고 통제해 왔다. 공동체의 질서 유지에 필요한 최소한의 사회 규범으로는 인위적으로 만들어진 타율적, 강제적 규범인 법이 있다. 그에 비해 좀 더 포괄적인 사회 규범으로의 도덕은 인간 개개인의 양심에 따라 선을 실현시킬 목적을 각자가 자신에게 명하는 윤리적・자율적인 규범이라 할 수 있다.

또 한 사회 내에서 역사적으로 발달하여 그 사회의 성원에게 일반적으로 널리 승인되어 있는 전통적인 행동 양식으로서 관습이 있다.

그러면 이러한 사회 규범이 어떻게 개인에게 적용되는지 알아보자.

어떤 사람이 아주 기분 좋은 일이 있어서 친구들과 함께 밤늦게까지 술을 마셨다. 모두들 잠이 든 깊은 밤에 집으로 돌아가던 그는 술에 취해 주택가에서 고함을 지르기도 하고 큰 소리로 노래를 부르기도 했다. 물론 그 사람의 그러한 행동을 그 자신에게만 국한시켜 볼 때, 그에게는 아무 잘못도 없다. 기분이 좋아서 늦게까지 술을 마실 수 도 있으며 또 노래를 부를 수도 있는 것이다. 그렇지만 그는 혼자이기 이전에 사회라는 공동체 속에서 많은 사람 중의 한 개인으로 존재한다. 따라서 그는 자기를 생각하기 이전에, 주위에 있는 다른 많은 사람들을 생각하고 그들에게 피해가 가지 않는 범위 내에서 행동을 해야 하는 것이다. 그가 만일 아무도 없는 곳에서 노래를 부르고 고함을 쳤다면 그것은 별로 문제가 되지 않는다. 문제는 그의 행위가 다른 사람에게 피해를 끼치는 것, 즉 잠을 설치게 하여 다음 날 일을 하는 데 지장을 주게 된다는 것이다.

이와 같이 인간 개개인의 생활은 아주 사소한 것에서부터 큰일에 이르기까지 여러 면에서 사회 규범의 통제를 받게 된다. 물론 개인의 자유로운 생활은 최대한으로 보장되어야 할 것이지만 개인의 자유가 보다 많은 사람에게 피해를 주게 된다면, 다수의 안녕을 위해서라도 개인의 행위는 통제되어야 할 것이다.

6 문체의 선택

1) 문체의 선택

(1) 문체란 무엇인가?

문체란 문장의 체제나 양식, 곧 글의 특징으로서의 맵시 내지 됨됨이를 뜻한다. 따라서 거기에는 쓰는 이의 철학과 개성이 나타나기 마련이다. "문체는 사람이다."라고 말한 뷔퐁의 말은 문체에 드러나는, 쓰는 이의 개성을 강조한 말이다.

(2) 문체의 종류

① 수사의 강도 · 장단 · 수식의 정도에 따른 구분

* 강건체: 문장의 생각, 느낌, 어조, 리듬 등이 씩씩하고 굳센 문체다. 장중하고 활발하며 강직하여 남성적인 것이 특징이다. 논설문, 연설문의 문체에 이런 요소가 강하게 나타난다.

(예문)

강도 일본이 우리의 생명을 초개같이 보아, 을사 이후 13도의 의병 나던 각 지방에서 일본 군대의 행한 폭행도 이루 다 적을 수 없거니와, 즉 최근

3 · 1운동 이후 수원 · 선천 등의 국내 각지부터 북간도 · 서간도 · 노령 · 연해주 각처까지 도처에 거민을 도륙한다, 촌락을 불지른다, 재산을 약탈한다, 부녀를 욕보인다, 목을 끊는다, 산 채로 묻는다, 불에 사른다, 혹 일신을 두 동가리 세 동가리로 내어 죽인다, 아동을 악형한다 하여 할 수 있는 데까지 참혹한 수단을 써서 공포와 전율로 우리 민족을 압박하여 인간의 산송장을 만들려 하는도다.

신채호: 『조선혁명선언』 중에서

이것은 강건체로 쓰인 논설문의 예다. 호흡이 장중하고 기개가 넘치는 글이다.

현대 행동주의 소설, 사회 참여의 소설에 보이는 반항, 고발, 비판의 대목에서도 강건체는 가끔 발견되나, 이런 문체는 서문 · 권두언 · 사설 · 고지서 · 선언문 · 연설문에 쓰이는 것이 상식이다.

강건체는 탄력성 있고 엄숙한 상황조성으로 읽는 이의 마음을 사로잡는 충동적인 문체이기는 하나, 독단에 흐르거나 관념의 유희에 빠져 '좋은 문장의 요건'인 '내용성'이 결여되기 쉽다.

* **우유체**: 우유체는 온화하고 부드러운 문체다. 주제에 크게 구애받지 않으며 청초하고 겸허하며, 우아미를 담은 문체다. 심약해지거나 지나치게 섬세하여 의지를 상실하기 쉽다는 약점이 있지만, 인간의 순수한 정서에 감동을 주는 장점을 지닌다.

(예문)

고요한 밤에 말없이 다소곳이 앉은 여인과 있어보고 싶은 때가 있다. 그런 때면 나는 화로에 차(茶) 물을 올려놓고 고요히 눈을 감는다. 그러면 바글바글 피어나는 맑은 향기에서, 고은 여인의 옥양목 치맛자락 스치는 소리가 들리는 것이다.(중략)

달밤의 고요한 호수가 그리울 때가 있다. 그런 때면 나는 한길로 난 넓은

터를 내다본다. 그러면 높은 외등이 달빛같이 비치어 광장에 오수같이 괴어 있는 것이다.

윤오영: 『온돌의 정』 중에서

이 글은 우선 낱말의 선택에 있어 우유체의 특징을 드러낸다. '고요한 밤, 말없이, 다소곳이, 여인, 화로, 차(茶) 물, 맑은 향기, 치맛자락, 달밤, 고요한 호수 외……' 같은 말들은 우아미를 엮어 내는 실오리와 같은 말들이다. 수필에 알맞은 문체가 우유체다.

* **간결체**: 간결체는 요령 있고 간결하며 압축적인 문체다. 어구가 복잡하지 않고 근소하며 충실한 내용성을 지녀 선명하고 담박한 인상과 여운을 풍기지만 극단에 이르면 개념화하여 뜻의 전달이 어려워지기 쉽다.

(예문 1)

"우리는 성자이신 예수의 속죄의 피로 죄의 용서를 받을 수 있으며……" 교리 강독은 더욱 열을 띄기 시작한다. 석은 창밖에 시선을 돌렸다. 낙수는 반주를 계속 한다. 벽에 시선을 멈춘다. 성화다. 막달라 마리아에게 돌을 던지려고 군중들이 아우성치고 있는 장면이다. 창부 마리아는 벽에 붙어 공포에 오돌오돌 떨고 있고, 손에 돌을 든 군중이 아우성치며 막 돌을 던지려는 순간이다.

구인환: 『내일은』 중에서

(예문 2)

아주 어두워졌다. 이제 서두를 수도 없다. 빗속에서 네온이 졸고 있다. 아니 춤을 춘다. 멋있게 휘어 감는 선율, 그 섬광이 신호탄같이 아물거린다. 형식은 발을 끌었다. 도시 분간 할 수가 없다. 모두가 허옇게 보일 뿐이다. 어둡다. 가도 가도 어둔 길이다. 다시 빗방울이 커졌다. 우악스럽게 퍼붓는다. 눈을 뜰 수조차 없다. 힘껏 리어카를 끌었다. 빨리 가자. 어서 가야 한다. 그러나 발이 절룩거릴 뿐 걷는 것이 아니다. 네온이 가물거린다. 멀리서 폭음이 들린다. 네온과 폭음이 범벅이 되어 어지럽다. 발을 힘껏 내디뎠다. 몸을 물 속에 내던진다는 기분이다. 다시 폭음이 고막을 친다. 굉굉한 폭음과 함께 번갯불이 비수같이 번진다. 어서 저 운동장을 감돌아야 한다. 어서. 형광등이 보였다. 그 옆이 운동장이다. 숨이 가빠졌다. 사방에서 짓누르고 조이는 것만 같다.

구인환: 『판자집 그늘』중에서

(예문 1, 2)는 작가 구인환의 글이다. 여기서 우리는 구인환의 개성을 발견한다. 문체가 간결하고 담박하다는 특성을 알게 된다. 두 글이 모두 번거로운 수식어구를 생략했을 뿐 아니라 글의 호흡도 짧다. 그렇다고 함축적 의미가 상실되어 건조한 문체로 떨어진 것도 아니다. 간결체는 대체로 소설이나 수필에 알맞은 문체다.

* **만연체**: 만연체는 세세한 감흥까지 다루어 온갖 어구를 동원함으로써 분위기가 뜻을 충분히 전개하는 문체다. 뜻의 전개에 있어서는 만족스러우나, 화제가 지나치게 장황해져서 만만담에 떨어지기 쉽다.

(예문 1)

생각만이라도 해 보십시오. 만일에 어머니라 하는 이 아름답고 친절한 종족이 없다면, 대체 이 세상은 어떻게나 되어 갈까요? 이 괴로운 세상을 찬란하게까지 장식하고 있는 모든 감정, 말하자면 저 망아적 애정, 저 심각한 자비, 저 최대한의 동정, 끝이 없이 긴밀한 연민, 저 절대한 관념……이 모든 것은 이곳에서 사라져버리고야 말 터이지요. 그리하여 이때 이 세상이 돌연히 한없이도 어두워지고, 우울해지고, 고달파질 터이지요. 참으로 어머니와 아들의 결합과 같이 힘차며, 순수하며, 또 신비로운 결합은 어떠한 인간관계 속에서도 찾아낼 수 없습니다. 이 세상에서 우리가 고향이라 부를 만한 것이 있다면, 새로 생긴 자에 대해 그에게 영양을 제공하고 그에게 생명을 부여하는 어머니야말로 참된 향토가 아닐까요? 어린아이뿐만 아니라 성장하여 가는 아동에 있어서도 어머니는 영원히 그들의 괴로워할 때의 좋은 피난소이며 그들이 즐거워할 때의 좋은 동감자입니다.

김진섭: 『母頌論』 중에서

수식이 풍부하고 호흡이 긴 만연체로 쓰여진 예문이다. '세상이 돌연히 한없이도 어두워지고, 우울해지고, 고달파질 터이지'라든가 '힘차며, 순수하며, 신비한 결합은'과 같은 어구가 두드러지게 만연해진 부분이다.

(예문 2)

그리하여, 있는 돈으로 어떻게 밭날갈이나 사서 조 같은 것이나 심어 가지고 겨울의 시탄과 양식을 대개하고 짬짬이 조개나 굴, 낙지 이런 것들을 케어서 그날 그날을 살아갔으면, 그것이 더할 수 없는 행복일 것만 같았다. 그러지 않아도 삼십 만생에 자기 소유라고는 손바닥만한 것조차 없어, 어떻게도 몽매에 그리던 땅이었는지 모른다. 완전한 아내를 사지 아니하고 아다다를 꼬여온 것도 이 소유욕에서였다. 아내가 얻어진 이제, 비록 많지는 않은 땅이나마 가져보고 싶은 마음도 간절하였거니와, 또는 그만한 소유를 가지는 것이 자기에게 향한 아다다의 마음을 더욱 굳게 하는데 보다 더한 수단일 것 같았기 때문이다.
그런데다, 본시 뱃놀음판인 셈인데 작년에 놀구지가 잘 되었다 하여 금년에 와서 더욱 시세를 잃은 땅은 비록 때가 기경시(起耕時)라 하더라도 용이히 살 수까지 있는 형편이었으므로, 그렇게 하리라 일단 마음을 정하니, 자기도 땅을 마침내 가져보느나 하는 생각에 더 할 수 없는 행복을 느끼며 아다다에게도 이 계획을 말하였다.

계용묵: 『백치아다다』 중에서

위에 인용된 3개의 단락은 통틀어 5개의 문으로 되어있다. 더욱이

제1과 3의 단락은 각기 1개의 문으로 되어있다. 문의 호흡이 길 뿐 아니라 수식과 열거가 장황한 만연체다. 앞의 구인환이 쓴 간결체의 글과 대조적이다.

* **화려체**: 화려체는 온갖 미사어구를 동원하여 아름답게 꾸민 문체다. 청각적 운율과 회화적 색채가 두드러진 정감의 문체다. 감정을 충분히 펼칠수 있는 장점이 있는 반면에, 리듬과 감정의 표출이 심하며 천박해지기 쉽다.

(예문1)

나는 그믐달을 몹시 사랑한다.
그믐달은 요염하여 감히 손을 댈 수도 없이 깜찍하게 예쁜 계집 같은 달인 동시에, 가슴이 저리고 쓰리도록 가련한 달이다.
서산 위에 잠깐 나타났다가 숨어버리는 초승달은 세상을 후려 삼키는 독부가 아니면 철모르는 처녀 같은 달이지마는, 그믐달은 세상의 갖은 풍상을 다 겪고, 나중에는 그 무슨 원한을 품고서 애처롭게 쓰러지는 원부와 같이 애절하고 애절한 맛이 있다.
보름의 둥근 달은 모든 영화와 끝없는 숭배를 받는 여왕과 같은 달이지마는 그믐달은 애인을 잃고 쫓겨남을 당한 공주와 같은 달이다.
초승달이나 보름달은 보는 이가 많지마는, 그믐달은 보는 이가 적어 그만큼 외로운 달이다. 객창 한 등에 정든 임 그리워 잠 못 들어 하는 분이나, 못 견디게 쓰린 가슴을 움켜잡은 무슨 한이 있는 사람이 아니면 그 달을 보아주는 이가 별로 없을 것이다. 그는 고요한 꿈나라에서 평화롭게 잠든 세상을 저주하며, 홀로 머리를 풀어 뜨리고 우는 청상과 같은 달이다.
내 눈에는 초승달 빛은 따뜻한 황금빛에 날카로운 쇳소리가 나는 듯하고, 보름달은 치어다보면 하얀 얼굴이 언제든지 웃는 듯하지마는, 그믐달은 공중에서 번듯하는 날카로운 비수와 같이 푸른빛이 있어 보인다.

나 빈: 『그믐달』 중에서

이것은 정감이 풍부하게 전개된 나도향의 수필이다. 화려한 정감이 참신한 감각적 색조를 띠고 엮어진 미문이다. 잘 쓴 글이어서 천박하지 않다. 정감의 과잉방출도 없다.

(예문2)

시몬! 바로 내가 묻힐 곳이 저기 보이는 저 언덕이어요. 바다는 그대로 내 무덤 위에 애끊는 풍랑의 곡조를 들려줄 것입니다. 며칠이 안 가서 내 몸은 흙속에서 벌레의 환영을 받고 그들의 뜯김이 될 것입니다. 그러나 내 영은 그대로 살아서 물소리를 듣고 저 하늘의 빛나는 성좌를 바라보겠어요. 언제나 그러하듯이 당신도 내 영혼의 성좌 위에 피어오르는 불멸의 사랑을 기억해 주셔요.

모윤숙: 『렌의 애가』 중에서

여성적인 정감과 애환이 절절한 화려체다. 세상을 영결하려는 여인의 유서체로 된 글이다. 그러나 자칫하면 내용성이 결여된 값싼 감상에 빠질 위험이 있는 글이라 하겠다.

* **건조체**: 건조체는 모든 미사어구를 생략하고 뜻의 전달에만 치중하는 문체다. 한 마디로 반수사적이다. 논문 · 기사문 · 법문 · 공문 등의 문체에 알맞다.

(예문)

흄이 말하는 바에 의하면, 19세기 유물론은 물질세계와 종교세계를 구별하지 않고 양자를 혼동해 버렸던 것이고, 한때 유럽의 사상계를 지배한 기계론은 물리적 세계와 생명적 세계를 혼동한 데서 생겨난 기현상이다. 그리하여 종교를 생물학적 술어로 설명하고자 하여 신의 관념을 생명이나 진화라는 말로 설명하였다. 신적인 것이란 생명의 긴장된 순간을 말하는 것이 아니다. 그것은 반생명적인 것이어서 양자에는 절대로 연결이 있을 수 없다. 세계의 문제나 순결의 문제 또는 불교의 배후에 있는 인연의 문제 등 종교정신의 본질이 휴머니즘적 입장에서 이해될 수 없는 것은 그 것이 비연속의 원리에 지배되고 있기 때문이다.

이창배: 『T.E. 흄의 앤티휴머니즘』 중에서

위의 글은 이창배가 쓴 흄(Hulme, T.E.)의 예술관에 대한 학술문장이다. 정감의 색조나 화려한 수식어의 자취마저 발견되지 않는 건조체의 문장이다. 이 글에서 우아한 정취나 감각을 발견할 수 없는 것도 당연한 것이다. 학술문장에 정감이 개입되면 오히려 연구의 태도를 의심받게 된다.

② 용어의 형식 · 문자 · 위상 등에 따른 구분

이것은 구어와 문어, 국한문 및 번역문 · 경어 · 비어 · 평어 중 어느 것을 위주로 한 문체인가의 구분이다.

* **구어체**: 일상에서 우리가 쓰는 말로 쓴 회화체 문장을 구어체의 글이라 한다.

(예문)

"숙희야, 나 이런 것 주웠는데…….

일요일 아침 아래층으로 내려가니까 소파에 앉아있던 엄마가 손에 쥐었던 봉투 같은 것을 들어보였다.

"뭔데?"

나는 가까이 갔다.

그리고 좀 겸연쩍어졌지만 하는 수 없이,

"어디서 주웠수? 이걸."

하면서 손을 내밀어 그것을 집으려고 하였다.

"잠깐……. 거기 좀 앉아보아."

엄마는 짐짓 긴장한 낯빛을 감추려고 하면서 앞의 의자를 가리켰다.

나는 속으로 '픽' 하고 웃음이 나왔으나 잠자코 거기에 가 걸터앉았다.

강신재: 『젊은 느티나무』 중에서

위의 예문은 완전한 구어체로 이루어져 있다. 우리가 일상에서 쓰는 용어로만 쓰여졌을 뿐 문어체는 전혀 사용되지 않았다. 유길준의 '서유견문' 이후 우리 문장은 구어체의 방향으로 발전해왔고, 대체로 1920년대 구어체 문장은 확립되었다.

* **문어체**: 문어체는 일정한 양식과 품위나 격식을 차린 문체다. '~하노라, ~하도다, ~나이다, ~더라, ~소서, ~ㄴ바' 등 고어체가 문어체를 형성한다.

(예문)

당신께서도 아시는 바이니와, 우리 동네에서는 아직 한 번 맘으로 허락하였던 남편을 버리고 다른 남자에게로 시집을 간 사람은 없었나이다. 내 조고모께서는 사주만 받고도 그 남자가 죽으매 일생을 그 집에 가셔서 늙으셨고, 당신 댁에도 남편이 죽은 뒤에 소상을 치르고는 뒷동산 밤나무 가지에 목을 달아 돌아가신 이가 있나이다. (중략) 그것을 다 구습이라고 동네에서는 말하는 이가 없지 아니하나 어리석은 제 맘은 그 본을 따를 수밖에 없다 생각하나이다.

이광수: 『흙』 중에서

위의 예문은 1932년에 발표된 춘원의 작품에 나타난 문체다. 이미 1920년대에 구어체가 확립되었으나, 여기 뽑힌 대목은 시골 처녀 유순이 주인공 허숭에게 보내는 편지글이므로 문어체가 쓰였다.

- **평어체**: 일상 쓰는 말로써 '~하다.', '~이다'의 문체를 평어체라 한다.
- **경어체**: '합니다·입니다·하시오·하십시오·하소서·하시옵

소서' 등 공대어로 쓰인 것이 경어체이다.

• 비어체: '하게 · 해라 · 해 · ~이다 · ~이거든 · 이야' 등 비어로 끝맺는 문으로 된 것이 비어체이다.

2) 어조의 선택

① 어조의 정의: 어조란 글쓰는 이의 강도를 말한다. 그러므로 어조는 문체 선택의 결정적 요인이 된다. 어조 역시 글쓰는 이의 기분 · 장소 · 시간 · 상황 · 제재 및 목적에 따라 변화한다.

② 어조의 구분: 어조의 문체 특징과 더불어 다음과 같이 나눌 수 있다.

- 공적인 문장과 사적인 문장의 어조
- 명랑한 문장과 침울한 문장의 어조
- 직설적인 문장과 반어적인 문장의 어조
- 감상적 어조과 냉소적인 어조

(예문1)

비닐우산을 받고 위를 쳐다보면 우산 위에 떨어져 흐르는 물방울이 보인다. 그리고 물방울이 떨어지면서 내는 그 통랑한 음향도 들을만한 것이다. 투명한 비밀 덮개 위로 흐르는 물방울의 그 청량함, 묘한 리듬을 만들어 내는 빗소리의 그 상쾌함, 단돈 백 원으로 사기엔 너무 미안한 예술이다.

정진권: 『비닐우산』 중에서

이 글의 소재는 '우산'이면서도 우울감을 주지 않는다. 명랑한 어조로 쓰인 수필이다.

(예문2)

10살을 1기로 세상을 떠나는 내 아들의 임종의 머리맡에 앉아서 "너는 착한 아들이었고, 나는 부실한 애비였다."고 참회하는 눈물을 막을 길이 없었다.

나보다 더 너절한 아들노릇, 엉성한 제자노릇, 부실한 애비노릇, 멍청한 남편노릇, 무능한 선생노릇, 그리고 허술한 친구노릇을 한 이가 또 있을까 하고 울었다. 우리는 생명이 떠나는 자리에서 생명의 존엄을 가장 엄숙히 느낀다. 죽음은 인생의 최대의 교육이다. 죽음이 없이 인생의 존엄성을 발견하는 길은 없을 것이다.

유달영:『이 한 자루의 촛불처럼』중에서

예문 2)는 유달영의 수필이다. 감상적 어조으로 시작되어 겸양, 경건한 어조로 끝을 맺고 있다.

(예문3)

바울의 "오호라. 나는 인고한 사람이로라. 누가 이 사망의 몸에서 나를 구원할 수 있으랴."는 고백은 확실히 구원에의 호소며, 인간은 모두가 구원에의 실존임을 보여주는 내용이다. 과학과 모랄은 휴머니티를 찾아주는 책임을 져 왔으나, 종교는 휴머니티를 구원하는 임무를 띄고 있는 것이다.

김형식:『영원에의 약속』중에서

(예문4)

내가 좋아하는 타고르의 작품에 이런 내용의 시가 있다. "죽음의 신이 당신의 문을 노크할 때에 당신은 생명의 광주리 속에 무엇을 담아서 죽음의 신 앞에 내어놓겠느냐? 우리는 절대로 그를 빈손으로 돌려보내서는 안 된다." 나는 이 시의 이미지를 대단히 좋아한다. 죽음의 신은 차고 검은 손으로 우리의 문을 예고 없이 와서 노크한다. "네 인생은 다 끝났다. 빨리 나오너라. 나하고 같이 가자."

『안병욱: 저마다 유산을』중에서

예문 3)과 4)는 종교적인 색채가 짙은 수필이다. 이 글은 모두 경건한 어조로 쓰여 있다.

7 문장의 수사법

1) 비유법

비유법은 사물의 두드러진 표현 효과를 꾀하기 위하여 다른 사물의 형상을 끌어다가 형태, 의미 등을 쉽고 분명하고 재미있게 나타내는 표현 기법이다.

(1) 직유법

"A는 B와 같다."라는 식으로 A사물을 나타내기 위하여 B사물의 비슷한 성격을 직접 끌어내어 견준다. '마치 ~과 같다, 꼭 ~같다, ~과 비슷하다, ~처럼, ~인양, ~듯' 따위의 형식으로서, A를 원관념, B를 보조관념이라고 한다.

- 내 누님같이 같이 생긴 꽃이여.
- 꽃처럼 귀여운 우리 아가야.
- 눈을 양털같이 내리시며, 서리를 재같이 흩으시니라.
- 먼 땅에서 오는 좋은 기별은 목마른 사람에게 냉수 같으니라.

(2) 은유법

"A는 바로 B다." 식으로 표현 속에 비유를 숨기는 기법으로서 직유가 상이의 관계라면, 은유는 상즉의 관계라 하겠다. 논리상 직유는 유사개념이나 은유는 동일관념, 동가개념에 속한다.

- 역사의 능선
- 마음의 거울
- 임 향한 일편단심
- 귀 밑에 해 묵은 서리
- 오월은 계절의 여왕이다.
- 봄은 천지의 소녀, 소녀는 인생의 봄

- 네가 알려 준 소식은 내 마음을 찌르는 단검이다.
- 웅변은 은이요, 침묵은 금이요, 사색은 다이아몬드다.
- 인생의 바다에 일찍이 나아갔다. 거기서 성공의 절정에 올랐다.

한편의 시는 대개 하나의 은유라 하여도 과언이 아니다. 시의 은유는 관습화되어 생명이 없는 죽은 은유나 단순한 장식적 은유가 아닌 기능적 은유여야 한다.

(3) 풍유법

은연중에 다른 사물을 가리키면서 다만 비기는 낱말만 내세워, 숨은 뜻을 읽는 이가 알아내도록 시종일관 독립된 문장이나 이야기의 형태를 취하는 기법으로 직유가 융합, 발전된 형식이다. 우화, 교훈담의 일반적 지칭이 된다.

"백설이 잦아진 골에 구름이 머흐레라."에서 '백설'이 충신, '구름'이 간신, 악의 무리로 비유되는 것도 알레고리다.

버넌의 「천로역정」, 매테를링크의 「파랑새이야기」, 「이솝이야기」 등은 한 덩어리의 풍유라 하겠다.

- 오비이락
- 마이동풍
- 동문서답
- 우이독경
- 금강산도 식후경
- 도마에 오른 고기
- 소 잃고 외양간 고친다.
- 등잔 밑이 어둡다.
- 빈 수레가 요란하다.
- 숭어가 뛰니까 망둥이도 뛴다.

(4) 대유법

사물의 한 모퉁이나 어느 한 특징을 보임으로써 전체를 대신하거나 환기시키는 기법이다.

① 제유법: 일부로써 전체를 대표하게 하는 경우다.

- 약주를 잘 드신다.(약주=술의 일부)
- 빵만으로 살 수 없다.(빵=먹을 것의 일부)
- 장조림이 도시락 반찬으로 좋다.(장조림=쇠고기 조린 것=조린 것의 일부)

② 환유법: 한 사물에 관계있는 사물을 빌어 나타내거나 기호로써 실체를 대신하거나 소유물로써 주인을 알게 하는 등의 기법이다.

- 사람을 바지저고리로 아느냐?(바지저고리=못난 사람)
- 금테가 짚신을 깔본다.(금테=신사, 짚신=시골뜨기)
- 간판은 절색이다.(간판=얼굴, 외모)
- 샤일로크만 사는 마을이다.(샤일로크=구두쇠)

(5) 의인법

사물의 동태나 추상적 관념을 사람의 동작처럼 나타내는 기법으로 활유법의 한 갈래다.

- 침묵의 하늘
- 행복한 계절
- 무정한 세월
- 돌담에 속삭이는 햇살
- 웃음짓는 샘물
- 미소하는 아침
- 위엄있는 바위
- 세계의 유년기
- 꽃은 웃고, 버들은 손짓한다.
- 피는 아름다운 꽃을 보고, 내 신의 계시임을 알았노라.
- 그러나 저 멀리, 세력 있는 낮의 왕자 동쪽에서 기뻐하면서 나타난다. 흩어져 가는 구름, 빛나는 푸른 하늘, 금빛 이슬에 번쩍이는 산허리, 그의 가까이 오심을 알리는 기쁜 표시리라.

(6) 의성법

표현하려는 사물의 소리, 동작, 상태, 의미를 음성으로 나타내고, 또는 그것을 연상하도록 표현하는 기법으로서, 의성어에 의한 표현법이다.

- 싸륵싸륵 눈이 온다.
- 물이 설설 끓는다.
- 땡땡 종이 울린다.
- 쨍그렁 소리 나는 비수
- 화살이 휙휙 스쳐간다.
- 콜록콜록 기침을 한다.
- 으르렁콸콸 물 흐르는 소리
- 댕그렁댕그렁 소리 난다.
- 아침에도 통통통, 저녁에도 통통통
- 만세! 대한민국 만세! 와! 와! 무엇이 '와!' 인지도 모른다. 뜻도 없다. 멋도 모른다. 그저 누가 하나 '와!' 하면 따라서 두 팔로 하늘을 찌르며 고함을 치는 것이었다.(김유정: 따라지)

(7) 의태법

사물의 모습을 그대로 나타내어 그 느낌이나 특징을 표시하는 기법이다.

- 뒤뚱뒤뚱 황새걸음
- 아장아장 걷는 아기
- 포송포송 부푼 구름
- 토실토실한 우량아
- 할끔할끔 눈치를 본다.
- 하늘하늘한 실허리
- 일기죽 얄기죽 야단났다.
- 꼬불탕꼬불탕 고갯길
- 욜량욜량하는 쟁반의 물
- 꺼슬꺼슬 구운 고구마
- 깡충깡충 뛰면서 어디를 가느냐?
- 야금야금 혼자 먹는다.
- 매끈매끈한 살결, 뒤룩뒤룩한 혹.
- 성큼성큼 걸어오는 사나이
- 씰룩씰룩 안면근육이 움찔거린다.
- 요리 뒤척 조리 뒤척 잠 못 이룬다.

'해해거린다, 철철 넘친다, 쿵 내리뛰었다' 등은 의성·의태의 혼용이다. 요컨대, '~소리', '~모습'에 적용시켜 의성·의태를 구별한 일이다.

(8) 중의법

하나의 말이 둘 이상의 뜻을 내포하게 나타내는 기법으로 동양 사람의 고문에서 자주 발견되다. 다음 두 시조에서 '벽계수, 명월'이 자연물을 지시하는 동시에 사람의 이름을 뜻하는 것이 그 예다.

- 청산리 벽계수야, 수이 감을 자랑마라.
- 일도창해하면 돌아오기 어려워라.
- 명월이 만공산하니 쉬어 간들 어떠하리.

(황진이의 시조)

Ⅱ. 실용문 작성법

Ⅱ. 실용문 작성법

1 이력서(履歷書)

이력서는 개인의 신분, 학력, 경력 등의 인적사항을 파악하기 위해 작성하는 기록이다. 기업에 입사하려는 경우, 시험이나 면접에 앞서 가장 먼저 제출하는 서류가 바로 이력서이다. 이력서는 자신의 얼굴이며 지금까지 살아온 모든 기록을 타인에게 알리는 역할을 한다. 경우에 따라서는 이력서 자체가 서류 전형 자료의 전부일 수도 있으므로 자신이 알리고자 하는 모든 사항을 정확하고 일목요연하게 기재하는 것이 중요하다.

이력서 양식은 '인사서식'을 따르거나 회사나 기관이 제공하는 별도의 양식을 이용하면 된다. 이 때 기본 양식을 인터넷을 통해 내려 받는 경우 컴퓨터로 작업하여 내용을 작성할 수도 있다. 하지만 이메일을 통해 전송하는 경우가 아니라면 직접 친필로 작성하는 것이 일반적이다. 이력서를 요구하는 곳에서 지정한 규격 및 지시 사항을 정확히 지켜 서식을 작성하는 것이 중요하다.

1) 작성 방법

이력서는 자신이 지원하고자 하는 해당 기관의 양식에 따라 작성해야 한다. 만약 정해진 양식이 없다면 '인사서식'을 구해 기록하도록 한다. 이력서에 기재할 내용은, 인적사항, 학력 및 경력사항, 상벌 및 특기사항 등 크게 세 가지 항목으로 구분된다.

① **인적사항**: 인적사항에는 성명, 주민등록번호, 생년월일, 주소, 호적관계 등을 적으면 된다. 주소는 현재 살고 있는 곳을 기록하는 것이 원칙이며 인적사항은 주민등록 등, 초본에 기록된 내용과 동일하게 작성해야 한다. 간혹 호주와의 관계를 혼동하여 잘못 기록하는 경우가 있는데 호주 쪽에서 본 관계를 말하므로 '장남' 혹은 '차녀' 등으로 써야한다.

② **학력 및 경력사항**: 학력에는 고등학교 졸업 후부터 적는 것이 일반적이다. 대학부터의 학력은 입학, 졸업을 구분하여 적고 해당 서류를 참조하여 정확한 날짜를 기재해야 한다. 아울러 군복무 기간의 군종, 계급을 포함하여 기록한다.

③ **수상경력 및 특기사항**: 수상경력은 교・내외 및 사회에서 수상한 경력을 일시, 내용, 수여기관 등을 포함하여 기록한다. 수상 사실은 입사하려는 회사나 기관의 성격에 따라 기재 여부를 판단한다. 특히 수상경력이 자신이 지원하려는 분야와 관련이 있다면 적극 기재할 것을 권한다.

기재할 수 있는 자격증은 원칙적으로 국가공인 자격증을 말하며 취득일, 내용, 등급, 시행처 등을 기록한다. 외국어, 컴퓨터, 교직 관련 자격증을 기재할 수 있는데, 사설기관에서 받은 자격증도 지원하려는 분야와 관련이 있으면 도움이 되기도 한다.

이상의 내용을 기재함에 있어 각 사항 사이는 칸을 나누지 않고 연속하여 쓴다. 마지막으로 '위 내용은 사실과 다름없음.'이라고 쓰고 작성일 혹은 발송일, 성명을 기록한 다음 도장을 정확히 찍으면 된다.

2) 작성 시 유의할 점

이력서를 작성하기에 앞서 지켜야 할 사항은 다음과 같다.

① 일목요연하면서도 구체적으로 작성한다.

이력서에는 작성자의 학력, 경력, 가족관계, 상벌, 특기사항 등 개인의 모든 이력이 빠짐없이 포함되어야 한다. 그러면서도 내용은 핵심 사항만을 간단명료하게 정리하여 기재해야 한다.

② 있는 사실만을 정확하게 기재한다.

이력서에는 증명 가능한 내용만을 기재한다. 물론 허위사실이나 과장된 내용은 일체 용납되지 않는다. 만일 주변에서 인정하고 자신도 자신 있게 내세울 수 있는 경력이나 이력이 있더라도 이를 입증할 수 없다면 기재해서는 안 된다.

③ 오자나 수정 없이 깨끗하게 작성한다.

이력서는 번지지 않는 흑색 필기구를 사용하여 작성한다. 자필로 작성하되 기교를 부린 글씨보다 알아보기 쉽도록 정확하게 쓴다. 또한 오자나 탈자가 있으면 작성자 자체에 대한 인상을 흐릴 수 있으므로 몇 번이고 확인하여 실수가 없도록 한다. 오자를 발견했을 때는 수정하지 말고 다시 작성하는 것이 원칙이다.

④ 규격에 맞는 사진을 부착한다.

사진은 최근 촬영한 지 3개월 이내의 것으로 준비하여 부착한다. 규격은 요구하는 규정에 따르고 스냅사진의 일부를 잘라 쓰거나 즉석사진을 쓰는 것은 피한다. 두발, 복장 상태가 단정한지 확인하고 바른 자세로 촬영한 상반신 사진을 이용한다.

⑤ 연락 가능한 긴급 연락처를 명시한다.

이력서 우측 상단에 실제 연락받을 수 있는 연락처를 명시하여 연락 두절로 불이익을 받지 않도록 유의한다. 경우에 따라서는 부재 시 연락을 취해 줄 사람의 전화번호 혹은 E-메일 주소 등을 기록하여 만일의 사태에 대비하는 것이 좋다.

⑥ 미리 작성하고 필요에 따라 수정하여 쓴다.

제출 마감일에 임박하여 작성한 이력서에는 오자, 내용 누락 등의 실수가 있을 수 있다. 따라서 시간적 여유를 가지고 차분하게 작성한 이력서를 준비해 두는 것이 좋다. 또한 이력이 추가된다면 새롭게 쌓은 경력을 추가로 적는 기쁨도 누릴 수 있을 것이다.

<table>
<tr><td rowspan="4">사 진</td><td colspan="6">이 력 서</td></tr>
<tr><td rowspan="2">성
명</td><td>한글</td><td colspan="2">황00</td><td colspan="2">주민등록번호</td></tr>
<tr><td>한자</td><td colspan="2">黃00</td><td colspan="2">000000-0000000</td></tr>
<tr><td colspan="6">생년월일 서기 2002년 11월 11일생 (만 20 세)</td></tr>
<tr><td rowspan="2">주 소</td><td colspan="3" rowspan="2">000도 00시 00구 00동
00 대학교 00 대학</td><td rowspan="2">전화
번호</td><td colspan="2">연락처: 043-000-0000</td></tr>
<tr><td colspan="2">연락처: 010-0000-0000</td></tr>
<tr><td rowspan="2">호적 관계</td><td colspan="2">호주 성명</td><td>황00</td><td rowspan="2">전자 우편</td><td colspan="2" rowspan="2">hksu2001@hanmail.net</td></tr>
<tr><td colspan="2">호주 관계</td><td>장남</td></tr>
</table>

년	월	일	학 력 및 경 력 사 항	발 령 청
			(學 歷)	
2000	2	21	00고등학교 졸업	
2000	3	2	00대학교 입학	
2002	2	20	00입대	
2004	2	24	00전역	
2004	3	2	00대학교 복학	
			(經 歷)	
2000	6	1	0000 문화예술과 아르바이트	
2001	1	3	00주식회사 아르바이트	
			(賞 罰)	
2000	10	9	전국 우리말 사랑왕 선발대회 우수상	충청북도, 00 대학교
2001	5	7	전국 대학생 글쓰기 대회 최우수상	00 대학교
			(資 格)	
2000	3	9	국어능력인증시험 1급	한국언어문화연구원
2000	8	27	TOEIC 920점	YBM
2000	9	19	워드프로세서 1급	YBM
2001	4	15	한자능력시험 1급	(사) 한국어문회

상기 사항과 틀림없음.
2000년 00월 00일
㉤

<table>
<tr><td rowspan="4">사 진</td><td colspan="5">이　력　서</td></tr>
<tr><td rowspan="2">성명</td><td>한글</td><td colspan="2"></td><td>주민등록번호</td></tr>
<tr><td>한자</td><td colspan="2"></td><td></td></tr>
<tr><td colspan="5">생년월일　서기　년　월　일생 (만 20 세)</td></tr>
<tr><td rowspan="2">주　소</td><td colspan="3" rowspan="2"></td><td rowspan="2">전화번호</td><td>연락처:</td></tr>
<tr><td>연락처:</td></tr>
<tr><td rowspan="2">호적 관계</td><td>호주성명</td><td></td><td rowspan="2">전자 우편</td><td colspan="2" rowspan="2"></td></tr>
<tr><td>호주관계</td><td></td></tr>
</table>

<table>
<tr><td colspan="3">년 월 일</td><td>학력 및 경력사항</td><td>발 령 청</td></tr>
<tr><td></td><td></td><td></td><td>(學　歷)</td><td></td></tr>
<tr><td></td><td></td><td></td><td></td><td></td></tr>
<tr><td></td><td></td><td></td><td></td><td></td></tr>
<tr><td></td><td></td><td></td><td></td><td></td></tr>
<tr><td></td><td></td><td></td><td></td><td></td></tr>
<tr><td></td><td></td><td></td><td></td><td></td></tr>
<tr><td></td><td></td><td></td><td>(經　歷)</td><td></td></tr>
<tr><td></td><td></td><td></td><td></td><td></td></tr>
<tr><td></td><td></td><td></td><td></td><td></td></tr>
<tr><td></td><td></td><td></td><td></td><td></td></tr>
<tr><td></td><td></td><td></td><td>(賞　罰)</td><td></td></tr>
<tr><td></td><td></td><td></td><td></td><td></td></tr>
<tr><td></td><td></td><td></td><td></td><td></td></tr>
<tr><td></td><td></td><td></td><td></td><td></td></tr>
<tr><td></td><td></td><td></td><td>(資　格)</td><td></td></tr>
<tr><td></td><td></td><td></td><td></td><td></td></tr>
<tr><td></td><td></td><td></td><td></td><td></td></tr>
<tr><td></td><td></td><td></td><td></td><td></td></tr>
<tr><td></td><td></td><td></td><td></td><td></td></tr>
<tr><td colspan="5">상기 사항과 틀림없음.
2000년 00월 00일
(인)</td></tr>
</table>

2 자기소개서(自己紹介書)

자기소개서는 이력서에 나와 있지 않은 개인의 성품, 가치관, 대인관계, 포부 등을 기록한 글이다. 한 개인을 선발하려는 회사나 기관의 입장에서 보면, 이력서를 통해 개인의 밖으로 드러나 있는 능력은 파악할 수 있어도 그 사람이 정작 어떤 성장 과정을 거쳤고 어떤 사람이며 어떤 생각으로 회사에 지원했는지 여부는 알 수가 없다. 특히 회사가 정식 직원을 선발하려는 생각이라면 상당 기간 동안 그 사람에게 일을 맡기고 경우에 따라서는 회사의 재정적 관리를 일임해야 하므로 그가 어떤 생각을 가지고 있는지 파악하는 일은 상당히 중요하다고 하겠다. 우리나라 기업의 경우도 필기시험으로 사람을 선발하는 것보다 점차 자기소개서와 면접시험만으로 선발 여부를 판단하는 경우가 늘고 있기 때문에 자기소개서는 더욱 중요해졌다.

이력서에 기재되어 있는 학력 및 경력사항 등 객관적 능력은 드러난 내용을 특별히 부각시킬 방법이 없다. 하지만 자기소개서에서는 작성 방법과 문장 능력에 따라 얼마든지 자신의 장점을 부각시키고 앞으로의 포부를 효과적으로 나타낼 수 있다.

1) 작성 방법

① 개인의 성장 과정을 언급하라.

어릴 때부터의 성장 과정을 기술해 나가는 것이 좋다. 소년기나 중·고교시절 그리고 대학시절(남자의 경우라면 군대생활까지)을 통해 있었던 독특한 체험이나 에피소드를 개성있게 나타내기도 한다. 이 때 가급적 일반적이거나 평범한 이야기보다는 자신의 뚜렷한 개성이나 장점 또는 강한 의지를 내보일 수 있는 내용들을 언급하는 것이 좋다. 이를테면, 남들이 관심을 기울이지 않던 새로운 학문 분야에 대한 흥미나 관심, 그리고 그것을 선택한 결단이라든가, 가정형편이 어려워 부모나 형제들을 돌보면서 어렵게 공부해 온 경험이라든가, 설득력 있는 이야기로 읽는 사람의 공감을 불러일으킬 수 있는 내용들이면 좋다.

② 자신의 장점을 최대한 내보여라.

자신의 성격을 장·단점으로 구분해서 분명하게 얘기하기는 어렵다. 그러기 위해서는 무엇보다 자기 자신을 잘 알고 있어야 하기 때문이다. 가능하다면 자신의 단점까지도 이야기할 수 있고, 그것의 개선을 위한 노력이나 의지도 보여줄 수 있어야 한다. 자신의 좋은 점이나 특기사항은 자신 있게 밝혀주고, 아울러 단점에 대한 언급과 함께 그것을 고쳐나가기 위한 노력 등도 이야기하는 것이 좋다. 이러한 태도는 자신의 개성과 함께 강렬한 인상을 심어줄 수 있기 때문이다.

자신의 장점이나 특기를 언급할 때는 외국어능력이나 리더십 또는 업무 수행에 도움이 될 수 있는 능력 등을 자신의 체험과 함께 언급하는 것이 좋다. 이것은 면접 때도 질문 빈도수가 높으므로, 평소에 나름대로 이에 대한 분석을 철저히 해 두는 것이 좋다.

③ 입사 지원 동기를 구체적으로 밝혀라.(학과 지원동기)

입사 지원 동기(학과 지원 동기)를 씀에 있어서 일반론을 펴는 것보다는 해당 기업과 직접 연관이 있는 내용을 함께 언급하는 것이 좋다. 즉, 해당 기업의 업종이나 특성 등과 자기의 전공 또는 희망 등을 연관시켜 입사 지원 동기를 언급하도록 한다. 이를 위해서는 평소에 신문이나 해당 기업에 대해 어느 정도 연구를 해 두는 것이 바람직하다. 흔히 동기가 확실치 않으면 성취 의욕도 적어 결국 좋은 결과를 기대할 수 없다고 한다. 때문에 뚜렷한 지원 동기를 밝혀, 입사 후에도 매사에 의욕적으로 일에 임하게 될 것이라는 인상을 심어줄 필요가 있다.

④ 장래의 희망 또는 포부를 언급하라.

자신의 장래희망을 막연하게 '열심히' 또는 '꾸준히' 등의 표현보다는 가급적이면 지원한 회사에 입사를 했다는 가정 하에서 기술하면 좀 더 회사와 유대감이 형성될 것이다. 이럴 경우 장래희망은 대학의 전공과 입사 지원동기 등과 함께 일관성을 유지하여야 하며, 입사 후의 목표와 자기 개발을 위해 어떠한 계획이나 각오로 일에 임할 것인지를 구체적으로 적는 것이 좋다.

그러나 자기소개서를 작성함에 있어 과다한 수사법을 쓴다던가, 지나치게 추상적인 표현을 일삼는다던가, 부정적인 인생관이나 사회관을 이야기한다던가, 또는 타인을 비방한다던가 하는 내용들은 피해야 한다.

2) 작성 시 유의할 점

자기소개서를 작성하는 데 정해진 원칙이나 양식은 없다. 중요한 점은 자신을 소개하는 데 있어 내용과 형식이 조화를 이루어야 한다는 것이다. 즉, 미사여구나 감정적 어휘에 치중하며 사적인 생각을 말하는 데 치우친 글이 되어서는 안 되고 반대로 이력서에 있는 내용을 그대로 옮겨놓는 글도 곤란하다. 다시 말해 객관적으로 입증할 수 있는 내용이 담겨 있으면서도 그것을 효과적인 어휘와 표현 방법으로써 잘 부각시켜야 한다.

① 자신을 개성 있게 드러내라.

취업 관련 책자에 모범답안으로 나와 있는 자기소개 방식은 천편일률적인 경우가 많다. '언제, 어디서 태어났으며 가족관계는 어떻고…' 라는 식으로 서두를 장식한다면 글을 읽는 사람은 별 흥미를 느끼지 못할 것이다. 따라서 효과적으로 자신의 개성을 드러내는 방식을 찾아야 한다. 예를 들어 '돈독한 가족관계'를 말하려면 가족이 경제적으로 어려웠던 시절, 형제들이 불평하는 대신 아르바이트를 하며 생활을 도왔고 서로 격려하여 어려움을 벗어날 수 있었다고 우회적으로 표현하는 것이 효과적이다. 그 밖에도 자신만의 경험과 인상적인 일화 등을 통해 자기가 지닌 장점을 부각시킬 수 있을 것이다.

다만, 인상적이고 개성 있는 글을 쓴다고 상투적인 표현이나, 유행어, 비속어, 비문법적 문장을 사용하면 글에 대한 전체적인 인상을 흐릴 수 있으므로 피해야 한다.

② **균형 잡힌 시각을 유지해라.**

자기소개서를 온통 자화자찬의 장으로 만들어서는 곤란하다. 물론 내용은 사실에 기초해야 하며 자신에 대한 지나친 미화도 피해야 한다. 때로는 단점을 말하는 것이 오히려 진솔해 보이고 상대방의 공감을 부를 수 있음을 알아야 한다. 예를 들면, 성장 과정에서 자신의 게으른 생활을 고치기 위해 꾸준히 운동을 하고 규칙적인 생활을 하여 이제는 성실하고 신용 있는 사람이 되었다고 말할 수도 있을 것이다.

③ **지원하려는 회사나 기관의 특성에 맞게 작성하라.**

자신이 지원하려는 회사나 기관의 특성을 살피고 지원 분야를 파악하여 참고로 한다. 특히 지원하고자 하는 부서나 분야에 대한 사전 지식이 있다면 자신의 역할이나 포부에 대해 구체적으로 말할 수 있을 것이다. 따라서 여러 경로를 통해 일하고자 하는 분야의 성격과 전망, 특성을 미리 파악하는 일도 중요하다.

④ **문장을 가다듬어 써라.**

아무리 좋은 내용을 쓰더라도 문장력이 형편없거나 띄어쓰기, 맞춤법이 엉망이라면 글을 쓴 사람에 대한 인상이 좋을 수가 없다. 접속부사를 지나치게 많이 사용하면 문장이 건조하고 딱딱하며 동일한 어휘를 자주 반복하여 쓰면 글에 참신성이 없어 보인다. 따라서 문장을 여러번 가다듬고 다른 사람에게 보여 주어 수정할 필요가 있다.

⑤ 미리 작성하고 필요에 따라 수정하여 쓴다.

이력서와 마찬가지로 제출일에 임박하여 쓴 자기소개서는 문장에 오류가 있을 수 있으며 내용도 충실하기 어렵다. 따라서 미리 초고를 작성하고 내용과 문장을 수정하여 기본적인 글을 완성해 놓은 다음 필요에 따라 내용을 수정하여 사용하도록 한다.

⑥ 한자 및 외래어 사용에 주의한다.

한자나 외래어를 써야 할 경우, 반드시 옥편이나 사전을 찾아 확인 후 정확하게 사용한다.

⑦ 성장 과정은 짧게 쓴다.

성장 과정은 특별히 남달랐던 부분에 대해서만 언급하는 것이 좋다. 성장 과정은 가급적 짧게 기술하는 것이 좋다.

자 기 소 개 서

항목	내용
성장 과정	
성격 및 교우관계	
인생관	
지원 동기	
장래 희망과 포부	
특기 사항	
2000년 00월 00일 ㉂	

이 력 서

사 진 (3 X 4cm) 배경 밝은 색으로 머리는 단정하게 여자는 귀가보이 도록(머리를 묶음) 귀걸이는 피하라 검은 정장엔 흰블라우스를	성명	(한글)	생년월일	년 월 일(만 세)	지원 분야	
		(한자)	주민번호	-		
	본적					
	주소	주 소	(우: -)		지원 지역	
		긴급연락처	긴급 및 이동전화는 Bold 체로 알기 쉽게 (☎ :			
		이동 전화	- -	E-mail		

학력사항	학 교	입 학		졸업(수료)		전공학과	성적	본분교 구 분	주야간 구 분	졸업 구분	소재지
		년	월	년	월		득점 / 만점				
	고등학교						/		주·야	상관없는 것은 삭제	
	대 학 교						/	본교분교	주·야	중퇴,졸업예정,졸업	
							/	본교분교	주·야	중퇴,졸업예정,졸업	
	대 학 원						/	본교분교	주·야	중퇴,수료,졸예,졸업	
	특기사항(클럽,봉사활동 등):										

자격증	종 류	등급	시행기관	취득일
	업무연관 자격증만 기재			

외국어 / 전산능력	구 분	능 력 정 도	
	( )어	상,중,하	시험( ),점수( )
	워드	상,중,하	사용프로그램:
	MS엑셀	상,중,하	

경력사항	근 무 처	근 무 기 간	주 요 담 당 업 무	최종직위
	(최근경력부터 작성)	. ~ . (년 개월)		
		. ~ . (년 개월)		
		. ~ . (년 개월)		

병역사항	병역구분	병역필, 미필, 면제 (면제사유:)		
	복무기간	. ~ . (년 개월)		
	군 별		병 과	
	계 급		군 번	

생활관계	주거형태	자가, 전세, 월세		
	동 산	만원	부동산	만원
	소 득 자	명	가족월수입	만원
	보훈,생보	대상,비대상	결혼여부	기혼,미혼

가족사항	관계	성 명	연령	최종학력	현근무처/직위	동거여부	부모관계
						동거·비동거	부 ( )
						동거·비동거	모 ( )
						동거·비동거	형제관계
						동거·비동거	( )남 ( )녀 중
						동거·비동거	( )째

신체	신장	체중	시력	혈액형	지병	건강상태
	cm	kg	좌: 우:	ABO: RH: +,-		

기타	종교	취미	특기	특별활동

위에 기재한 사항은 사실과 틀림없습니다.

2010년 월 일

지원자: (인)

자 기 소 개	

1. 성장 과정

2. 학교 생활

3. 사회 활동 및 해외 활동

4. 성격의 장/단점

5. 타인과 구별되는 개성이나 능력, 특징 3가지
   (본인이 뽑혀야만 되는 이유)

6. 지원 동기 및 희망 직무

7. 입사 후 포부

8. 특기 및 경력 사항(해당자)

위에 기재한 사항은 사실과 틀림없습니다.

2000 년 월 일

지 원 자: (인)

자 기 소 개	"헤드라인(신문에서 보듯이) 방식으로 주제(핵심어) 선정은 현재 이력서 트렌드" "강조"

[자기소개서 작성 시]

★Story가 Spec을 이긴다. Spec만 좋다고 취업성공 NO! 진심이 묻어나는 이야기가 좋은 글.
★모든 결론은 "~ 그래서 제가 지원하게 되었다. or 뽑혀야 한다." 로 되어야...
★해당업무와 관련하여 과거에 어떤 경험을 하였는가를 기록하는 것이 좋은 표현.
★정 - 반 - 합 의 논리로 작성해야. 장점/단점/그것을 극복하기 위한 노력, 그리고 현재는? 등등.
★서술형 형식으로 쓰기보다는 그때그때의 감정을 작성하되, 얻은 교훈은 반드시 작성하라.
★원고지 작성법을 잊지 말라. 맞춤법은 기본, 구어체 등은 절대사절.
★최대한 길게 작성하라. 필요 시 삭제할 순 있지만, 없는 것을 만들어낼 수는 없다.
★최소 5인 이상에게 원포인트 원레슨을 받아라. 한 가지씩만 바꿔도 좋은 자소서가 될 수 있다.
'삼성하면 엘리트, 합리적, 혼자 리드해나가는 것보다, 합리적 논거를 제시하여 함께 성과를 이루었다'
'현대하면 정주영, 해보기나 해봤어?처럼, 되든 안 되든 시키면 시키는 대로 시도먼저 해보는 것 중요. 그래서 성과를 얼마나 더 올릴 수 있었다'
기업마다 기업모토(기업가정신 or 조직문화정신)가 있으니 그것을 참조하여 작성할 것. 따라서 같은 업무라 할지라도 삼성과 현대에 지원할 때는 자기소개서는 완전 다르게 작성해야 함.

〈성장과정〉

★지원자가 어떻게 살아왔는가 하는 것을 알아보고자 하는 질문. 면접 때 특히 중요. 면접관이 지원자의 자료를 다 볼 수 없기 때문에 실제로 면접 시에 보는 사람도 많음. 따라서 자기소개서 적었던 내용과 다르게 말을 한다면, 일관성이 없이 좋은 이야기만 하는 사람처럼 비춰져 탈락될 가능성이 높음. 아무리 이태리 장인이 한땀한땀 수놓아 많든 좋은 옷이라도 나에게 맞는 옷이라야 편하고, 있어 보이는 것이지, 맞지 않는다면 말짱 헛것. 진실되게 보이는 것 중요!
★'저는' 이란 말은 사용하지 않을 것(구어체). 누구를 위한 소개서인지를 생각해 볼 것. 너무 많은(반복적으로) 관계접속사(그래서, 그러나, 그리고 등등)를 쓰는 것보다 적절한 문장 길이로 이어주면 좋은 표현. 사건 기록식 표현보다 본인의 감정이 녹아 있어야, 즉, 진심이 묻어나야 좋은 표현. 가정적이고 헌신적인 부모님이란 표현은 누구나 쓰는 표현이므로 자제.
★초등학교 때/ 중학교 때/ 고등학교 때/ 대학교 때를 다 쓰는 것보다, 특정한 사건이 있었을 때, 그 때 그 느낌을 기준으로 작성하면 좋은 표현. 크게 2~3가지 정도 내용을 작성하면 좋음.
★대인관계는 '무난한' 이란 표현보다는 '5분 안에 친구로 만들 수 있다'처럼 구체적으로 표현할 것. 구체적일수록 쉽게 전달되는 특징을 가지고 있음.

1. 성장과정
2. 학창시절 및 대인관계

〈생활관(觀) or 학창시절〉

★지원자의 생각 및 가치관, 직업관 등을 알아보고자 하는 질문. 해당업무에 필요한 성격과 관련하여 기업문화에 맞게 작성.

3. 생활신조 및 가치관
4. 존경하는 인물

★부모님 제외(면접관이 객관적으로 평가할 수 없으므로). 따라서 모두가 알 수 있고, 존경할 만한 사람이어야 함.

5. 사회(봉사) 활동 및 해외활동

★지원자가 어떤 생활을 했는가를 묻는 질문. 해당업무와 관련한 경험을 작성하는 것이 가장 좋음.

6. 가장 기억에 남는 성공담 or 실패담 (가장 기뻤을 때 or 가장 슬펐을 때)

★지원자의 성향을 파악하고자 하는 질문으로 어느 정도의 생각의 크기를 가졌나 하는 것을 묻는 질문.

〈자기평가〉

★아래 이야기 모두 같은 질문을 하는 것이므로 당황하지 말길~ 결론은 "따라서 내가 적임자다."라는 느낌으로 작성.

7. 성격의 장/단점
8. 타인과 구별되는 개성/능력/특성 등 3가지 이상
9. 왜 당신이 뽑혀야 하는지 이유

〈지원동기 및 입사 후 포부〉

★가장 중요하게 작성해야 하는 부분. 기업문화를 바탕으로 해당업무의 내용을 간단히 적을 것.
★해당업무와 내가 교감이 있도록(Code가 맞도록) 작성 할 것. 해당업무에 대한 경험 등을 기록.

10. 지원동기
11. 희망업무 및 입사 후 포부

★입사 후 무조건 열심히 하겠다는 진부한 표현은 X. 해당업무에 맞게 앞으로 단/중/장기적으로 노력하겠다.

12. OO 기업에 대한 개인적 견해(긍정적, 부정적 양면)

〈경력 및 특기 사항〉

13. 특기사항
14. 경력사항

★기업의 목표는 이윤추구. 이전 회사에서 어느 만큼의 성과를 이루었는가를 수치로 집중 작성.

자기소개서 작성 시 흔히 하는 잘못 'BEST 5'

논리 비약과 근거 없는 주장의 나열

컨설턴트들이 첫 손에 꼽는 잘못이다. '과거 어떤 경험이 있느니 나는 어떠하다'라는 식의 주장에서 자주 나타난다. '학창시절 반장을 도맡아 했다. 그래서 리더십을 기를 수 있었다'가 가장 대표적인 케이스. 반장직을 훌륭히 수행해 리더십을 기를 수 없는 것은 아니지만, 반장을 했다는 자체만으로 리더십이 있다는 것은 분명 비약의 요소가 있다. 또 반장은 누구나 한번쯤은 할 수 있는 것이어서 희소성이 없다. 때문에 인사담당자들은 반장을 했다고 리더십이 있다고 보지 않는다. '성실하신 부모님 아래서 자랐기 때문에 나는 성실하다', '대학에서 OO분야를 공부했기 때문에 OO분야의 준비된 인재다', '부모님이 도전정신을 강조하셨기 때문에 도전정신이 충만한 인재' 등이 모두 여기에 해당된다. 어떤 주장이나 진술을 하려면 납득할 만한 구체적인 경험과 그 과정이 오롯이 드러내야 한다. 자기소개서의 핵심은 '주장'이 아니라 실제 행동과 경험을 통한 '증명'이다.

다 아는 얘기 남발

'현대사회에서 OO 분야의 중요성을 아무리 강조해도 지나치지 않습니다.', 'OO 직무는 회사가 성장하는 데 필수불가결한 핵심입니다.' 라며 운을 떼는 경우가 여기에 해당된다. 은근히 그 분야에 대해 자신이 지식을 가지고 있다는 것을 드러내고 싶은 욕구가 녹아있는 경우다. 그러나 인사담당자들은 대부분 이런 글귀들은 흘려 읽는다. 사족이란 얘기다. 자기소개서는 모름지기 남들과의 차별성을 드러내 변별력을 확보하기 위해 작성하는 것이다. 남들 다 아는 얘기, 남들도 할 수 있는 얘기로 입사지원서를 채우는 것은 자신을 더 부각할 수 있는 공간을 낭비하는 행위다. 입사에 대한 열정과 애사심, 충성도는 보통 회사에 대해 얼마나 많이 알고 있는지로 판단하는데, 회사 홈페이지에 들어가 보면 알 수 있는 정도의 정보를 안답시고 자기소개서 등에 적는 것도 마찬가지다.

명언, 유명인사 언급

'박지성 선수 같은 산소탱크 홍길동', '박지성 그를 배워라', '노력하면 불가능은 없다', '박지성 선수의 상처투성이 발' 등 박지성 선수를 언급하는 이력서가 수백여 건에 달했다. '네가 헛되이 보낸 오늘은 어제 죽은 이가 그토록 그리던 내일이다'란 명언을 내세운 경우 역시 수백 건이었다. 그 외 잘 알려져 있고 빈번히 회자되는 유명인사나 입에 자주 오르내리는 명언까지 합치면 명언이나 유명인사를 언급하지 않는 경우를 찾는 것이 더 쉬울 정도다. 물론 유명인사나 명언이라도 자신만의 의미를 부여하거나 남다른 모습을 부각하기 위함이라면 효과가 있을 수도 있다. 하지만 서류전형인 채용과정은 결국 수많은 입사지원서 중 남다르고 뛰어난 인재를 고르고, 뒤떨어지거나 평범한 범재를 가려내는 것이다. 자신만의 얘기를 할 수도 있었는데(인사담당자의 눈에) 비슷한 얘기를 남발하는 범재로 비쳐지게 되는 우를 범하게 될 수도 있다는 뜻이다. 명언을 쓴다고 명언처럼 사는 인재로 보지 않고, 유명인사나 위인을 존경한다고 해서 그 위인과 비슷한 능력과 품성을 지니고 있다고 보지 않는다.

일관성 없는 얘기

자기소개서의 핵심 중 하나는 '일관성'이다. 개별적인 내용과 문장이 아닌, 내용과 맥락에 대한 지적이다. 자기소개서는 지원한 직무를 수행하기 위해 어떤 노력을 꾸준히 해 왔는지를 일관되게 드러내는 문서다. 따라서 자기소개서는 직무를 수행하기 위한 일관성 있는 경험으로 채워져야 한다. 자기소개서에 나타난 각종 사건과 경험들도 유기적으로 이어지는 것이 좋다. 이 직무, 저 직무를 기웃거린 인상을 주거나, 스스로 설명한 본인의 성격이 사례로 설명한 체험, 경험과 일치하지 않는 것 역시 같은 얘기다. 준비가 덜 됐거나 산만한 인재라는 느낌이 들게 마련이다. 조금 다른 얘기지만 회계직에 지원한 구직자가 '덜렁대고 실수가 잦지만 사람들을 즐겁게 해주는 재주가 있다'거나 영업직에 지원한 구직자가 자기소개서에 '사교성이 부족하지만 기발한 발상에 능하다'고 하는 등 직무와 동떨어진 역량을 설명하는 것도 금물이다.

불멸의 실수 '오타'

자기소개서를 종이에 직접 펜으로 쓰던 시절에서부터 키보드를 활용하는 현재에 이르기까지 자기소개서에서 오타의 역사는 오래됐다. 아무리 좋은 내용의 자기소개서라도 틀린 철자를 발견하면 인사담당자도 김이 빠진다. 철자법의 문제뿐 아니라 상식이 부족하거나 기본적인 성의 부족으로 인한 오타도 생각 외로 많다는 것이 컨설턴트들의 공통된 지적이다. 이를테면 토익점수를 기재하는 경우 토익은 5점 단위로 점수가 매겨지는 데도, '852점'처럼 말이 안 되는 점수를 입력하는 경우, 비슷한 단어가 반복되는 그룹사 계열의 대기업 이름을 착각하는 경우, 학점은 실제 자신의 점수를 앞에 적고 기준이 되는 만점 점수를 뒤에 적는 것이 원칙인데 반대로 하는 경우, 인턴이나 경력 기간의 중첩 또는 경력 증명서 상의 날짜와 상이한 경우 등도 오타와 함께 자주 나타나는 치명적인 실수들이다. 인사담당자에게 안 좋은 인상을 남기는 것은 물론, 설사 합격했다 하더라도 향후 입사 취소가 되는 결격 사유가 될 수 있다.

(* 이력서와 자기소개서는 청주대학교 누리집에 있는 것을 학생들에게 실례를 보여주기 위하여 사용하였다.)

예문

삼성전자

➲ 지원동기 및 포부

가장 건전한 재무 구조로 외국 투자자들이 가장 선호하는 기업, 대학생들이 가장 일하고 싶 기업, 삼성은 설명이 필요없는 우리나라 최고의 기업입니다. 조기 출퇴근제, 현장 근무제, 양 위주의 관행 척결, 불합리하고 불필요한 규정 철폐, 신인사제도의 추진 등 삼성만의 차별화된 경영을 통해 국내는 물론 해외에서도 큰 호응을 받고 있는 삼성은, 우리나라를 대표하는 21세기 세계 초일류 기업이라고 생각합니다.

저는 앞선 기술과 최고의 서비스로 고객 만족을 위해 최선을 다하는 기업, 삼성의 일원이 되어 저의 모든 능력과 열정을 다해 일해보고 싶습니다. 저는 그동안 철저한 자기관리와 시간 관리를 통해 저에게 맡겨진 일에 대해서는 한치의 실수 없이 완벽하게 처리할 수 있도록 최선을 다해 왔으며 그 결과 ○○○ 하면 주위에서는 무슨 일이든 잘하고 어떤 일이든지 믿고 맡길 수 있는 믿음직한 사람이라고 평해 주시곤 했습니다.

기업이 발전하기 위해서는 무엇보다도 인재 등용이 가장 중요하다고 생각합니다. 저는 실력과 인성을 두루 갖춘 삼성에 꼭 필요한 인재라고 자신있게 말씀드릴 수 있습니다. 저에게 기회를 주신다면, 합리적이고 체계적인 사고와 강한 책임감과 추진력을 통해 저에게 주어진 일에 최선을 다할 것이며, 함께 근무하는 동료들에게 신뢰를 줄 수 있는 믿음직한 사원이 되겠습니다. 또한, 유창한 영어 실력과 업무 처리 능력을 지니고 있는 저는, 앞으로 실력으로 인정받을 수 있는, 초일류 기업에 어울리는 초일류 인재가 되도록 최선을 다하겠습니다. 감사합니다.

➲ 학교생활 및 특기사항

○○대학교 법학과에 수석 입학한 저는, 학과 공부는 물론 동아리 활동에도 최선을 다며 즐겁고 보람된 대학생활을 보냈습니다. 법학과 형사법학회에 가입하여 활동한 저는, 형사법학회 회장으로서 동아리 회원들의 화합을 이끌어내며 체계적이고 합리적인 자세로 여러 가지 행사와 사업을 힘있게 추진해 왔습니다.

또한, 저는 학교 홍보 도우미로 발탁되어 교내외의 각종 홍보 활동은 물론 학교 홍보 자료 및 광고 촬영에 참여하기도 했습니다.

고등학교 재학 중 영어 말하기 대회에서 장려상을 수상한 바 있는 저는, 글로벌 시대에 걸맞는 인재가 되고자 캐나다로 어학연수를 다녀왔습니다. 어려서부터 영어에 대해 많은 관심과 소질이 있었기에 어학연수 기간 동안 별 어려움 없이 생활할 수 있었고, ○○○ College에서 TESL(Teaching English as a Second language) Diploma를 취득할 수 있었습니다.

또한, x개월 동안 유럽으로 배낭여행을 다녀왔었는데, 저는 캐나다 어학연수와 배낭여행 기간 동안 영어 실력 향상은 물론 외국인 친구들과의 교류와 우정을 통해 국제적인 감각을 키울 수 있었고, 우리와는 전혀 다른 외국 문화를 보고 듣고 직접 체험하며 많은 것을 배우고 느낄 수 있었습니다.

➲ 성장배경 및 가족관계

공인중개사로서 원리원칙을 중요하게 생각하시는 아버지께서는, 아무리 힘들어도 한번 하고자 결심하신 일은 끝까지 소신을 갖고 이뤄내시는 강직한 성품을 지니고 계십니다. 언제나 바쁘신 중에도 장녀인 저에게만은 아낌없는 관심과 사랑을 주시는 아버지는, 세상에서 제가 가장 사랑하고 존경하는 분입니다.

어머니께서는 평생을 아버지와 저희 3남매를 위해 헌신하시며 화목하고 행복한 가정을 가꾸어 오신 알뜰한 분이십니다. 사회봉사 활동하시기를 좋아하시는 어머니께서는, 언제나 어려운 이웃에게 작은 도움이라도 드리기 위해 노력하시곤 합니다.

살아가면서 가장 중요한 것은 성실과 책임감이라고 늘 강조하시는 부모님의 가르침 덕분에 늘 자신에게 주어진 일에 최선을 다하며 살아온 저는, 사랑하는 부모님과 남동생들에게 자랑스러운 맏딸이자 누나가 되고 싶습니다.

➲ 성격 및 생활신조

저는 묵묵히 저에게 주어진 일에 최선을 다하는 꼼꼼하고 차분한 성격을 지니고 있습니다. 한번 맡은 일에 대해서는 끝까지 이뤄내는 강한 책임감을 지니고 있는 저는, 합리적인 판단과 예지력을 통해 힘있게 일을 추진해 나가는 편입니다.

조직 내에서 팀원들과의 협조와 융화를 중요하게 생각하는 저는, 대학 재학중 동아리의 리더로 활동하면서 체계적인 조직 운영 능력과 융통성을 더욱 키울 수 있었습니다. 저는 특히 대인관계가 매우 좋은 편으로 혼자 있을 때보다 함께 있을 때 더욱 빛이 나는 사람이라는 평을 주위에서 듣곤 합니다.

저는 평소에 말보다는 행동으로 인정받는 사람이 되자는 마음가짐으로 제게 주어진 일에 최선을 다합니다. 말만 앞서고 행동이 뒤따르지 못하는 사람은 결코 타인에게 신뢰받을 수 없다는 것을 알기에 저는 언행일치를 통해 주위 친구들이나 동료들에게 인정받는 믿음직한 사람이 되고 싶습니다.

예문

LG전자

➲ 성장배경

샐러리맨으로 평생을 성실하고 정직하게 일하셨던 아버지는 저를 비롯한 세 딸들 모두가 적극적으로 자신의 인생을 설계하고 사회에 기여할 수 있는 인재가 될 수 있도록 이끌어주셨습니다. 제게 있어 부모님은 인생을 어떻게 살아야 하는지 본보기가 되어주셨던 분들이셨으며 막내인 저에게 부족함 없는 사랑과 관심을 가져주셨던 따뜻한 분들이십니다.

또한 부모님은 제가 당신의 기준과 잣대에 따라 살기를 강요하지 않으셨고, 항상 제가 원하는 대로 살아갈 수 있도록 든든한 격려와 지원을 해주셨습니다.

서로의 힘든 부분을 가장 잘 이해하며 어려움을 함께 나누고, 항상 밝고 즐겁게 생활해왔던 가정환경 속에서 저는 세상을 긍정적으로 바라보는 따뜻한 시각과 더불어 사는 삶을 소중히 여기는 인생관을 갖고 성장할 수 있었습니다.

사회에서 각자의 몫을 충실히 해내고 있는 언니들의 모습처럼 저 역시 제가 원하는 분야에서 성실과 최선을 다하며 인정받기 위해 노력하고 있습니다.

➲ 성격의 장단점

저는 활달하고 사교성이 뛰어나서 처음 만나는 사람들과도 쉽게 친해지는 성격이며 새로운 조직에도 빨리 적응하고 융화하는 적극적인 면을 갖고 있습니다. 물질적인 가치보다는 사람사이에서 느끼는 우정과 의리 같은 정신적인 가치를 더 소중히 생각하기 때문에 인간관계에 충실히 임하려고 노력하며 저와 인연을 맺은 사람들에게는 평생을 한결 같은 마음으로 사랑을 베풀며 우호적인 관계를 지속시키려고 노력합니다.

저는 상대방에 대한 배려와 이해심이 많은 편이어서 항상 제 주위의 사람들에게 편안함을 주는 성격이지만 우유부단한 단점을 갖고 있으며 이를 개선하기 위해 사리분별이 명확한 성격을 지니기 위해 노력하고 있습니다.

일에 있어서는 미련하다는 소리를 들을 만큼 몰입하는 편이어서 한번 일을 시작하면 다른 일에는 눈도 돌리지 않을 만큼 강한 집중력을 발휘하는데 그만큼 일의 성과도 높은 편입니다. 또한 일에 있어 끈기와 성실, 책임을 다하는 자세를 항상 유지하기 위해 노력하고 있습니다.

➲ 전공 및 경력사항

학교 생활을 하는 동안 아르바이트를 통해 일찍이 사회를 경험했습니다. 20xx년에는 인터넷 쇼핑몰 ○○에서 자료수집 및 경쟁사 조사 등의 일을 했으며, 20xx년에는 ○○일보 독자 서비스 센터에서 파트타임으로 일을 한 경험이 있습니다. 독자서비스 센터는 ○○일보 구독자들의 민원 및 제보 접수를 받는 부서로서, 어떻게 보면 신문사의 모든 업무/부서 중에서 가장 고객과 가까이서 일을 하는 곳이라고 생각합니다. 그 곳에서 일을 하면서 사람을 상대한다는 것에 대해서 어려움도 많았고 힘들었지만 제가 가야할 진로를 정하는데 중요한 기초를 쌓는 시간이었다고 생각합니다.

상품 기획자의 기본 자세는 현실과 제품에 대한 열린 시각이라고 생각합니다. 이를 위해 신문과 인터넷을 통해 항상 새로운 정보, 뉴스에 접하면서 현실 감각을 잃지 않기 위해 노력했으며, 또한 많은 새로운 마케팅 관련 서적들을 읽으면서 이론적으로 무장하는데 게을리하지 않았습니다.

➲ 지원동기 및 포부

디지털 디스플레이&미디어, 디지털 어플라이언스, 정보통신의 3개 사업본부 체제를 갖추고 세계 73개의 해외 현지법인, 그리고 전 세계를 커버하는 마케팅 조직을 통해 글로벌 경영 활동을 전개하는 귀사는 인간중심의 시대를 선도해 나갈 최고의 기업이라고 생각합니다.

그러한 귀사의 상품기획 부분에서 고객들의 마음을 읽고, 새로운 시장을 창출할 수 있는 능력있는 상품기획 전문가가 되고자 합니다. 상품기획 전문가는 스스로 고정관념이나 편견이 없어야 한다고 생각합니다. 항상 변화의 선두에 서서 변화를 리드하는 상품기획가가 되겠습니다.

제품 안에 사람이, 사랑이 있어야 한다고 생각합니다. 모든 것의 중심은 사람입니다. 사람이 변화할 수 있는 유일한 존재라고 생각하기 때문입니다. 디지털 기술을 리드해가는 귀사에서 첨단 기술과 사람과의 조화를 이루어내는 인재가 되겠습니다.

예문

SK주식회사

➲ 지원동기 및 입사 후 포부

국내 석유제품의 수요 회복세가 미약하고 수입사의 시장 점유율이 급증, 이라크 전쟁 등으로 시장경쟁 심화가 지속된 어려운 상황 속에서도, 정제시설 효율 극대화, e-Management 체계 구축, 유외사업과 시너지 확보 등의 경쟁력 제고를 통해 브랜드 파워와 서비스 품질면에서 업계 리더로서의 변함없는 위치를 다지고 귀사는 말이 필요없는 한국의 대표기업이며, World Best Company로서 손색이 없다고 생각합니다.

더불어 고객행복주식회사라는 슬로건을 필두로 철저히 고객중심, 고객접점 서비스를 실시하는 귀사에서 엔지니어로서 승부를 걸고 싶습니다.

귀사와 같은 체계적인 시스템에서 지난 4년 동안 배우고 익힌 것들을 연구해 보고 싶습니다. 밤을 하얗게 새도 모자랄 만큼의 열정과 도전정신을 가지고 인간의 능력으로 도달할 수 있는 최상의 연구 성과를 내고 싶습니다.

➲ 전공 및 경력사항

화공과 공부가 어렵고 힘도 들었지만, 재미도 있었습니다. 특히 실험은 가장 보람된 시간이었습니다. 비중 측정, 흡광도 측정, 흡착, 선광도 측정, 반응속도 측정, 분석(각종 물질의 정성·정량 분석)실험, 증류탑, 흡수탑, 유기합성실험 등을 통해 이론들을 정립시킬 수 있었으며, 문제 접근 방법과 해결책을 배울 수 있었습니다.

학과 공부뿐만 아니라, ○○라는 사회과학 학술동아리와 신문발행 모임인 ○○○에서 활동하였습니다. 두 단체의 리더로서의 역할을 수

행하면서 엠티, 창립제, 소식지의 발간 등을 통해 타인을 이끄는 것의 어려움을 체험하였고, 상황에 따라 이를 해결하는 방법을 익혔습니다. 또한 문제의 설정, 분석, 해결 능력도 습득할 수 있었습니다. 이러한 경험들이 추후 다른 사회적 활동이나 업무수행 능력에 보탬이 될 수 있다고 생각합니다.

제대 후 공공근로로서 장애인 복지 부분에서 일했습니다. 시간이 지날수록 장애우들의 생활상과 그들이 겪어야했던 사회적 편견들이 얼마나 잘못되었는지 알게 되었고, 목욕 봉사시 나누었던 대화는 그들도 나와 같은 공간에서 같은 생각을 가지고 살아가는 똑같은 사람이라는 생각을 갖에 충분했습니다. x개월이라는 짧은 시간이었지만 편견을 말끔히 씻어낼 수 있게 된 소중한 경험이었습니다.

➲ 성장배경

오랜 기간 해외에서 근무하신 아버지를 통해서 기업과 개인의 글로벌화에 대해 많은 것을 배웠습니다. 간접적인 경험이긴 하지만 세계화를 지향하는 마인드는 키울 수 있었다고 생각합니다. 또한 헌신적이고 적극적인 어머니를 통해 사랑과 노력이란 단어를 배웠습니다. 두 분의 가르침으로 최고의 인재가 되기 위해 서울로 대학 진학을 했습니다. 화공인이 되어 한국의 기반산업에 이바지하기 위해 학업에 충실하였고 공군 화학병으로 입대하여 화학적 실무 능력을 키우려 노력하였습니다.

➲ 성격의 장단점

분석적이고 진취적인 소양을 갖고 있습니다. 무엇이든 남보다 먼저 해보고, 문제의 해결을 명확하게 하고자 항상 노력합니다. 또한 실패를 하더라도 그 원인을 분석하여 다음 실험 문제해결에 활용합니다.

때로는 이러한 성격이 완벽을 추구하려다 일이 어려워지는 때도 있지만 이는 여유를 갖고 문제에 대처하려고 노력할 것입니다. 개인의 성격 문제에서 가장 중요한 것은 개인의 신념과 노력, 융통성이라고 생각합니다. 이 세 가지 특성을 적절히 조화하여 어떠한 문제에 직면하더라도 최고의 결과를 얻어내겠습니다.

예문

신세계 이마트

➲ 성장과정 300자

78년도 태어나 연년생으로 동생을 두고 5살 터울인 막내와 같이 다른 가정과 마찬가지로 화목하게 살았습니다. 학비를 제가 벌어서 대학에 진학하려고 1년 늦게 대학을 가게 되었고 대학 1학기를 다니고 휴학을 해서 군대에 갔다와서 지금껏 제힘으로 집안 살림에 많이 보태지는 못했지만 집안에 손벌리지 않고 나름대로 열심히 살아왔습니다. 제대 하자마자 그 다음날부터 일을 해서 대학 수업료도 제가 만들어서 학교에 복학을 했고 재학 중에도 아르바이트를 해서 졸업하고 편입을 했다가 제 전공이 아니라서 중도하차하고 취직을 선택하게 되었습니다.

➲ 지원동기 및 포부 700자

지원동기는 제가 제대 후 한국 월마트에서 아르바이트로 현재까지도 일을 하고 있습니다. 처음에는 유통이라는 직종이 생소했으나 지금까지 2년 조금 넘게 일을 겪어오면서 앞으로 전망이 괜찮은 직종이라 생각해서 월마트에 취직을 하려했으나 그쪽은 인원을 뽑을 계획이 1년 넘게 없어서 우연히 알게 된 이마트 신입사원지원을 보고 이쪽으로 지원을 하게 되었습니다.제가 취직을 하게 된다면 그동안 월마트에서 겪으면서 실전으로 배운 실력을 이마트에서 유감없이 발휘해서 월마트를 누르고 대한민국에서 나아가 전 세계에서 제일 큰 유통기업이 되도록 노력하겠습니다. 제가 지금 일하고 있는 월마트에서 2001년 4월부터 8월까지는 월마트 아르바이트를 하다가 지금은 프로모터로 현재까지 일을 하고 있습니다. 프로모터로 일을 한건 고용보험이나 의료보험 혜택을 못 받았기 때문에 서류상으로 증명할 수 없으나 월마트 아르바이트로 일을 3개월 한 것은 고용보험과 의료보험에 가입을 했었기 때문에 고용보험이나 직장의료보험 홈페이지에서 조회하면 증명이 될 것입니다. 월마트를 포기하고 이마트를 지원을 하게 된 동기는 학교도 졸업하고 아르바이트가 아닌 평생직장을 하루라도 빨리 구해서 정식 직원으로써의 경력을 쌓기 위해서 입니다. 저를 채용해주신다면 그 어느 누구보다 열심히 일을 할 것이며, 처음 유통을 겪는 것도 아니기 때문에 처음 접하는 사람들보다는 빨리 일에 적응 할 수 있을 것입니다.

➲ 나의 장단점 250자

저는 지금 제가 좋아하고 즐기는 것들이 컴퓨터와 자동차입니다. 멀티미디어를 전공해서 포토샵이나 프리미어, 드림 위버 같은 것들과 하드웨어나 소프트웨어적으로 문제가 발생한 것은 제 스스로 해결할 수 있는 능력을 가지고 있습니다. 자동차는 제가 경정비나 요즘 인터넷을 통해 많이 대중화된 자동차 D.I.Y를 좋아합니다. 그리고 성격도 활발하고 사람들과 어울리는 것을 좋아해 저를 아는 사람들은 저를 참 좋아합니다. 다른 사람들과 문제가 생겨도 금방 푸는 스타일이죠.

➲ 살아오면서 중요했던 일 250자

1. 제게 살아오면서 가장 중요했던 일을 고등학교를 졸업하고 전공을 어느 쪽으로 선택을 할 것인지 많이 고민했습니다. 그래서 1년의 공백을 가지면서도 많은 생각을 했습니다. 앞으로 남은 제 인생의 가장 중요한 선택이었을 테니까요.
2. 전문대를 졸업하고 취직을 하느냐 진학을 하느냐였습니다. 지금은 취직을 택했지요.
3. 얼마 전에 여자 친구와 헤어졌을 때입니다. 계속 만나느냐, 여기서 끝내느냐 지금은 두 가지를 절충해서 친구로 만나고 있습니다.

➲ 직장 생활에서 예상되는 어려움 300자

저도 사회생활을 했다면 저도 꽤 했습니다. 제가 원하지 않는 일을 한 적도 있었고 직장 선임 동료가 이유없이 못살게 군적도 있었고 , 때론 억울하게 욕을 먹어서 속이 터지는 일도 있었고 이것저것 따지자면 한도 끝도 없다고 생각합니다. 자신 스스로가 직장이라는 가지고 일을 한다면 어떤 어려움도 못 이겨낼 것이 없다고 생각합니다. 이 생각은 예전에 고등학교 때 선생님이 남의 돈 100만 원을 벌려면 200만 원어치 일을 해야 한다고 했습니다. 그때의 그 말을 항상 생각하며 어떤 어려움도 이겨낼 수 있습니다.

➲ 자신이 다른 사람과 구별되는 능력300자

제가 다른 사람과 구별되는 능력은 기술 그런 쪽으로는 컴퓨터를 조금 다룰 줄 알고 자동차를 조금 알고 있다고 생각합니다. 저는 무언가를 해내고자 할 때 머릿속으로 몇 번이고 생각을 해서 숙달을 하고 나서 행동으로 옮기면 무엇이든지 해낼 수가 있습니다. 그런데도 안 되면 될 때까지 해서 결국엔 이루어 내길 좋아합니다. 물론 사람들과 잘 어울리는 제 성격도 남들과 다른 저의 능력이라고 생각합니다. 그리고 저는 화를 별로 안냅니다. 옛말에 참을 인(忍)이 세 번이면 살인을 면한다는 말이 있듯이 제 스스로 참아냅니다.

3 보고서(報告書)

보고서는 논문의 일종이기는 하나 논문과는 다른 성격을 지니고 있다. 보고서는 실험 · 조사 · 채집 · 관측 등의 사실이나 결과를 정리하여 보고하는 것으로 끝나는 것이다. 자기의 의견이나 주장을 당당히 내세우는 독창적인 연구 논문과는 다르다.

보고서를 쓰는 방법은 논문 작법과 크게 다른 것은 없다. 논문의 경우 글을 논하는 취지와 내용의 타당성을 증명할 수 있는 증거가 뚜렷해야 하지만, 보고서는 객관적이며 충실하게 작성하여 보고하는 것이 생명이다.

학생들에게 보고서나 논문을 쓰게 하는 이유는 '지적인 독립' 또는 '학문상의 자립'을 위한 기초적인 훈련을 시키는 데 그 목적이 있다.

1) 보고서의 종류

보고서를 쓰기 위해서는 무엇보다도 보고서를 제출하는 목적과 무엇 때문에 보고서를 요구하는가를 명확하게 파악해야 한다. 보고서는 종류에 따라 제각기 목적을 가지고 있다. 보고서를 쓰는 사람은 보고서를 제출하게 한 사람이 무엇을 노리고 있는가를 정확하게 인식해야만 한다.

① 교수가 대학생에게 내는 것.

② 문화단체의 장학금을 쓴 사람이 그 결과에 관해서 보고하는 것.

③ 근무처에서의 출장 결과 보고서.

④ 기업체의 사내지(社內誌)에 실을 보고서.

⑤ 신문·잡지 등에 실을 보고서.

⑥ 인물 조사 보고서.

⑦ 전문적인 학술 보고서.

2) 작성 요령

(1) 주제 설정

글의 중심이 되는 사상으로 글쓴이가 말하고자 하는 의도를 주제라 한다. 주제 설정에 있어서는 다음과 같은 기준을 필요로 한다.

① 주제는 되도록 작은 범위로 한정한다.

② 모두가 잘 알 수 있는 쉬운 것으로 잡는다.

③ 모두에게 관심과 흥미를 끌 수 있는 재미있는 것을 선택한다.

(2) 자료 수집

문헌 조사, 실험 관측, 현장 답사, 설문지 조사 등을 통해 주제를 뒷받침할 수 있는 확실하고 충분하며 다양한 자료를 수집한다.

① 보고서를 원하는 사람이 요구하는 주제에 맞는 자료를 수집한다.

② 믿을 수 있는 정확한 자료를 수집한다.

③ 독창적이거나 신기한 자료를 수집하여 관심을 끌어야 한다.

④ 시대에 뒤떨어진 낡은 자료보다는 가능한 한 새로운 자료를 수집한다.

(3) 구성하기

주제를 형상화시키는 과정으로 수집한 자료를 알맞게 배열하여, 주제를 드러내기 위해 얼개를 짜는 과정이다.

① 주제를 드러내는데 가장 효과적인 관점을 정한다.

② 강조할 핵심 자료를 집중적으로 표현하여 초점을 살린다.

③ 서술할 순서를 정하고 부분과 전체를 조화시켜 통일성을 기한다.

④ 서론 · 본론 · 결론으로 나누는 논리적 구성양식을 취한다.

(4) 쓰기

쓰기의 순서는 아래의 방식에 따른다.

① 제목 붙이기

② 서론 쓰기

③ 본론 쓰기

④ 결론 맺기

3) 작성 양식

(1) 표지 만들기

표지를 쓰는 고정된 양식은 없으나 대체로 아래의 양식을 따르면 무난할 것이다.

(2) 차례

차례는 상·하 구분에 모순이 없게 페이지 수를 밝혀 적고, 글의 순서는 아래와 같이 써 나가면 좋겠다.

예문)

Ⅰ. 서 론 ········· 1
Ⅱ. 본 론 ········· 3
1. 글과 생활은 어떤 관계가 있는가? ········· 7
2. 글이 생활에 미치는 영향 ········· 11
1) 개인생활 측면 ········· 12
2) 사회생활 측면 ········· 17
3. 실생활에 어떤 형태로 글이 이용되어지는가? ········· 21
1) 편지글 ········· 22
2) 이력서 ········· 24
3) 자기소개서 ········· 26
4) 각종 통지서 ········· 28

(3) 주석 참고문헌

보고서와 논문에는 대개 '주석'이 따른다. 대체로 해당 페이지의 맨 아래쪽에 다는 '각주'가 편리하나, 장과 절이 끝나는 뒤에 함께 몰아서 다는 '후주'도 있다. 보고서를 작성하다 보면 반드시 다른 사람의 문헌이나 논문을 참고하게 된다. 이럴 경우 본문이나 주석, 참고문헌을 통해 분명하게 출전을 밝혀야 한다. 출처가 불분명하거나 자신이 없는 내용은 아예 인용하거나 논제로 삼지 않는 것이 좋다.

(4) 보고서를 작성할 때 필요한 형식을 간략하게 정리하면 다음과 같다.

① 표제지에 들어갈 사항: 보고서 제목, 과목명, 제출 기한, 제출 일자, 소속, 학번, 이름, 담당교수

② 본문 번호 매기기: Ⅰ. Ⅱ. Ⅲ. Ⅳ.

1. 1) (1) ① ② / 1. 1.1 1.1.1 1.1.2
2) 1.2
2. 1) (1) ① ② / 2. 2.1 2.1.1 2.1.2
2) 2.2

③ 참고 문헌(BIBLIOGRAPHY) 배열 방식

① 동양문헌과 서양문헌을 구분하여 정리

② 논문인 경우: 필자명→논문제목→게재잡지명→권→호수→발행년도→페이지 수

예) 황경수, 「효과적인 띄어쓰기」, 『새국어교육』 80권, 2010, 220～250쪽.

③ 저서인 경우: 저자명→책명→발행지→발행소→발행년도→페이지 수

예) 황경수, 『한국어문규정의 이해』, 서울: 도서출판 청운, 2009, 260쪽.

④ 한글은 가나다라 순으로, 영문은 알파벳 순으로 배열

⑤ 각주: 본문 중에 참고한 자료의 출처를 밝히기 위해 사용한다. 자신의 논리를 뒷받침할 때 사용하며 본문에서 인용할 경우 글의 통일성과 흐름을 끊을 우려가 있을 때 해당 부분에 번호를 매겨 글 하단에 기록한다.

⑥ 각주에서 사용되는 주요 약자

ibid. (동일한 저술의 동일한 페이지)

p. (페이지, 복수형은 pp.)

vol.(권), ed.(판), tab.(표), tav.(도표), n。(번호), NB(주의)

⑦ 인용: 세 줄 미만의 짧은 인용은 인용부호 (“ ”)를 붙여 본문 속에 포함시킨다. 좀 더 긴 인용문은 본문과 분리하여 한 줄 띄어 쓰고 인용부호 없이 쓰며 글자 크기를 줄여 쉽게 구분되도록 한다.

(5) 보고서는 왜 쓰는가?

① 지정된 한두 권의 교재나 한 교수의 견해를 넘어 폭넓은 독서의 계기를 만들어주는 데 있다.

② 강의만으로 달성하기 어려운 과제는 현장 조사, 야외 실험·실습 등을 통하여, 여러 도서관의 자료를 수집함으로써 도움을 얻는다.

③ 여러 자료의 수집, 평가, 선정, 종합, 정리, 활용의 과정에서 학문적 비판 능력이 길러진다.

④ 논문 쓰기의 훈련이 된다.

4 기사문(記事文)

1) 기사문이란 무엇인가?

기사문의 대표적인 것으로는 신문 기사나 통신 보도문을 들 수 있다. 신문 기사(보도문)의 성격, 요령, 형식 등을 설명함으로써 전체적인 논의를 대신하겠다.

신문 기사의 성격은 다음과 같다.

(1) 객관성이 있어야 한다.
(2) 간략성이 있어야 한다.
(3) 보도성이 있어서 한다.
(4) 시간성이 있어야 한다.

2) 작성 요령

(1) 누가(Who)
(2) 언제(When)
(3) 어디서(Where)
(4) 무엇을(What)
(5) 왜(Why)
(6) 어떻게(How)

3) 형식

(1) 표제는 Headline이라고 부르는데 '기사 제목'이다.
(2) 전문 요약은 Lead라고 부르는 것으로 '육하원칙'에 맞게 써야 한다.
(3) 본문은 Lead 부분에서 요약된 기사를 구체적으로 서술한다.

(예문)

27일 새벽 3시 30분쯤 청주 상가 건물 4층에서 불이 났다. 불은 30여 분 동안 계속되어 건물 일부를 태웠다.

이 사고로 건물 4층에서 잠을 자던 최 모 씨(60)가 사망하고 박 모 씨(56), 이 모 씨(30)가 부상을 당했다.

경찰은 건물 4층에서 난로를 켜 놓고 자다가 불이 난 것으로 보고 정확한 원인을 조사 중이다.

5 서간문

서간문(편지)은 떨어져 있는 상대방에게 소식이나 사연 또는 용무를 알리거나 전하기 위해 일정한 격식에 따라 쓴 글을 말한다. 편지를 지칭하는 동의어 내지 유사어로는 서간문(書簡文) 외에 서신(書信), 옥서(玉書), 혜서(惠書), 귀서(貴書), 간찰(簡札), 서찰(書札), 안서(雁書), 서독(書牘), 서장(書狀) 등이 있다.

편지는 직접 만나지 못하거나 전화로도 통화할 수 없는 경우에 어떤 특정인에게 근황이나 용건을 알리는 글이다. 편지는 발신자의 지식, 교양, 성격, 필체, 문장력 등이 그대로 드러나고 또한 보존될 수 있는 성격의 글이라서 다소 부담스럽게 인식될 수 있는 글이기도 하다. 하지만 상대방의 신분, 연령, 발신자와의 친분 정도에 따라 그에 상응하는 격식과 형식에 의해 편지를 쓴다면, 그것은 상대방에게 전달하고자 하는 바를 정성스럽고 품위 있게 알릴 수 있을 뿐만 아니라 신뢰감과 친밀감도 줄 수 있는 소중한 통신 방법이 될 것이다.

1) 쓰는 요령

(1) 쓰는 내용이 정확하게 전달되도록 목적을 분명히 해야 한다.

(2) 예의에 어긋나지 않도록 격식을 갖추어 써야 한다.

(3) 친근한 태도로 정성을 들여 감정이 상하지 않게 쓴다.

(4) 맞춤법에 주의해서 쓴다.

(5) 주어진 시기에 맞추어 써야 한다.

2) 형식

(1) 첫 부분

편지의 첫머리이며 받을 사람의 호칭, 안부, 계절 인사 등을 쓴다. 앞머리에도 언제나 받을 사람의 이름을 붙여 주어야 상대방에게 짐작하게 할 수 있으며, 편지 예절에도 어긋나지 않는다. 계절 인사를 써 주는 것이 부드럽고 자연스러운 시작이 된다.

① 호칭

상대방의 심리적 상황을 고려하여 기품과 격조가 있게 표현한다. 평상 시 부르는 호칭을 그대로 사용하면 되지만 격식을 갖추면서 편지 쓸 때의 상황에 따라 융통성 있게 적용하는 것이 좋다. 그리 친숙하지 않거나 또는 윗사람에게 보낼 때는 평상시보다 약간 더 높여서 존칭어를 쓰는 것이 좋다.

○ 교수님께, ○○○ 교수님께 올립니다. ○ 선생님께 드립니다.

② 계절 인사

계절 인사는 부드럽게 편지의 서두를 시작하는 방법이다. 철 따라 변하는 계절의 특징과 흐름(자연 현상, 날씨 상황, 등)을 압축하여 자기가 보고 느낀 대로 피력한다.

(2) 서문

편지의 본문으로 들어가기 전 서문에서 간단명료하게 자기소개나 문안 인사를 한다. 편지 보내는 목적이나 동기를 상대방과 관계를 고려하면서 추상적으로 또는 가시적으로 상황에 따라 설득력 있게 표현한다.

① 자기소개 인사

자기소개 인사 문구는 편지를 쓰는 사람이 누구인지 상대방에게 알려주는 표시이다. 상대방과 친한 경우에는 봉투에 있는 발신인만 보고도 누가 보낸 것인지 즉시 알 수 있으므로 굳이 쓰지 않아도 무방하다.

② **상대의 안부 및 감사 인사**

상대의 안부를 묻거나 감사의 표시를 전달하는 인사 문구는 다소 의례적인 것이므로 친근한 경우에는 생략해도 무방하다. 문안 인사에는 첫째, 받는 사람의 건강에 관한 것, 병이 있으면 그 병에 관한 것, 둘째, 그가 가장 존경하는 또는 사랑하는 친족에 관한 것, 셋째, 그가 소중히 여기는 사업에 관한 것, 넷째, 그의 취미에 관한 것 등의 내용을 쓰는 것이 좋다.

오랫동안 뵙지 못하여 궁금합니다.

언제나 보살펴 주시고 도와주심을 감사하게 생각합니다. 등

③ **자기 안부 및 동정 인사**

친밀한 사이일 경우에는 일반적으로 간단히 하면 된다. 그러나 그간 왕래가 두절되었다가 오랜만에 편지를 보낸다거나 관계가 소원해진 상태에서 보낼 경우에는 자기의 신상과 처한 환경을 상대방이 이해할 수 있도록 자세하게 피력하는 것도 좋다.

저는 항상 도와주시는 덕분에 잘 지내고 있습니다.

항상 보살펴 주시고 염려해 주시는 덕분에 열심히 일하고 있습니다. 등

(3) 본문

편지에서 가장 중요한 곳이 중간 부분이다. 본문의 핵심은 편지를 쓰게 된 목적과 사연을 피력하는 것이다. 따라서 본문에서는 상대방에게 알리고 싶은 말, 묻고 싶은 말 등이 자연스럽게 나타나야 한다. 이때 너무 어렵지 않고 복잡하지도 않게 읽는 사람의 심중을 헤아리면서 써야 한다. 한 가지를 자세히 써도 되고, 여러 가지 내용을 간략하게 써도 좋다.

본문은 일반적으로 '다름이 아니옵고', '오늘 몇 자 적는 것은' 등의 말로 시작하여 용건을 소개한다.

(4) 마무리

① **끝맺는 말**

마무리 인사말은 상대방이 현재 처한 입장(가정 환경, 건강 상태, 취업 여부, 사회 활동 여부, 생활 여건 등)을 총체적으로 고려하여 상대방의 입맛에 맞게 축약해서 써야 한다.

'오늘은 이만 줄이겠습니다.', '할 말은 많으나 다음 기회로 미룬다.' 등

② **축복인사**

'항상 건강하시고 행복하십시오.', '내내 안녕하시길 빕니다.', '부디 행복하십시오.' 등

③ **측근 안부 부탁**

'가족들에게도 안부를 전해주세요.', '사모님께도 문안 말씀 전해 주십시오.', '부모님께도 안부 전해 주십시오.' 등

④ **보내는 날짜**

보내는 정확한 날짜를 기입하는 것은 편지 쓸 때의 시간적 정황을 알릴 수 있기 때문에 기입하는 것이 상례이다.

⑤ **받는 이와의 관계와 서명**

날짜를 쓴 뒤에는 반드시 자기의 이름을 쓰고 때에 따라서는 서명을 한다. 자신의 이름 앞에는 상대방과의 인간관계를 고려하여 가장 잘 어울리는 수식어를 붙이는 것이 친근감과 애정을 불러일으키는 데 효과적이다.

'청주에서 형이', '보고픈 ○○○이가' 등

⑥ **추신(追伸)**

일반적으로 P・S(Post Script)라고도 하며, 맺음말까지 모두 쓰고 나서 꼭 써야 할 말이 생각났을 때 추가하여 쓰는 난(欄)이다. 그러므

로 추신에서는 다시 부연하여 강조하고자 하는 말이 있을 경우나 본문에서 미처 쓰지 못한 내용을 짤막하게 쓴다.

* 편지글의 형식을 정리하면 다음과 같다.
  ① 부르기(呼稱)
  ② 시후(時候)
  ③ 문안(問安)
  ④ 자기 안부
  ⑤ 용건과 사연
  ⑥ 작별인사
  ⑦ 날짜
  ⑧ 서명

(5) 호칭

① 가까운 사이에 격식을 갖춰 상대방을 높여 부를 경우: 형(兄)·인형(仁兄)·대형(大兄)·학형(學兄)·벗·친우(親友)·귀우(貴友)·존형(尊兄)
② 사제 간이나 선생으로 대접할 경우: 선생(先生)·안하(案下)·족하(足下)·궤하(机下)
③ 공경해야 할 분이나 항렬이 높은 집안의 어른에게: 좌하(座下)·좌전(座前)
④ 덕이 있고 사회적으로 지체가 있는 여자 분이나 상대방 부인을 높여 부르고자 할 때: 여사(女史)
⑤ 상하 없이 남자 일반에게: 귀하(貴下)
⑥ 나이나 지위가 비슷한 사람에게: 씨(氏)
⑦ 친구나 손아래 사람에게: 군(君)
⑧ 동년배나 손아래 처녀에게: 양(孃)

⑨ 친밀한 사이일 경우 순 한글로 쓸 때: 님(께)

⑩ 매우 친숙한 손아래 사람에게 보낼 경우: 에게

⑪ 손아래 사람이면서 아직 소원한 사이일 경우: 전(展) · 즉견(卽見)

⑫ 단체명으로 보낼 경우: 귀중(貴中)

3) 경조문 서식

① 상가: 조의(弔意) · 부의(賻儀) · 근조(謹弔), 삼가 조의를 표합니다.

② 결혼식: 축 결혼(祝結婚) · 축 화혼(祝華婚) · 축 성전(祝盛典) · 축 성혼(祝成婚)

③ 회갑연: 축 회갑(祝回甲) · 축 희연(祝稀宴) · 축 수연(祝壽宴) · 수의(壽儀)

④ 기타 경사 서식: 70세(축 고희: 祝古稀), 77세(축 희수: 祝喜壽), 80세(축 산수: 祝傘壽), 88세(축 미수: 祝 米壽), 99세(축 백수: 祝 白壽)

예문

하숙했던 집 아주머니께

주인 아주머님께

홀홀히 작별하고 온 후 주인 아주머니 몸소 평안하시오며 오월이도 말 잘 듣고 잘 있사온지 두루 궁금하여 붓을 들었습니다.

몸은 집에 와 있사오나 생각은 지금도 서울 있는 것 같습니다.

길다면 길고 짧다면 짧겠지만 3년이란 세월을 한결같이 고맙게 시중해 주신 주인 아주머니 은혜는 실로 잊을 수 없습니다. 집에 와도 늘 어머니한테 주인 아주머니께서 고맙게 해주셨다는 얘기를 하고 있습니다.

그러면 어머니께서도 참 고마우신 분이라고 우리가 서울가 살면 신세진 것을 다 갚겠다고 하십니다.

말이 하숙이지 정말로 친척집 같이 잘 해주시지 않으셨습니까? 집에 와 있으니까 서울 있을 때 시골집이 그립듯이 지금은 서울이 그처럼 그리워집니다.

동생들을 데리고 저녁 때 채마밭엘 거니노라면 울컥 서울 생각이 나서 못 견딜 것 같은 때가 있습니다. 거기 있을 때는 가끔 나무라기도 했던 오월이도 지금은 그 까만 얼굴이 암암하며 여간 보고 싶지가 않습니다.

시골집엔 모든 것이 흔합니다. 십 원을 내야 한 단 가지고 들어오시던 파도 밭에 퍼렇게 얼마든지 있고, 밭고랑에는 흙 묻은 오이들이 먹음직스럽게 여기 저기 누워 있습니다. 이런 것들을 볼 때마다 서울서 고생하시는 주인댁 아주머니 생각이 간절합니다.

언제 틈을 내셔서 여길 한 번 다녀가십시오. 그래서 오이랑 감자랑 파 모두 한바탕 져 가십시오.

이런 흔전한 초식을 대할 때마다 서울 얘기를 하면 어머니께서는 사정도 모르시고 내려오시라고 편지를 하라고 하신답니다.

정말 집을 누구에게 좀 맡기시고 한 번 오셨다 가십시오. 저는 요새 집에서 어머니 누에치시는 것을 도와 드리고 있습니다. 뽕을 따러 산으로 가기도 하고 어떤 대는 뽕밭을 사가지고 쉽게 따오기도 합니다. 그러나 모두가 재미있습니다. 머리에다가는 수건을 뒤집어 쓰고 차림새가 우습습니다.

종종 편지 드리겠삽기로 오늘은 이만 올리고 그럼 또 훗날 쓰겠습니다.

내내 안녕하심 비오며

00년 00월 00일

노 천 명

6 광고문(廣告文)

광고(Advertising, Advertisement)의 어원은 라틴어의 'Adverter'라는 말에서 나왔다. 'Adverter'는 '돌아보게 하다', '주의를 돌리다'의 뜻을 가지고 있다. 독일어와 불어에서는 광고를 각각 'Die Reklame'와 'Reclame'라고 하는데, 여기에서 'Klane'와 'Clame'는 모두 '부르짖다'라는 뜻을 지닌 라틴어 'Clamo'에서 파생된 말이며, 'Re-'는 '다시(再)'를 의미하므로 곧 이들은 '반복하여 부르짖다'는 뜻이 된다. 우리나라에서는 광고인을 '널리 부르짖는 사람'이라는 뜻을 가진 '광호인(廣呼人)'이라고 불렀다.

광고는 '산업사회와 상업주의, 그리고 매스커뮤니케이션이 발달시킨 현대 사회의 새로운 의사소통 방식'이라 할 수 있다.

현대인은 생산자이자 소비자이다. 현대인은 물품이나 정보를 생산하고 또한 소비한다. 따라서 생산과 소비를 촉진시키는 의사소통이 필요하고 그것에 대한 욕구가 점차 높아지고 있다. 현대의 광고는 단순히 상품을 알리기 위한 도구가 아니라 하나의 문화로 자리 잡고 있다. 현대인은 광고 속에서 살아가고 있다고 해도 과언이 아니다. 라디오나 텔레비전, 신문이나 잡지, 인터넷 공간에서까지 광고를 접하며 살고 있다. 그만큼 광고는 현대인의 일상 생활에 많은 영향을 미치고 있으며, 아울러 현대인은 광고를 떠나서는 생활할 수 없다.

광고는 다양한 소비자의 취향과 구매 의욕을 높이기 위해 소비자의 주의 환기를 중점으로 기획되고 표현된다. 또한 소비자의 주의 환기에서 그치는 것이 아니라 물품 구매라는 행동을 불러 일으켜야 하므로 항상 참신성과 강렬한 이미지를 만들어내기 위해 조직적이고 창조적이다.

광고는 상품에 대한 정보를 효과적으로 전달하는 데 그치지 않고 소비자를 설득하여 상품을 구입하도록 하는 것을 목적으로 한다. 따라서 광고에서는 설득이 매우 중요한 위치를 차지한다. 설득은 송신자가 원하는 수신자의 행동 변화를 위해 주로 메시지를 통해 달성하는 역동적 과정이다.

광고가 기호적 자극을 통해 수신자의 반응을 이끌어내는 행위라는 측면에서 볼 때 '광고 문장(copy)' 작성이 중요한 데 이때 무엇보다 중요한 것은 창의성과 사고력이다. 뿐만 아니라 정확성과 도덕성도 요구된다. 상품 판매라는 목적만을 달성하기 위한 허위 광고, 과대 광고, 상호 비방 광고, 반공공성 광고 등은 광고의 본질적인 의미에서 벗어난 광고이다.

광고 문장은 '표제(headline), 부제(sub-headline), 본문(body,) 표어(slogan)'로 이루어져 있다.

1) 표제(headline)

표제(headline)는 광고 문장 중 가장 중요한 것으로, 가장 눈에 잘 띄는 곳에 위에 위치하여 소비자의 관심을 순간적으로 이끌어내야 한다. 표제는 소비자의 눈을 광고에 머물게 하고 나아가 본문을 읽게 해야만 한다. 따라서 상품의 특징이 무엇인가를 생각하고 상품을 사용할 소비자의 관심 사항, 나이, 성별 등을 면밀하게 따져 보아야 한다.

2) 부제(sub-headline)

부제(sub-headline)는 표제의 위나 아래에 본문의 중간 중간에 위치하기도 한다. 부제를 '작은 표제'라고 부르는 것처럼 그 크기는 표제보다 작고 그리고 본문보다는 큰 것이 일반적이며, 글씨체나 색깔을 표제와 달리 하기도 한다.

부제의 기능은 소비자의 구매 의욕을 유발할 수 있도록 상품의 필요성, 장점, 특징 등을 간략하지만 강하게 전하는 것이다. 다시 말하면 표제의 정보와 광고 주제를 보강해주는 것이 목적이라 할 수 있다. 즉 부제는 소비자가 광고에 좀 더 관심을 갖도록 주의를 다시 한 번 환기시키면서 본문의 핵심 내용과 관련이 깊다는 점에서 표제와 본문을 연결시켜주는 역할을 담당한다.

3) 본문(body)

본문(body)은 상품이나 판매 방식, 서비스 등에 관한 자세한 정보를 제공하는 기능을 담당한다. 따라서 본문은 상품과 관련된 정보를 보다 자세하게 설명하는 형식을 취하게 된다. 따라서 본문은 소비자의 취향이나 필요성과 밀접한 관련이 있어야 하며, 상품이나 판매방식, 서비스 등이 소비자의 요구를 어떻게 만족시켜 줄 것인가를 인상에 남도록 설명해야 한다.

본문의 문장은 마치 직접 대화하고 있다는 느낌이 들도록 쓰는 것이 일반적이다. 따라서 대화체를 충분히 활용하거나 편지투의 문장을 효과적으로 활용할 필요가 있다. 어떠한 기술 양식을 쓰든 소비자와 직접적인 의사소통 형식을 갖추는 것이 좋다.

광고 문장의 흐름은 '기술 양식의 극대화'라는 표현으로 정리할 수 있다. 즉, 서정이면 서정을 극대화하, 서사면 서사를 극대화하는 특성을 보인다. 그러면서도 상품이 가지고 있는 기능과 역설적인 기법을 사용한다.

가령, 항상 휴대하고 다니면서 수시로 통화를 할 수 있다는 강점을 가진 휴대폰을 광고하면서 '잠시 꺼두어도 좋습니다.'라는 문구를 사용하는 것은 서정을 극대화하면서 동시에 상품의 기능과는 역설적인 발상을 한 광고라 할 수 있다.

4) 표어(slogan)

표어(slogan)는 표제와 유사한 기능을 하나 선언적 · 구호적 성격이 짙다는 점에서 표제와는 다르다. 표어는 광고의 상단 왼쪽이나 하단 중앙, 또는 본문의 위치에 따라 왼편 중앙이나 오른편 중앙에 위치하면서 몇 마디 말로 오랫동안 기억에 남도록 하는 기능을 담당한다. 그래서 때로는 어떠한 상품 광고인지는 잊고 표어만을 기억하는 경우도 있다.

표어는 무엇보다도 기억하기 좋아야 한다. 따라서 단순하고 반복하기 쉬어야 하며 새로운 감각을 나타내어야 한다. 표어를 쓸 때에는 리듬이나 운율 등도 염두에 두어야 하며 음색에도 신경을 써야 한다. '침대는 가구가 아니라 과학입니다'라는 어느 침대 광고의 표어는 짧으면서도 새로운 감각을 갖추고 있으며 '○○이 아니라 ○○입니다'라는 일반적인 문장 구조의 리듬을 갖추고 있어 소비자의 기억에 오래도록 남는 것이다.

5) 광고 문장에서 유의할 점

① 쉽게 읽히고 쉽게 이해될 수 있어야 한다.

일상생활에서 사용하는 쉬운 단어와 표현을 사용하고 어려운 단어나 잘 사용하지 않는 표현은 삼간다.

② 문장은 짧고 명료해야 한다.

광고 문장은 길어서는 안 된다. 문장이 길어지다 보면 주술 관계가 어렵게 되고 주술 관계가 명확하지 않으면 무슨 말을 하려는 것인지 파악할 수 없다. 따라서 광고 문장은 주술 관계가 분명한 짧은 문장이어야 한다.

③ 상투적인 표현이나 과장된 표현은 피한다.

상투적인 표현은 소비자의 관심을 끌지 못하고 과장된 표현은 신뢰를 얻지 못한다. 뿐만 아니라 '끝내줍니다', '일단 한번 와 보라니까요'와 같은 유행어도 깊이 생각해 보고 사용하여야 한다. 인기 연예인이 쓸 때에는 좋아 보이던 표현도 광고문으로 옮겨 놓고 보면 오히려 천박해 보이는 경우가 많기 때문이다.

④ 생산자나 광고주의 입장의 표현이나 내용은 피한다.

'광고주가 광고문을 작성하거나 기획하면 그 광고는 실패한다.'는 속설이 있다. 이는 생산자나 광고주의 입장을 너무 살리려 하다보면 소비자의 입장에서 잘 읽히는 광고가 되지 못한다는 것을 의미한다. 광고는 철저하게 소비자 입장에서 만들어져야 하며, 그래야만 소비자를 설득하는 광고가 될 수 있다.

바꾸어 말하면 '우리 제품은 ~ 합니다.' 식으로 시작되는 설명 위주의 광고보다는 '여러분에게 ~가져다 줄 것입니다.'와 같은 식의 표현이 바람직한 광고 문장의 표현이라는 것이다.

⑤ 참신하고 독창적인 문장이어야 한다.

'광고는 아이디어 싸움'이라는 말이 있다. 이 말은 광고는 항상 기존의 광고에 비해 새롭고 다른 광고와 구별될 때 본래의 효과를 얻을 수 있다는 말이다. 광고 문장에 가장 중요한 것이 바로 '참신성'과 '독창성'이다.

광고의 문장은 어디에 초점을 두느냐에 따라 다양해진다. 시적인 문장도 가능하고, 서사적인 문장도 가능하고 대화문도 가능하다. 문제는 제품의 특성과 장점을 명확하게 드러내어 소비자의 소비 욕구를 자극하느냐 하는 것이다. 그러나 무엇보다 중요한 것은 광고를 통해 소비자들에게 '믿음'을 주는 것이다. 너무 현혹하는 광고문, 너무 과장된 광고문은 그 생명이 짧을 수밖에 없다.

광고 문구

기업

- 행복을 이어주는 사람들 - 한국도로공사
- 담장 밖의 세상은 어려워도 고향집 웃음소리는 늘 넉넉합니다 - LG생활건강
- 당신을 만나서 행복합니다 - SK텔레콤
- 충분히 듣고 충분히 토론하고 충분히 검토하세요 - 한국수력원자력
- 꼭 빨간색만 보고 오는 건 아닙니다 - SK주유소

자동차

- 변화를 두려워 마라 - 뉴SM5
- 당신의 철학으로부터 세상은 시작됩니다 - 뉴체어맨(쌍용자동차)
- 보이지 않는 곳에서부터 아름다운 감동이 시작됩니다 - 쏘나타
- 한계는 깨어지기 위해 존재한다 - BMW
- 정상에서 보이는 또 다른 정상 - 아우디
- 이미 외제차를 뽑으셨다면 SM7을 함부로 쳐다보지 마십시오 - 르노삼성자동차SM7
- 당신은 지금 어느 곳으로 가고 계십니까? - 그랜저(현대자동차)
- 스스로를 넘는 시간을 견딘 후에야 변화의 획을 그을 수 있다 - 체어맨(쌍용자동차)
- 바람은 시원하지만 시선은 뜨겁다 - 뉴 스포티지(기아자동차)
- 평범, 그것은 당신의 것이 아닙니다 - 오피러스(기아자동차)
- 또 하나의 세상이 내 가슴으로 들어온다 - 렉서스SC
- 지루하게 사는 것은 젊음에 대한 죄다 - SM3(르노삼성자동차)

금융

- 누구나 실수하기 마련입니다 - 현대해상 하이카
- 긴 인생 아름답도록 - 삼성생명
- 지금하고 싶은 것, 지금하세요 - LG카드

식품, 주류

- 당신의 정은 무슨색입니까? - 오리온 초코파이 정
- 행복은 소리없이 채워집니다 - 델몬트(롯데칠성)
- 마음이 시키는 대로 하라! - 카프리(OB맥주)
- 키스 고플 땐... - 마이쮸(크라운제과)
- 사람이 좋아진다! - 참진이슬로
- 당신의 향기를 사랑합니다 - 맥심
- 당신의 마음이 햇살입니다 - 햇살담은 간장(청정원)
- 스무 살에게 세상은 놀이터다 - 생생감자칩

전자, 통신

- 기억하려면 기억하라 - 큐리텔
- 내일이 가장 먼저 오는 나라. 투모로우 팩토리 - SK텔레콤
- 앞선자가 세상을 만든다 - 메가패스(KT)
- 세상에 주인공 아닌 사람은 없다 - KTF

의류

- 어깨가 편안한 남자 - 바쏘
- 내일 뭐 입지? - TNGT(LG패션)
- 맨발의 진화 - 나이키
- 언제부턴가 남편이 나를 훔쳐보기 시작했다 - 트라이(쌍방울)

화장품

- 도도한 여자가 아름답다! – 도도화장품
- 감출 것만 감추고 투명하게 드러내는 것이 능력이다 – 라끄베르
- 노화는 하나씩 차례대로 오지 않는다 – 아이오페
- 회사생활 3년, 거칠어진 건 성격만이 아니다 – BEYOND(비욘드, LG생활건강)

가전

- 내 마음을 벽에 걸었다 – 엑스캔버스(LG전자)
- 사랑한다면 프린트하라 – 삼성프린터 포토S
- 발효과학은 진보합니다 – 딤채(위니아만도)
- 때로는 신선한 바람만으로 거실을 꾸며보고 싶다 – 휘센(LG전자)
- 제 삶의 영원한 주제는 아름다움입니다 – 파브(삼성전자)

유통

- 인생의 특별한 순간에 떠오르는 곳이 있습니다 – 갤러리아백화점
- 두 번째 사랑이 시작될 때 소녀에서 여자로, 스무 살 감성에 빛을 더하세요 – 신세계
- 주말이면 바람을 일으키는 남자 – 롯데백화점
- 잘 쉬게 하는 것도 경영입니다 – 호텔 현대
- 같은 물건 비싸게 살수록 점점 더 옥션 생각난다 – 옥션

기타

- 열심히 일한 당신, 떠나라 – 현대카드
- 니들이 게맛을 알아 – 롯데리아
- 당신의 능력을 부여주세요 – 삼성카드
- 골라먹는 재미가 있다 – 베스킨라빈스31

- 여자라서 행복해요 - 디오스
- 침대는 가구가 아닙니다. 과학입니다 - 에이스침대
- 일요일엔 내가 요리사! - 농심 짜파게티
- 오늘 저녁엔 - 오뚜기 카레
- 나의 선택, 나의 초이스 - 테이스터스 초이스
- 사나이 대장부가 울긴 왜 울어? - 농심 신라면
- 젊은 날의 커피 - 프렌치카페
- 가슴이 따뜻한 사람과 만나고 싶다 - 맥심
- 아버님댁에 보일러 놓아 드려야겠어요 - 경동보일러
- 거꾸로 타는 보일러 - 귀뚜라미 보일러
- 미녀는 석류를 좋아해 - 롯데칠성음료
- 아무것도 묻지도 따지지도 않습니다 - 라이나생명
- 앞뒤가 똑같은 전화번호 1577 - 이수근 대리운전

Ⅲ. 속담을 활용한 우리말글 실례

Ⅲ. 속담을 활용한 우리말글 실례

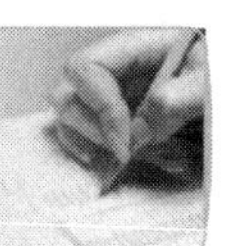

1 한글 맞춤법

1) **"네놈은 불원간 내 가산을 날탕으로 삼킬 심지였음이 분명하렸다. 가는 몽둥이에 오는 '홍두깨/홍두개'라 나 또한 청맹과니가 아닌 이상 네놈의 행티를 끝내 좌시할 수야 없지."**

– 김주영 『객주』

속담은 '내가 다른 사람에게 해를 끼치면 더욱 큰 해가 돌아온다.'는 뜻으로 빗대는 말이다.

'홍두깨'는 '다듬잇감을 감아서 다듬이질할 때에 쓰는, 단단한 나무로 만든 도구.', '소의 볼기에 붙은 살코기.', '서투른 일꾼이 논밭을 갈 때에 거웃 사이에 갈리지 아니하는 부분의 흙.'을 일컫는다.

한글 맞춤법 제5항 한 단어 안에서 뚜렷한 까닭 없이 나는 된소리는 다음 음절의 첫소리를 된소리로 적는다. 그리고 한글 맞춤법 제5항 1에서 두 모음 사이에서 나는 된소리는 된소리로 적어야 한다. 예를 들면, '오빠, 으뜸, 기쁘다, 해쓱하다, 거꾸로, 이따금' 등이 있다. 그러므로 '홍두깨'로 적어야 한다.

자음 체계는 다음과 같다.

자음(子音, consonant)은 '목, 입, 혀 따위의 발음 기관에 의하여 장애를 받으면서 나는 소리'이다. 발음 기관(發音器官)은 '음성을 내는 데 쓰는 신체의 각 부분'이다. '성대, 목젖, 구개, 이, 잇몸, 혀' 따위가 있다.

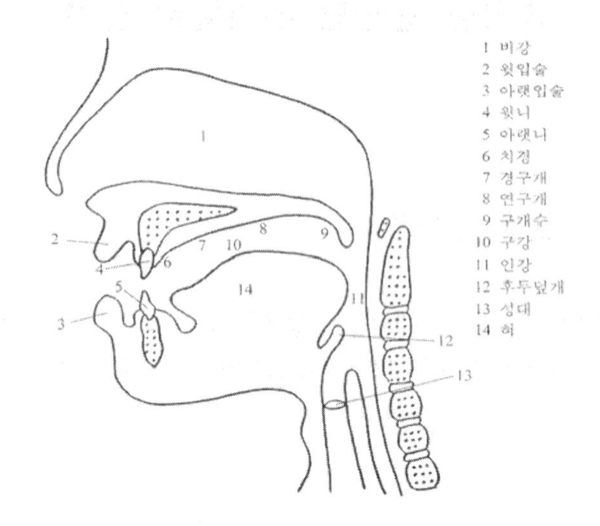

혀[舌, tongue]는 발음 기관(發音器官) 중 가장 큰 몫을 하는 기관이다. 혀의 제일 앞쪽 끝을 설첨(舌尖)이라 한다. 그리고 혀의 앞부분을 설단(舌端)이라 한다. 경구개와 마주 닿는 혀의 부분을 설면(舌面)이라 하고, 연구개와 마주 보는 혀의 부분을 설배(舌背)라 한다. 설면(舌面)은 전설(前舌), 설배(舌背)는 후설(後舌)이라고도 한다. 혀의 제일 뒷부분, 인두와 마주 보는 부분을 설근(舌根)이라고 한다.

'구강(口腔, oral cavity), 비강(鼻腔, nasal cavity)'은 발음 통로로 크게 입에서 목구멍에 이르는 입 안의 빈 곳을 구강(口腔, oral cavity)과 콧구멍에서 목젖 윗부분에 이르는 코 안의 빈 곳을 비강(鼻腔, nasal cavity)으로 나뉜다.

'경구개(硬口蓋, palate), 연구개(軟口蓋, velum)'는 그 앞쪽의 딱딱한 부분을 경구개(硬口蓋, palate)라 하고, 그 뒤쪽의 여린 부분을 연구개(軟口蓋, velum)라 한다.

'성대(聲帶, vocal cords)'는 후두(喉頭)의 중앙부에 있는 소리를 내는 기관이며, 음성과 관련하여 하는 일 중 가장 중요한 일은 성대의 간격을 좁혀 성대를 빠르게 진동시키는 일이다. 이 성대의 빠른 진동을 성(聲, voice)이라 하는데, 어떤 음성에 성이 섞여 있느냐 없느냐는 그 음성의 성격을 결정짓는 데 매우 중요한 의미를 가지는 것이다.

이 성대를 중심으로 한 부위를 후두(喉頭)라 한다. 이 후두와 기관 뒤쪽이 식도(食道)다. 후두 위에 후두개(喉頭蓋, epiglottis)라는 뼈가 있는데 이것은 후두와 식도가 동시에 열리는 것을 막아주는 일을 한다.

'이[齒, tooth]'는 척추동물의 입 안에 있으며 무엇을 물거나 음식물을 씹는 역할을 하는 기관을 말한다.

'목젖[口蓋垂, uvula]'은 성문(聲門, glottis)을 통과하여 나온 숨은 인두(咽頭, pharynx)로 나오게 된다. 인두 위에는 목젖(口蓋垂, uvula)이 있다. 이 목젖은 숨을 입으로만 통과하게 하느냐 코로도 통과하게 하느냐를 조정하는 일을 한다.

자음은 '조음 위치'와 '조음 방법'에 따라서 분류할 수 있다.

조음 방법(調音方法)은 '자음이 만들어질 때 공기의 흐름이 장애를 받는 방법'을 말하고, 조음 위치(調音位置)는 '자음이 만들어질 때 공기의 흐름이 장애를 받는 위치'를 일컫는다.

유성음(有聲音)은 '발음할 때, 목청이 떨려 울리는 소리'이다. 국어의 모든 모음이 이에 속하며, 자음 'ㄴ, ㄹ, ㅁ, ㅇ' 따위가 있다. '목청울림소리, 울림소리, 탁음(濁音), 흐린소리'라고도 한다.

무성음(無聲音)은 '성대(聲帶)를 진동시키지 않고 내는 소리'이다. 'ㄱ, ㄷ, ㅂ, ㅅ, ㅈ, ㅊ, ㅋ, ㅌ, ㅍ, ㅎ, ㄲ, ㄸ, ㅃ, ㅆ, ㅉ' 등이 있다. '맑은소리, 안울림소리, 양성(陽聲), 청음(淸音)'이라고도 한다.

조음 방법에 대하여 알아보겠다.

파열음(破裂音)은 '폐에서 나오는 공기를 일단 막았다가 그 막은 자리를 터뜨리면서 내는 소리'이다. 'ㅂ, ㅃ, ㅍ, ㄷ, ㄸ, ㅌ, ㄱ, ㄲ, ㅋ' 따위가 있다. '닫음소리, 정지음, 터짐소리, 폐색음, 폐쇄음'이라고도 한다.

파찰음(破擦音)은 '파열음과 마찰음의 두 가지 성질을 다 가지는 소리'이다. 'ㅈ, ㅉ, ㅊ' 따위가 있다. '붙갈이소리'라고도 한다.

마찰음(摩擦音)은 '입안이나 목청 따위의 조음 기관이 좁혀진 사이로 공기가 비집고 나오면서 마찰하여 나는 소리'이다. 'ㅅ, ㅆ, ㅎ' 따위가 있다. '갈이소리'라고도 한다.

비음(鼻音)은 '입안의 통로를 막고 코로 공기를 내보내면서 내는 소리'이다. 'ㄴ, ㅁ, ㅇ' 따위가 있다. '콧소리, 통비음(通鼻音)'이라고도 한다.

유음(流音)은 '혀끝을 잇몸에 가볍게 대었다가 떼거나, 잇몸에 댄 채 공기를 그 양옆으로 흘려보내면서 내는 소리'이다. 'ㄹ' 따위이다. '흐름소리'라고도 한다.

예사소리(例事--)는 '구강 내부의 기압 및 발음 기관의 긴장도가 낮아 약하게 파열되는 음'을 말한다. 'ㄱ, ㄷ, ㅂ, ㅅ, ㅈ' 따위를 이른다. '연음(軟音), 평음'이라고도 한다.

된소리는 '후두(喉頭) 근육을 긴장하거나 성문(聲門)을 폐쇄하여 내는 음'을 말한다. 'ㄲ, ㄸ, ㅃ, ㅆ, ㅉ' 따위의 소리이다. '경음(硬音), 농음(濃音)'이라고도 한다.

거센소리는 '숨이 거세게 나오는 파열음'을 일컫는다. 'ㅊ, ㅋ, ㅌ, ㅍ' 따위가 있다. '격음(激音), 기음(氣音), 대기음, 유기음(有氣音)'이라고도 한다.

조음 위치에 대하여 알아보겠다.

양순음(兩脣音)은 '두 입술 사이에서 나는 소리'이다. 'ㅂ, ㅃ, ㅍ, ㅁ'이 여기에 해당한다. '순성(脣聲), 순음(脣音), 순중음, 입술소리'라고도 한다.

치조음(齒槽音)은 '혀끝과 잇몸 사이에서 나는 소리'이다. 'ㄷ, ㅌ, ㄸ, ㄴ, ㄹ' 따위가 있다. '잇몸소리, 치은음, 치경음'이라고도 한다.

경구개음(硬口蓋音)은 '혓바닥과 경구개 사이에서 나는 소리'이다. 'ㅈ, ㅉ, ㅊ' 따위가 있다. '구개음, 상악성, 상악음, 센입천장소리, 입천장소리, 전구개음'이라고도 한다.

연구개음(軟口蓋音)은 '혀의 뒷부분과 연구개 사이에서 나는 소리'이다. 'ㅇ, ㄱ, ㅋ, ㄲ' 따위가 있다. '뒤혓바닥소리, 여린입천장소리, 후구개음, 후설음'이라고도 한다.

후음(喉音)은 '목구멍, 즉 인두의 벽과 혀뿌리를 마찰하여 내는 소리'이다. '목소리, 목청소리, 성대음, 성문음, 성문 폐쇄음, 후두음'이라고도 한다.

<자음 체계(子音體系)>

<table>
<tr><th colspan="3">조음 위치
조음 방법</th><th>양순음
(윗입술/
아랫입술)</th><th>치조음
(윗잇몸/
혀끝)</th><th>경구개음
(센입천장/
앞혓바닥)</th><th>연구개음
(여린입천장
/뒤혓바닥)</th><th>후음
(인두벽/
혀뿌리)</th></tr>
<tr><td rowspan="8">안울림
소리
(無聲音)</td><td rowspan="3">파열음
(破裂音)</td><td>예사소리</td><td>ㅂ</td><td>ㄷ</td><td></td><td>ㄱ</td><td></td></tr>
<tr><td>된 소 리</td><td>ㅃ</td><td>ㄸ</td><td></td><td>ㄲ</td><td></td></tr>
<tr><td>거센소리</td><td>ㅍ</td><td>ㅌ</td><td></td><td>ㅋ</td><td></td></tr>
<tr><td rowspan="3">파찰음
(破擦音)</td><td>예사소리</td><td></td><td></td><td>ㅈ</td><td></td><td></td></tr>
<tr><td>된 소 리</td><td></td><td></td><td>ㅉ</td><td></td><td></td></tr>
<tr><td>거센소리</td><td></td><td></td><td>ㅊ</td><td></td><td></td></tr>
<tr><td rowspan="2">마찰음
(摩擦音)</td><td>예사소리</td><td></td><td>ㅅ</td><td></td><td></td><td rowspan="2">ㅎ</td></tr>
<tr><td>된 소 리</td><td></td><td>ㅆ</td><td></td><td></td></tr>
<tr><td rowspan="2">울림 소리
(有聲音)</td><td colspan="2">비음(鼻音)</td><td>ㅁ</td><td>ㄴ</td><td></td><td>ㅇ</td><td></td></tr>
<tr><td colspan="2">유음(流音)</td><td></td><td>ㄹ</td><td></td><td></td><td></td></tr>
</table>

모음 체계에 대하여 알아보겠다.

모음(母音, vowel)은 '성대의 진동을 받은 소리가 목, 입, 코를 거쳐 나오면서, 그 통로가 좁아지거나 완전히 막히거나 하는 따위의 장애를 받지 않고 나는 소리'이며, 'ㅏ, ㅑ, ㅓ, ㅕ, ㅗ, ㅛ, ㅜ, ㅠ, ㅡ, ㅣ', 'ㅑ, ㅕ, ㅛ, ㅠ, ㅒ, ㅖ, ㅘ, ㅙ, ㅝ, ㅞ, ㅢ' 따위가 있다. 공깃길의 모양을 바꾸지 않고 내는 모음을 홑홑소리[單母音, monophthong]라 하며, 소리 나는 동안에 혀가 움직이거나 입술의 모양이 바뀌어야 낼 수 있는 소리를 겹홑소리[二重母音, diphthong]라고 한다. 모음의 소릿값을 결정하는 데는 '혀의 높낮이', '혀의 전후 위치', '입술 모양' 등이 관여한다.

혀의 높낮이에 대하여 알아보겠다.

고모음(高母音)은 '입을 조금 열고, 혀의 위치를 높여서 발음하는 모음'이다. 'ㅣ, ㅟ, ㅡ, ㅜ' 따위가 있다. '높은홀소리, 닫은홀소리, 폐모음'이라고도 한다.

중모음(中母音)은 '입을 보통으로 열고 혀의 높이를 중간으로 하여 발음하는 모음'이다. 'ㅔ, ㅚ, ㅓ, ㅗ' 따위가 있다. '반높은홀소리'라고도 한다.

저모음(低母音)은 '입을 크게 벌리고 혀의 위치를 가장 낮추어서 발음하는 모음'이다. 'ㅐ, ㅏ' 따위가 있다. '개모음, 낮은홀소리, 연홀소리, 저위 모음'이라고도 한다.

혀의 전후 위치에 대하여 알아보겠다,

전설모음(前舌母音)은 '혀의 앞쪽에서 발음되는 모음(母音)'이다. 'ㅣ, ㅔ, ㅐ, ㅟ, ㅚ' 따위가 있다. '앞혀홀소리, 앞홀소리, 전모음'이라고도 한다.

중설모음(中舌母音)은 '혀의 가운데 면과 입천장 중앙부 사이에서 조음되는 모음'이다. 'ㅡ, ㅓ, ㅏ' 따위가 있다. '가온혀홀소리, 가운데 홀소리, 혼합 모음'이라고도 한다.

후설모음(後舌母音)은 '혀의 뒤쪽과 여린입천장 사이에서 발음되는 모음'이다. 'ㅜ, ㅗ' 따위가 있다. '뒤혀홀소리, 뒤홀소리, 후모음'이라고도 한다.

입술모양에 대하여 알아보겠다.

평순모음(平脣母音)은 '입술을 둥글게 오므리지 않고 발음하는 모음'이다. 'ㅣ, ㅡ, ㅓ, ㅏ, ㅐ, ㅔ' 따위가 있다. '안둥근홀소리'라고도 한다.

원순모음(圓脣母音)은 '입술을 둥글게 오므려 발음하는 모음'이다. 'ㅗ, ㅜ, ㅚ, ㅟ' 따위가 있다. '둥근홀소리'라고도 한다.

<모음 체계>

	전설모음(front)		후설모음(back)	
	평순	원순	평순	원순
고모음(high)	ㅣ(i)	ㅟ(ü=y)	ㅡ(ɨ)	ㅜ(u)
중모음(mid)	ㅔ(e)	ㅚ(ö=ø)	ㅓ(ə)	ㅗ(o)
저모음(low)	ㅐ(ɛ)		ㅏ(a)	

2) **"똥이사 참으믄 약이 되제만 홧증은 참으믄 벵이 되는 벱이여. 그렁게 여그서 말짱 풀고 가더라고. 날마다 장마다 '꼴뚜기/꼴두기'는 아닝게 시방이 기회여.……"**

– 이동하 『물풍선 던지기』

속담은 '항상 있는 일이 아니라.'는 뜻으로 빗대는 말이다.

'꼴뚜기'는 '꼴뚜깃과의 귀꼴뚜기, 좀귀꼴뚜기, 잘록귀꼴뚜기, 투구귀꼴뚜기를 통틀어 이르는 말'이며, '망조어, 반초(飯鮹), 장어(章魚)'

라고도 한다.

한글 맞춤법 제5항 2에서 'ㄴ, ㄹ, ㅁ, ㅇ' 받침 뒤에서는 된소리로 적어야 한다. 한 개 형태소 내부의 유성음(有聲音) 뒤에서 나는 된소리는 된소리로 적는다. 예를 들면, '잔뜩, 살짝, 움찔, 엉뚱하다, 단짝, 번쩍, 물씬' 등이 있다. 그러므로 '꼴뚜기'로 적어야 한다.

'잔뜩'은 '한도에 이를 때까지 가득.'의 뜻이다. 해결해야 할 서류가 책상 위에 잔뜩 쌓여 있다.

'살짝'은 '남의 눈을 피하여 재빠르게.'의 뜻이다. '움찔'은 '깜짝 놀라 갑자기 몸을 움츠리는 모양.'의 뜻이다. '엉뚱하다'는 '상식적으로 생각하는 것과 전혀 다르다.'라는 뜻이다. '번쩍'은 '큰 빛이 잠깐 나타났다가 사라지는 모양.'의 뜻이다. '물씬'은 '코를 푹 찌르도록 매우 심한 냄새가 풍기는 모양.'의 뜻이다.

부사에 대하여 알아보겠다.

부사(副詞)는 '용언 또는 다른 말 앞에 놓여 그 뜻을 분명하게 하는 품사'이다. 부사는 활용하지 못하고, '성분 부사'와 '문장 부사'로 나뉘며, '어찌씨, 억씨'라고도 한다.

성분 부사(成分副詞)는 '문장의 한 성분을 꾸며 주는 부사'이며, '성상 부사, 지시 부사, 부정 부사'로 나뉜다. '성상 부사(性狀副詞, 사람이나 사물의 모양, 상태, 성질을 한정하여 꾸미는 부사이다.)는 '잘, 매우, 바로' 따위가 있다. '지시 부사(指示副詞, 처소나 시간을 가리켜 한정하거나 앞의 이야기에 나온 사실을 가리키는 부사이다.)에는 '이리, 그리, 내일, 오늘' 따위가 있다. '부정 부사(否定副詞, 용언의 앞에 놓여 그 내용을 부정하는 부사이다.)에는 '아니, 안, 못' 따위가 있다.

문장 부사(文章副詞)는 '문장 전체를 꾸미는 부사'이며, '양태 부사와 접속 부사'로 나뉜다. '양태 부사(樣態副詞, 화자(話者)의 태도를 나타내는 부사이다.)에는 '과연, 설마, 제발, 정말, 결코, 모름지기, 응당, 어찌' 따위가 있다. 접속 부사(接續副詞, 앞의 체언이나 문장의 뜻을 뒤의 체언이나 문장에 이어 주면서 뒤의 말을 꾸며 주는 부사이다.)에는 '그러나, 그런데, 그리고, 하지만' 따위가 있다.

3) 그날 이후 그들의 책가방이나 다른 들것들, 웃음소리나 걸음새까지 살피며 흉내를 내보는 게 유일한 기쁨이었다네, 가난뱅이가 '갑자기/갑짜기/갑작이' 부자가 되면 부자의 병까지 시늉한다지?

– 이병천『매』

속담은 '가난할 때 얼마나 뼈 맺히게 부자가 되고 싶었으면 그럴까. 닮기를 간절히 염원했기에 병까지 닮는 게 당연하다.'라는 뜻으로 빗대는 말이다.

'갑자기'는 '미처 생각할 겨를도 없이 급히.'라는 뜻이다. 한글 맞춤법 제5항 다만, 'ㄱ, ㅂ' 받침 뒤에서 나는 된소리는, 같은 음절이나 비슷한 음절이 겹쳐 나는 경우가 아니면 된소리로 적지 아니한다. 예를 들면, '국수, 깍두기, 색시, 법석, 꼭두각시, 작대기, 각시, 속삭속삭, 뜯게질, 숨바꼭질, 쭉정이' 등이다. 그러므로 '갑자기'로 적어야 한다.

'꼭두각시'는 '꼭두각시놀음에 나오는 여러 가지 인형'을 말한다. '뜯게질'은 '해지고 낡아서 입지 못하게 된 옷이나 빨래할 옷의 솔기를 뜯어내는 일.'의 뜻이다. '쭉정이'는 '껍질만 있고 속에 알맹이가 들지 아니한 곡식이나 과일 따위의 열매.'를 뜻한다.

4) 사람들이 모여서 '쑥덕거리는/쑥떡거리는' 모습을 보면 답답하다.

'쑥덕거리다'는 동사로서, '남이 알아듣지 못하도록 낮은 목소리로 은밀하게 자꾸 이야기하다.'의 뜻이다. 예를 들면, '회의 시간에 남자들끼리 뭘 쑥덕거리더니 한 남자가 나서서 투표를 하자고 했다.', '두 오빠가 들어와 있기 때문에 하룻머릿골은 앞으로 시끄러운 큰일이 벌어지게 될지도 모른다고 쑥덕거렸는데…' 등이 있다. 그러므로 '쑥덕거리는'으로 적어야 한다.

그러나 '똑똑(-하다), 씁쓸(-하다)'처럼 같은 음절이나 비슷한 음절이 거듭되는 경우에는 첫소리와 같은 글자로 적어야 한다.

음절에 대하여 알아보겠다.

음절(音節, syllable)은 하나의 종합된 음의 느낌을 주는 말소리의 단위이다. 음절을 이루기 위해서는 단독으로 한 음절을 이룰 수 있는 모음이 관여해야 하며, 자음을 포함하면 몇 개의 음소로 이루어진다. 국어의 음절구조는 모음을 중심으로 할 때 4가지의 기본 유형이 있다.

① 모음

단모음 하나로 된 것: 아, 어, 오…

이중모음 하나로 된 것: 야, 여, 와, 왜…

② 자음+모음

자음과 단모음으로 된 것: 나, 모, 수…

자음과 이중모음으로 된 것: 과, 며, 켜, 꿔…

③ 모음+자음

단모음과 자음으로 된 것: 얼, 울, 일…

이중모음과 자음으로 된 것: 역, 융, 왕…

④ 자음+모음+자음

자음과 단모음과 자음으로 된 것: 강, 산, 학…

자음과 이중모음과 자음으로 된 것: 광, 벽, 명…

5) 남의 말을 지나치게 잘 듣는 것은 "귓문이 넓다", 마음에 맞지 않는다고 뛰쳐나오기 쉽지만 다시 되돌아 들어가기는 어려움은 "날 문은 '낮아도/나자도' 들 문은 높다"…….

– 김광언『한국의 집 지킴이』

속담은 '마음에 들지 않아 나오는 것은 아주 쉽지만, 내가 아쉬워 다시 돌아가는 것은 매우 어렵다.'라는 뜻으로 빗대는 말이다.

'낮다'는 '아래에서 위까지의 높이가 기준이 되는 대상이나 보통 정도에 미치지 못하는 상태에 있다.', '높낮이로 잴 수 있는 수치나 정도가 기준이 되는 대상이나 보통 정도에 미치지 못하는 상태에 있다.', '품위, 능력, 품질 따위가 바라는 기준보다 못하거나 보통 정도에 미치지 못하는 상태에 있다.' 등의 뜻이다.

한글 맞춤법 제6항 'ㄷ' 받침 뒤에 종속적 관계를 가진 '–히–'가 올 적에는 그 'ㄷ'이 'ㅊ'으로 소리 나더라도 'ㄷ'으로 적는다. 예를 들면, '맏이, 해돋이, 굳이, 핥이다, 닫히다, 묻히다' 등이 있다. 그러므로 '낮아도'로 적어야 한다.

'맏이'는 '여러 형제자매 가운데서 제일 손위인 사람.'을 뜻한다. '해돋이'는 '해가 막 솟아오르는 때나 그런 현상.'을 일컫는다. '굳이'는 '단단한 마음으로 굳게.'라는 뜻이다. '핥이다'는 '혀가 물체의 겉면에 살짝 닿으면서 지나가게 하다.'는 뜻이다. '닫히다'는 '열린 문짝, 뚜껑, 서랍 따위를 도로 제자리로 가게 하여 막다.'라는 뜻이다. '묻히다'는 '일을 드러내지 아니하고 속 깊이 숨기어 감추다.'라는 뜻이다.

보충 설명하면, "① 명사 밑에 붙는 '조사'로서 'ㅣ': 맏이, 끝이, 밭이, 뭍이, ② 용언(형용사)을 부사로 바꾸는 접미사 'ㅣ': 굳이, 같이, ③ 용언(동사)을 명사로 바꾸는 접미사 'ㅣ': 해돋이, 땀받이, ④ 용언(동사)을 사동 혹은 피동으로 만드는 선어말어미 '이'나 '히': 핥이다(핥음)" 등이 있다.

한편, 명사 '맏이[마지, 昆]'를 '마지'로 적자는 의견이 있었으나 '맏-아들, 맏손자, 맏형' 등을 통하여 '태어난 차례의 첫 번'이란 뜻을 나타내는 형태소가 '맏'임을 인정하여 '맏이'로 적기로 하였다.

조사의 종류에 대하여 알아보겠다.

조사(助詞, postpositional word)는 기능에 따라 '격 조사, 보조사, 접속 조사'로 나뉘며, 주로 자립 형태소 뒤에 결합하여 문법적 관계를 나타내거나(격 조사, 格助詞), 특별한 뜻을 더해주거나(보조사, 補助詞), 두 단어를 같은 자격으로 이어주는(접속 조사, 接續助詞) 단어들의 집합을 말한다.

격 조사(格助詞)는 '한 문장에서 선행하는 체언(體言)이나 용언(用言)의 명사형으로 하여금 일정한 자격(문장 성분)을 가지도록 해주는 조사'이다. 즉 체언과 다른 말과의 관계를 나타내는 조사를 격 조사(格助詞)라 한다. 격 조사에는 '주격, 서술격, 목적격, 보격, 관형격, 부사격, 호격 조사' 등이 있다. 접속 조사(接續助詞)는 '둘 이상의 단어나 문장을 대등한 자격으로 이어주는 기능을 하는 조사'로 '와/과, 에(다), 하고, (이)며, (이)랑' 등이 있다. 보조사(補助詞)는 '선행하는 체언을 일정한 격으로 규정하지 않고 여러 격에 두루 쓰이면서, 그것에 어떤 특정한 뜻을 더해주는 조사'를 말한다.

조사는 다음과 같다.

① 격 조사: 주격조사: 이/가

예) 철수가 대학교에 입학을 했다./물이 차갑게 변하였다.

: 보격조사: 이/가

예) 수진이가 과대표가 되었다./이것은 저것과 같다.

: 목적격(대격)조사: 을/를

예) 선금이는 명규를 사랑한다./민철이는 책을 읽는다.

: 서술격조사: 이다

예) 보라는 대학생이다.

: 관형격(속격, 소유격)조사: 의

예) 대한민국의 경치는 매우 아름답다.

: 부사격(처격, 구격, 여격, 공동격, 인용격 등)조사: 에서, 에게, 한테, 로서, 로써

예) 그는 청주에서 왔다.(처격)/종호가 지연이에게 만년필을 선물했다.(여격)/준호는 그의 친구들과 집에서 재미있게 놀았다.(공동격)/병희는 교육자로서 최선을 다하고 있다.(구격)/소희가 "네"라고 대답했다.(인용격)/교수님께서는 뚝심있고 독창적으로 공부하라고 말씀하셨다.(인용격)

: 독립격조사(호격조사): 아/야, 이여

② 보조사: 부터, 까지, 은/는, (이)나, (이)나마, 도, (이)든지, (이)라도, 마다, 마저, 만, 야(말로), 조차, (은/는)커녕

예)

형 태	의 미	보 기
은/는	대조	산은 좋지만 왠지 바다는 싫어.
도	강조, 극단 양보와 허용	야구는 여자들도 좋아해./같이 가는 것도 좋습니다.
만, 뿐	단독	나만 몰랐어./믿을 것은 실력뿐이다.
까지, 마저, 조차	극단	재학아, 너마저도!/학교까지 걸어서 간다./그가 어디서 왔는지조차 모른다.
부터	시작, 먼저	내일부터 좀 쉬어야겠다.
마다	균일	학교마다 축제를 벌이는구나.
(이)야	특수	너야 잘 하겠지.
(이)나, (이)나마	불만	애인은 그만두고 여자 친구나 있었으면 좋겠다. 너나마 와 주어서 고맙다.

③ 접속조사: 와/과, 하고, (이)랑

예) 연필과 종이를 준비해라.

예) 사과하고 배하고 사 오너라.

예) 철수랑 미연이는 부부 관계이다.

'선어말어미(先語末語尾)'는 '어말 어미 앞에 나타나는 어미'이다. '-시-', '-옵-' 따위와 같이 높임법에 관한 것과 '-았-', '-는-', '-더-', '-겠-' 따위와 같이 시상(時相)에 관한 것이 있다.

'형태소(形態素)'는 '뜻을 가진 가장 작은 말의 단위.'를 말한다. '이야기책'의 '이야기', '책' 따위이다. 그리고 문법적 또는 관계적인 뜻만을 나타내는 단어나 단어 성분을 뜻한다.

6) 외상값 대신에 고구마 '**엇셈/얻셈**'을 했다.

'엇셈'은 '서로 주고받을 것을 비겨 없애는 셈.', '제삼자에게 셈을 넘겨 당사자끼리 서로 비겨 없애는 셈.' 등의 뜻이다.

한글 맞춤법 제7항 'ㄷ' 소리로 나는 받침 중에서 'ㄷ'으로 적을 근거가 없는 것은 'ㅅ'으로 적는다. 예를 들면, '웃어른, 핫옷, 무릇, 사뭇, 얼핏' 등이 있다. 그러므로 '엇셈'으로 적어야 한다.

'핫옷'은 '솜옷'과 같다. '무릇'은 '대체로 헤아려 생각하건대.'라는 뜻이다. '사뭇'은 '거리낌 없이 마구.'의 뜻이다. '얼핏'은 '생각이나 기억 따위가 문득 떠오르는 모양.'의 뜻이며, '언뜻'과 같다.

보충 설명하면, 'ㄷ' 소리로 나는 받침 'ㅅ, ㅆ, ㅈ, ㅊ, ㅌ' 등이 음절 끝소리로 발음될 때에 [ㄷ]으로 실현되는 것을 말한다. 이 받침들은 뒤에 형식 형태소의 모음이 결합될 경우에는 제 소리 값대로 뒤 음절 첫소리로 내리어져 발음되지만, 단어의 끝이나 자음 앞에서 음절 말음으로 실현된 때에는 모두 [ㄷ]으로 발음된다.

'ㄷ'으로 적을 근거가 없는 것은 그 형태소가 'ㄷ' 받침을 가지지 않은 것을 말한다. 예를 들면, '갓-스물, 걸핏-하면, 그-까짓, 기껏, 놋-그릇, 덧-셈, 짓-밟다, 풋-고추, 햇-곡식' 등이 있다.

'걷-잡다(거두어 잡다), 곧-장(똑바로 곧게), 낟-가리(낟알이 붙은 곡식을 쌓은 더미), 돋-보다(도두 보다) 등은 본디 'ㄷ' 받침을 가지고 있는 것으로 분석되고, '반짇-고리, 사흗-날, 숟-가락' 등은 'ㄹ' 받침이 'ㄷ'으로 바뀐 것으로 설명될 수 있다.

'걷잡다'는 '한 방향으로 치우쳐 흘러가는 형세 따위를 붙들어 잡다.'의 뜻이다. '곧장'은 '옆길로 빠지지 아니하고 곧바로.'의 뜻이다. '낟가리'는 '낟알이 붙은 곡식을 그대로 쌓은 더미.'를 의미한다. '돋보다'는 '도두보다'의 준말로 '실상보다 좋게 보다.'의 뜻이다.

7) **"두불 먹든 비질 먹든 길거리에서 먹을 순 없잖이?" "'핑계 핑계/핑게 핑게' 도라지 캐러 간다**더니만 어쨌든 느덜 좋은 대로 해라. 자아, 그럼 난 간다."

– 김문수 『서러운 꽃』

속담은 '다른 구실을 내세우고 엉뚱한 일을 한다.'라는 뜻으로 빗대는 말이다.

'핑계'는 '내키지 아니하는 사태를 피하거나 사실을 감추려고 방패막이가 되는 다른 일을 내세움.', '잘못한 일에 대하여 이리저리 돌려 말하는 구차한 변명.'이라는 뜻이다.

한글 맞춤법 제8항 '계, 례, 몌, 폐, 혜'의 'ㅖ'는 'ㅔ'로 소리 나는 경우가 있더라도 'ㅖ'로 적는다. 예를 들면, '사례, 폐품' 등이 있다. 그러므로 '핑계'로 적어야 한다.

'사례(事例)'는 '어떤 일이 전에 실제로 일어난 예.'의 뜻이다. 이런 사례는 없었기 때문에 어떻게 처리해야 할지 모르겠다.

다만, 한자어(漢字語) '게(偈), 게(揭), 게(憩)'는 본음인 'ㅔ'로 적기로 하였다. 예를 들면, '게송(偈頌), 게시판(揭示板), 휴게실(休憩室), 게구(揭句), 게기(揭記), 게방(揭榜), 게양(揭揚), 게재(揭載), 게판(揭板)' 등이 있다.

'게송'은 '부처의 공덕이나 가르침을 찬탄하는 노래.'를 일컫는다. '게구'는 '부처의 공덕이나 가르침을 찬탄하는 노래인 가타(伽陀)의 글귀.'를 말한다. 네 구(句)를 한 게(偈)로, 다섯 자나 일곱 자를 한 구로 하여 한시(漢詩)처럼 짓는다.

'게기'는 '기록하여 내어 붙이거나 걸어 두어서 여러 사람이 보게 함.'의 뜻이다. '게방'은 '여러 사람이 볼 수 있도록 글을 써서 내다 붙임.'의 뜻이다. '게재'는 '글이나 그림 따위를 신문이나 잡지 따위에 실음.'의 뜻이다. '게판'은 '시문(詩文)을 새겨 누각에 걸어 두는 나무판.'을 일컫는다.

8) 철기와 성태는 **'연몌/연메'**를 하고 있다.

'연몌(連袂)'는 '나란히 서서 함께 가거나 옴.' '행동을 같이함'을 뜻하며, '연공(連笻)'이라고도 한다.

한글 맞춤법 제8항 '계, 례, 몌, 폐, 혜'의 'ㅖ'는 'ㅔ'로 소리 나는 경우가 있더라도 'ㅖ'로 적는다. 예를 들면, '계집, 계시다' 등이 있다. 그러므로 '연몌'로 적어야 한다.

9) **"하나를 보면 열을 안다는 얘기다. 너 말야, 똑똑허고 똑똑허다, 길수야." "'하늬바람/하니바람'에 곡식 모질어지는 법**인게로 꺽꺽국, **꺽국. 어째 찬규 니놈 낯바닥이 하마 같아 보인다잉."**

– 박범신 『불의 나라』

속담은 '가을바람이 불면 곡식이 알차게 된다.'라는 뜻으로 빗대는 말이다. 하늬바람이란 농부나 어부들에겐 서풍을 뜻한다.

'하늬바람'은 '서쪽에서 부는 바람.' '주로 농촌이나 어촌에서 이르는 말.', 북한에서는 '서북쪽이나 북쪽에서 부는 바람.'이라는 뜻이다.

한글 맞춤법 제9항 '의'나, 자음을 첫소리로 가지고 있는 음절의 'ㅢ'는 'ㅣ'로 소리 나는 경우가 있더라도 'ㅢ'로 적는다. 예를 들면, '무늬, 보늬, 오늬, 의의' 등이 있다. 그러므로 '하늬바람'으로 적어야 한다.

바람의 종류로 '동풍(東風)'은 동쪽에서 불어오는 바람으로 '곡풍(谷風)'이라고도 한다. '샛바람'은 뱃사람이 동풍을 부르는 말이다. '서풍(西風)'은 서쪽에서 불어오는 바람으로 농촌, 어촌에서 '하늬바람'을 '서풍'이라 한다. '南風'은 남쪽에서 불어오는 바람으로 뱃사람들이 '남풍(南風)'을 이르는 말로, '경풍(景風), 마풍(麻風), 앞바람, 오풍'이라고도 한다. '북풍(北風)'은 북쪽에서 불어오는 바람으로 '광막풍(廣漠風), 뒤바람, 북새풍'이라고도 불린다.

'보늬'는 '밤이나 도토리 따위의 속껍질.'을 말한다. '오늬'는 '화살의 머리를 활시위에 끼도록 에어 낸 부분.'을 뜻한다.

보충 설명하면, '의'는 환경에 따라 몇 가지 다른 발음으로 실현되고 있다.

① 자음을 가지지 않는 어두의 '의': [의], '의의[의이]'

② 자음을 첫소리로 가지고 있는 음절의 '의': [이], '무늬[무니]'

③ 단어의 첫 음절 이외의 '의': [이], '본의[본이]'

④ 조사의 '의': [의/에], '우리의[우리의/우리에]'

또한, '늴리리'의 경우는 '늬'의 첫소리 'ㄴ'이 구개음화하지 않는 음으로 발음된다는 점을 유의한 표기 형식이다.

10) 그 여자는 숲길을 타고 밤골 농장으로 돌아가고 있는 것이었다. 구름의 그림자가 갯바위 위를 스쳐갔다. 바람이 세차졌다. 돌풍이었다.

파도가 드높았다. **바다 고운 것하고 '여자/녀자' 얼굴 고운 것하고는 믿지 말라고 했다.** 금방 변하기 때문이었다.

– 한승원 『시인의 잠』

속담은 '얼굴이 고운 여자는 얼굴값을 꼭 하기 때문에 믿을 수 없고, 바다는 갑자기 거칠어지기에 믿을 수 없다.'라는 뜻으로 빗대는 말이다.

'여자'는 '여성으로 태어난 사람.', '여자다운 여자.', '한 남자의 아내나 애인을 이르는 말.' 등의 뜻이다.

한글 맞춤법 제10항 한자음 '녀, 뇨, 뉴, 니'가 단어 첫머리에 올 적에는 두음 법칙에 따라 '여, 요, 유, 이'로 적는다. 예를 들면, '연세/년세, 요소/뇨소, 익명/닉명' 등이 있다. 그러므로 '여자'로 적어야 한다.

'요소(尿素)'는 '카보닐기에 두 개의 아미노기가 결합된 화합물.'을 말한다. 무색의 고체로 체내에서는 단백질이 분해하여 생성되고, 공업적으로는 암모니아와 이산화탄소에서 합성된다. 포유류의 오줌에 들어 있으며, 요소 수지, 의약 따위에 쓰인다. '익명(匿名)'은 '이름을 숨기거나 숨긴 이름이나 그 대신 쓰는 이름.'을 말한다.

보충 설명하면, 두음 법칙(頭音法則)이란 어두(語頭)에서 발음될 수 있는 음에 제약을 받는 규칙이다. 국어의 음운 구조상 어두에 발음될 수 없거나, 발음 습관상 기피하는 음은 세 가지가 있다.

① 'ㄹ'을 'ㄴ'으로 적는다. (락원→낙원, 로인→노인, 릉묘→능묘 등)

② 'ㄹ'을 'ㅇ'으로 적는다. (량심→양심, 류행→유행, 리발→이발 등)

③ 'ㄴ'을 'ㅇ'으로 적는다. (녀자→여자, 년세→연세, 년초→연초(年初) 등)

다만, 다음과 같은 의존 명사에서는 '냐, 녀' 음을 인정한다. 예를 들면, '냥(兩), 냥쭝(兩-), 년(年), (몇 년)' 등이 있다.

보충 설명하면, 고유어(固有語) 중에서도 다음 의존 명사에는 두음 법칙이 적용되지 않는다. 예를 들면, '녀석(고얀 녀석), 년(괘씸한 년), 님(바느질 실 한 님), 닢(엽전 한 닢)' 등이 있다.

하지만 '년(年)'이 '연 3회'처럼 '한 해(동안)'란 뜻을 표시하는 경우에는 의존 명사(依存名詞)가 아니므로 두음 법칙을 적용한다. 의존 명사는 분명히 단어이지만 실질적으로는 항상 다른 단어의 뒤에 쓰이게 되어 두음 법칙의 행사 영역 밖에 있기 때문이다.

11) 아무리 좋은 말을 해도 그 사람에게는 '공염불/공념불'에 지나지 않았다.

'공염불(空念佛)'은 '신심(信心)이 없이 입으로만 외는 헛된 염불.', '실천이나 내용이 따르지 않는 주장이나 말을 비유적으로 이르는 말.' 등의 뜻이다.

한글 맞춤법 제10항 [붙임 2] 접두사처럼 쓰이는 한자가 붙어서 된 말이나 합성어에서, 뒷말의 첫소리가 'ㄴ' 소리로 나더라도 두음 법칙에 따라 적는다. 예를 들면, '신여성(新女性), 상노인(上老人)' 등이 있다. 그러므로 '공염불'로 적어야 한다.

보충 설명하면, 단어의 구성요소 가운데 적어도 일부가 독립된 단어로 쓰일 수 있는 파생어(派生語)나 합성어(合成語)는 어두가 아니라고 하더라도 두음 법칙에 따른다.

그러나 '신년도(新年度), 구년도(舊年度)' 등은 두음 법칙에 따르지 않는다.

12) "자고로 어느 동리든 잔칫집에 가보믄 그 마을이 부촌인지 알 수 있고 동리 어귀에 장승이 서 있는걸 보믄 '양반집/량반집'

이 있는 것을 알 수 있고 초상집에 가서 보믄 그 마을 인심을 한눈에 알아 본다는 말이 있네.……"

– 한민수 『하루』

속담의 뜻은 어떤 일이든 한 부분만 보면 전체를 짐작할 수 있다는 뜻으로 빗대는 말이다.

'양반집(兩班-)'은 '지체나 신분이 높은 집안.'을 뜻한다. '양반(兩班'은 역사적으로 고려·조선 시대에, 지배층을 이루던 신분. 원래 관료 체제를 이루는 동반과 서반을 일렀으나 점차 그 가족이나 후손까지 포괄하여 이르게 되었다.
한글 맞춤법 제11항 한자음 '랴, 려, 례, 료, 류, 리'가 단어의 첫머리에 올 적에는 두음 법칙에 따라 '야, 여, 예, 요, 유, 이'로 적는다. 그러므로 '양반집'으로 적어야 한다.

보충 설명하면, 본음이 '랴, 려, 례, 료, 류, 리'인 한자가 단어 첫머리에 놓일 때에는 '야, 여, 예, 요, 유, 이'로 적는다. 예를 들면, 성씨(姓氏)의 '양(梁), 여(呂), 이(李)' 등도 마찬가지이다.

13) **'쌍룡/쌍용'**은 한 쌍의 용을 의미한다.

'쌍룡(雙龍)'은 '한 쌍의 용'을 뜻한다. 앞의 단어는 두 번째 음절에서 두음 법칙을 적용하지 않는다. 예를 들면, '이 연못에는 구렁이 부부가 쌍룡이 되어 하늘로 올라갔다는 전설이 전한다.', '쌍룡이 굼틀굼틀 하늘로 오르는 듯 명공의 솜씨로 수를 놓았다.' 등이 있다.

한글 맞춤법 제11항 [붙임 1] 단어의 첫머리 이외의 경우에는 본음대로 적는다. 예를 들면, '개량(改良), 협력(協力), 사례(謝禮), 혼례(婚禮), 와룡(臥龍), 도리(道理), 진리(眞理)' 등이 있다. 그러므로 '쌍룡'으로 적어야 한다.

'혼례(婚禮)'는 '결혼식'과 같은 뜻이다. '와룡(臥龍)'은 '누워 있는 용.'이나 '앞으로 큰일을 할, 초야(草野)에 묻혀 있는 큰 인물을 비유적으로 이르는 말.'을 일컫는다. '도리(道理)'는 '사람이 어떤 입장에서 마땅히 행하여야 할 바른 길.'을 뜻한다. '진리(眞理)'는 '참된 이치나 참된 도리.'를 말한다.

14) 너부데데한 얼굴에 뭉툭코, 두꺼운 입술, 작은 눈의 그 얼굴은 못생겼으면서 '선량/선양'하고 정다웠다.

'선량(善良)'은 '행실이나 성질이 착함.'을 뜻한다. 한글 맞춤법 제11항 [붙임 1]에서 다만, 모음이나 'ㄴ' 받침 뒤에 이어지는 '렬', '률'은 '열', '율'로 적는다. 예를 들면, '나열/나렬, 분열/분렬, 비율/비률, 실패율/실패률' 등이 있다. 그러므로 '선량'으로 적어야 한다.

그러나 모음이나 'ㄴ' 받침 뒤에 오는 단어가 아니기 때문에 '성공율'은 '성공률'로 적는다. 예를 들면, '명중률, 합격률, 법률, 취업률' 등이 있다.

15) 너는 '사육신/사륙신'이 어떤 분들인지 알고 있니?

'사육신(死六臣)'은 '조선 세조 2년(1456)에 단종의 복위를 꾀하다가 처형된 여섯 명의 충신.', '이개, 하위지, 유성원, 성삼문, 유응부, 박팽년' 등을 이른다.

한글 맞춤법 제11항 [붙임 4] 접두사처럼 쓰이는 한자가 붙어서 된 말이나 합성어에서 뒷말의 첫소리가 'ㄴ' 또는 'ㄹ' 소리가 나더라도 두음 법칙에 따라 적는다. 예를 들면, '역이용(逆利用), 연이율(年利率), 열역학(熱力學), 해외여행(海外旅行)' 등이 있다. 그러므로 '사육신'으로 적어야 한다.

'역이용(逆利用)'은 '어떤 목적을 위하여 쓰던 사물이나 일을 그 반대의 목적에 이용함.'의 뜻이다. '열역학(熱力學)'은 '열을 에너지의 한 형태로 보고 열과 역학적 일과의 관계에서 출발하여 열평형, 열 현상 따위를 연구하는 학문'이며, '물리학의 한 분야'이다.

보충 설명하면, 독립성이 있는 단어에 접두사가 붙어서 쓰이는 한자어 형태소가 결합하여 된 단어나 두 개 단어가 결합하여 된 합성어의 경우는 두음 법칙이 적용된다. 예를 들면, '수학여행(修學旅行), 사육신(死六臣), 등용문(登龍門)' 등이 있다.

'등용문(登龍門)'은 '용문(龍門)에 오른다.'는 뜻으로, 어려운 관문을 통과하여 크게 출세하게 되며, 그 관문을 이르는 말이다. 잉어가 중국 황허(黃河) 강 상류의 급류인 용문을 오르면 용이 된다는 전설에서 유래한다.

또한, 사람들의 발음 습관이 본음의 형태로 굳어져 있는 것은 예외 형식을 인정한다. 예를 들면, '미립자(微粒子), 소립자(素粒子), 수류탄(手榴彈), 파렴치(破廉恥)' 등이 있다.

다만, 고유어(固有語) 뒤에 한자어가 결합한 경우는 뒤의 한자어 형태소가 하나의 단어로 인식되므로 두음 법칙을 적용하여 적는다. 예를 들면, '개-연(蓮), 구름-양(量), 허파숨-양(量)' 등이 있다.

'개연'은 '수련과의 여러해살이풀'이다. 잎은 뿌리줄기에서 나며 잎자루가 길고 잎사귀는 물 위에 뜬다. 8~9월에 꽃줄기 끝에 노란 꽃이 하나씩 피고 열매는 녹색의 삭과(蒴果)를 맺는다. 뿌리는 약용하고 늪이나 연못 따위의 물속에서 자라는데 한국, 일본 등지에 분포한다.

'구름양'은 '구름이 하늘을 덮고 있는 정도.'를 뜻한다. 구름이 온 하늘을 덮었을 때를 10, 구름이 전혀 없을 때를 0으로 하여 정수로 표시하며 그것은 눈으로 관측하여 정한다.

'허파숨양'은 '폐활량(肺活量)'과 같은 뜻이다. 허파 속에 최대한도로 공기를 빨아들여 다시 배출하는 공기의 양이다. 신체의 건강 여부를 검사하는 기준이다.

'이개(李塏)'는 조선 전기의 문신(1417~1456)이다. 자는 청보(淸甫), 백고(伯高), 호는 백옥헌(白玉軒)이다. 직제학을 지냈으며, 시문이 청절(淸節)하고 글씨를 잘 썼다. 사육신의 한 사람으로, 세조 2년(1456)에 단종의 복위를 꾀하다 발각되어 처형되었다.

'하위지(河緯地)'는 조선 전기의 문신, 학자(1412~1456)이다. 자는 천장(天章), 중장(仲章)이다. 호는 단계(丹溪)이며, 벼슬은 부제학, 예조 판서에 이르렀다. 사육신의 한 사람으로 세조 2년(1456) 단종의 복위를 꾀하다가 실패하여 처형당하였다. ≪역대병요≫를 편찬하였으며, ≪화원악보≫에 시조 2수가 전한다.

'유성원(柳誠源)'은 조선 전기의 문장가(?~1456)이다. 자는 태초(太初), 호는 낭간(琅玕)이다. 과거에 급제하여 집현전 학자로 세종의 총애를 받았다. 사육신의 한 사람으로, 1456년 성삼문 등과 단종의 복위를 꾀하다 탄로가 나자 자살하였다. 시조 한 수가 ≪가곡원류≫에 전한다.

'성삼문(成三問)'은 조선 세종 때의 문신(1418~1456)이다. 자는 근보(謹甫), 호는 매죽헌(梅竹軒)이다. 집현전 학사로 세종을 도와 ≪훈민정음≫을 창제하였다. 사육신(死六臣)의 한 사람으로, 세조 원년에 단종의 복위를 꾀하다가 실패하여 처형되었다. 저서에 ≪성근보집(成謹甫集)≫이 있다.

'유응부(兪應孚)'는 조선 초기의 장군(?~1456)이다. 자는 신지(信之), 호는 벽량(碧梁)이다. 사육신의 한 사람으로 유학(儒學)에 조예가 깊었으며, 숙종 때 병조 판서에 추증되었다. 시조 3수가 전한다.

'박팽년(朴彭年)'은 조선 세종 때의 집현전 학자(1417~1456)이다. 자는 인수(仁叟), 호는 취금헌(醉琴軒)이다. 사육신의 한 사람으로, 세조가 단종을 내쫓고 왕위를 빼앗자 상왕(上王)의 복위를 꾀하다 처형되었다.

16) 송도 백성 중에 늙은 '부로/부노'와 선비들을 불러 보고 백성들의 마음을 위로하자는 거다.

'부로(父老)'는 '한 동네에서 나이가 많은 남자 어른을 높여 이르는 말.'의 뜻이다.

한글 맞춤법 제12항 [붙임 1] 단어의 첫머리 이외의 경우는 본음대로 적는다. 예를 들면, '쾌락(快樂), 극락(極樂), 부로(父老), 연로(年老), 지뢰(地雷), 낙뢰(落雷), 고루(高樓), 광한루(廣寒樓), 가정란(家庭欄)' 등이 있다. 그러므로 '부로'로 적어야 한다.

'연로'는 '나이가 들어서 늙음.'을 뜻한다. '고루'는 '높이 지은 누각.'의 뜻이다.

보충 설명하면, 단어(單語)의 어두(語頭) 이외의 경우는 두음 법칙이 적용되지 않는다. 예를 들면, '강릉(江陵), 공란(空欄), 답란(答欄), 투고란(投稿欄)' 등이 있다.

그러나 고유어(固有語)인 '어린이-난, 어머니-난'과 외래어(外來語)인 '가십난(gossip-欄, 신문, 잡지 등에서 개인의 사생활에 대한 이야기를 흥미 본위로 싣는 지면.)'처럼 뒤에 결합하는 경우는 두음 법칙이 적용된다.

'단어(單語)'는 '분리하여 자립적으로 쓸 수 있는 말이나 이에 준하는 말이고, 그 말의 뒤에 붙어서 문법적 기능'을 나타내는 말이다. "철수가 영희의 일기를 읽은 것 같다."에서 자립적으로 쓸 수 있는 '철수', '영희', '일기', '읽은', '같다'와 조사 '가', '의', '를', 의존 명사 '것' 따위이다.

'어두(語頭)'는 '어절의 처음.'의 뜻이다. 어절의 첫음절 또는 첫음절의 초성을 나타낸다.

17) 남이 무어라고 한다 해서 쉽사리 '부화뇌동/부화뢰동', 주견도 없이 남의 의견을 따라 이리저리 흔들리는 것은 아예 처음부터 하지 않음만 못합니다.

'부화뇌동(附和雷同)'은 '줏대 없이 남의 의견에 따라 움직임.'의 뜻이다. 한글 맞춤법 제12항 [붙임 2] 접두사처럼 쓰이는 한자가 붙어서 된 단어는 뒷말을 두음 법칙에 따라 적는다. 예를 들면, '내내월(來來月), 상노인(上老人), 중노동(重勞動), 비논리적(非論理的)' 등이 있다. 그러므로 '부화뇌동'으로 적어야 한다.

'내내월'은 '내달의 다음 달.'의 뜻이다. '상노인'은 '상늙은이.'와 같은 뜻이다.

보충 설명하면, 두 개 단어가 결합한 합성어의 경우에는 두음 법칙에 따라 'ㄹ'은 'ㄴ'으로 적는다. 예를 들면 '반-나체(半裸體), 중-노인(中老人), 육체-노동(肉體勞動), 부화-뇌동(附和雷同), 사상-누각(砂上樓閣), 평지-낙상(平地落傷)' 등이 있다.

'사상누각'은 '모래 위에 세운 누각이라는 뜻으로, 기초가 튼튼하지 못하여 오래 견디지 못할 일이나 물건'을 이르는 말이다. 수백만 백성들의 열풍 같은 지지를 받는다 해도 뿌리가 없으면 사상누각이 되는 것입니다.

'평지낙상'은 '평지에서 넘어져 다치다.'라는 뜻으로, 뜻밖에 불행한 일을 겪음을 비유적으로 이르는 말이다.

그러나 '고랭지(高冷地)'는 '저위도에 위치하고 표고가 600미터 이상으로 높고 한랭한 곳'을 일컫다. '고냉지(高冷地)'라 적지 않는다.

접사에 대하여 알아보겠다.

접사(接辭)는 '단독으로 쓰이지 아니하고 항상 다른 어근(語根)이나 단어에 붙어 새로운 단어를 구성하는 부분'이다. '접두사(接頭辭)

와 접미사(接尾辭)'가 있다.

접두사는 '파생어를 만드는 접사로, 어근이나 단어의 앞에 붙어 새로운 단어'가 되게 하는 말이다. '맨손'의 '맨-', '들볶다'의 '들-', '시퍼렇다'의 '시-' 따위가 있으며, '머리가지, 앞가지'라고도 한다.

접두사의 종류에 대하여 알아보겠다.

'가시-: 가시어머니, 가시아버지/갈-: 갈가마귀, 갈고등어/갓-: 갓스물, 갓설흔/개-: 개살구, 개떡/군-: 군말, 군소리/날-: 날고구마, 날밤/돌-: 돌미나리, 돌능금/들-: 들국화, 들깨/맏-: 맏아들, 맏딸' 등이 있다.

접미사는 '파생어를 만드는 접사로, 어근이나 단어의 뒤에 붙어 새로운 단어'가 되게 하는 말이다. '선생님'의 '-님', '먹보'의 '-보', '지우개'의 '-개', '먹히다'의 '-히' 따위가 있으며, '끝가지, 뒷가지'라고도 한다.

접미사의 종류에 대하여 알아보겠다.

'-개: 덮개, 지우개, 가리개/-거리: 하루거리, 이틀거리/-게: 집게, 지게/-구리: 멍텅구리/-기: 바람기, 시장기/-깔: 성깔, 눈깔, 빛깔/-꾸러기: 심술꾸러기, 욕심꾸러기/-꾼: 구경꾼, 농사꾼, 사냥꾼' 등이 있다.

18) 요란하게 진행되는 청문회를 바라보면서 내 기분은 '씁쓸하기/씁슬하기' 짝이 없었다.

'씁쓸하다'는 '조금 쓴 맛이 나다.', '달갑지 아니하여 싫거나 언짢은 기분이 조금 나다.' 등의 뜻이다.

한글 맞춤법 제13항 한 단어 안에서 같은 음절이나 비슷한 음절이 겹쳐 나는 부분은 같은 글자로 적는다. 예를 들면, '꼿꼿하다/꼿곳하다, 놀놀하다/놀롤하다, 싹싹하다/싹삭하다' 등이 있다. 그러므로 '씁쓸하기'라고 적어야 한다.

'꼿꼿하다'는 '사람의 기개, 의지, 태도나 마음가짐 따위가 굳세다.'라는 뜻이다. '놀놀하다'는 '만만하며 보잘것없다.'라는 뜻이다. '싹싹하다'는 '눈치가 빠르고 사근사근하다.'의 뜻이다.

그러나 한자가 겹치는 모든 경우에 같은 글자로 적는 것은 아니다. 예를 들면, '낭랑(朗朗)하다, 냉랭(冷冷)하다, 녹록(碌碌)하다, 늠름(凜凜)하다, 연년생(年年生), 염념불망(念念不忘), 역력(歷歷)하다, 적나라(赤裸裸)하다' 등이 있다.

'낭랑(朗朗)하다'는 '소리가 맑고 또랑또랑하다.'의 뜻이다. '냉랭(冷冷)하다'는 '태도가 정답지 않고 매우 차다.'라는 뜻이다. '녹록(碌碌)하다'는 '만만하고 상대하기 쉽다.'의 뜻이다. '늠름(凜凜)하다'는 '생김새나 태도가 의젓하고 당당하다.'의 뜻이다. '연년생(年年生)'은 '한 살 터울로 아이를 낳음.'의 뜻이다. '염념불망(念念不忘)'은 '자꾸 생각이 나서 잊지 못함.'의 뜻이다. '역력(歷歷)하다'는 '자취나 기미, 기억 따위가 환히 알 수 있게 또렷하다.'라는 뜻이다. '적나라(赤裸裸)하다'는 '있는 그대로 다 드러내어 숨김이 없다.'의 뜻이다.

음절에 대하여 알아보겠다.

첩어(疊語)는 '한 단어를 반복적으로 결합한 복합어'이다. '누구누구', '드문드문', '꼭꼭' 따위가 있다.

19) 수양버들의 가지 끝이 아래로 축축 **'늘어졌다/느러졌다.'**

'늘어지다'는 '물체가 당기는 힘으로 길어지다.', '물체의 끝이 아래로 처지다.', '기운이 풀려 몸을 가누지 못하다.', '공간이나 시간이 더 나가다.' 등의 뜻이다.

한글 맞춤법 제15항 [붙임 1] 두 개의 용언이 어울려 한 개의 용언이 될 적에, 앞말의 본뜻이 유지되고 있는 것은 그 원형을 밝히어 적고, 그 본뜻에서 멀어진 것은 밝히어 적지 아니한다. 그러므로 '늘어졌다'로 적어야 한다.

(1) 앞말의 본뜻이 유지되고 있는 것은 '넘어지다, 늘어지다, 돌아가다, 되짚어가다, 들어가다, 떨어지다, 벌어지다, 엎어지다, 접어들다, 틀어지다, 흩어지다' 등이 있다.

'넘어지다'는 '사람이나 물체가 한쪽으로 기울어지며 쓰러지다.'라는 뜻이다. 아이가 돌부리에 걸려 진흙탕에 넘어졌다.

'돌아가다'는 '일이나 형편이 어떤 상태로 진행되어 가다.'라는 뜻이다. '되짚어가다'는 '지난 일을 다시 살피거나 생각하다.'의 뜻이다. '들어가다'는 '밖에서 안으로 향하여 가다.'라는 뜻이다. '떨어지다'는 '어떤 상태나 처지에 빠지다.'의 뜻이다. '벌어지다'는 '갈라져서 사이가 뜨다.'라는 뜻이다. '엎어지다'는 '서 있는 사람이나 물체 따위가 앞으로 넘어지다.'라는 뜻이다. '접어들다'는 '일정한 때나 기간에 이르다.'의 뜻이다. '틀어지다'는 '어떤 물체가 반듯하고 곧바르지 아니하고 옆으로 굽거나 꼬이다.'의 뜻이다. '흩어지다'는 '한데 모였던 것이 따로따로 떨어지거나 사방으로 퍼지다.'라는 뜻이다.

(2) 본뜻에서 멀어진 것은 '드러나다, 사라지다, 쓰러지다' 등이 있다.

'드러나다'는 '가려 있거나 보이지 않던 것이 보이게 되다.'의 뜻이다. '사라지다'는 '현상이나 물체의 자취 따위가 없어지다.'의 뜻이다. '쓰러지다'는 '힘이 빠지거나 외부의 힘에 의하여 서 있던 상태에서 바닥에 눕는 상태가 되다.'라는 뜻이다.

보충 설명하면, (1, 2)에 적용되는 세 가지 조건은 첫째, 두 개 용언이 결합하여 하나의 단어로 된 경우, 둘째, 앞 단어의 본뜻이 유지되고 있는 것은 그 어간의 본 모양을 밝히어 적고, 셋째, 본뜻에서 멀어진 것은 원형을 밝혀 적지 않는다. '본뜻에서 멀어진 것'이란 그 단어가 단독으로 쓰일 때에 표시되는 어휘적 의미가 제대로 인식되지 못하거나 변화되었음을 말한다.

품사 분류에 대하여 알아보겠다.

품사 분류(品詞分類)는 '단어의 문법적 성질'을 기준으로 몇 갈래로 나누어 이해하는 일로 한 언어의 문법 구조를 이해하는 데 큰 도움을 주는데 단어를 문법적 성질로 나눌 때 가장 널리 쓰이는 분류이다.

국어 문법에서 '품사(品詞, parts of speech)' 분류의 기준으로 들고 있는 것은 일반적으로 '형태, 기능, 의미'의 세 가지이다. 품사가 단어를 문법적 성질에 따라 나눈 갈래라고 할 때 '문법적 성질은 크게 두 가지로 나눌 수 있다. 먼저 형태면에서의 성질이고, 다른 하나는 기능면에서의 성질이다.

① 형태(形態, form)는 어미 변화상의 특징으로서 활용 여부에 따라 '가변어와 불변어'로 나뉜다. 품사는 본래 자립 형식이기 때문에 그 형태가 변하지 않는 것이 원칙이다.

'명사, 대명사, 수사, 관형사, 부사, 감탄사, 조사'가 모두 '불변화어'에 속한다. '동사와 형용사'는 '변화어'에 속하는데, 이는 어미를 단어로 인정하지 않은 결과이다. 그러나 조사는 단어로 인정하기 때문에 불변화어로 본다. 조사 중에서 서술격 조사 '-이다'는 예외적으로 어미가 활용하기 때문에 변화어로 본다.

'**가변어(可變語)**'는 '형태가 변하는 말'이다. 국어의 경우에 '동사와 형용사, 서술격 조사' '이다'가 있다.

'**불변어(不變語)**'는 '형태가 변하지 않는 말'이다. 국어의 경우에 '명사, 관형사, 부사, 감탄사, 조사' 따위가 있다.

'**명사(名詞)**'는 '사물의 이름을 나타내는 품사'이다. 특정한 사람이나 물건에 쓰이는 이름이냐 일반적인 사물에 두루 쓰이는 이름이냐에 따라 '고유 명사와 보통 명사'로, 자립적으로 쓰이느냐 그 앞에 반드시 꾸미는 말이 있어야 하느냐에 따라 '자립 명사와 의존 명사'로 나뉜다.

'**대명사(代名詞)**'는 '사람이나 사물의 이름을 대신 나타내는 말이거나 그런 말들을 지칭하는 품사'이다. '인칭 대명사와 지시 대명사'로 나뉘는데, 인칭 대명사는 '저', '너', '우리', '너희', '자네', '누구' 따위이고, 지시 대명사는 '거기', '무엇', '그것', '이것', '저기' 따위이다.

'**수사(數詞)**'는 '사물의 수량이나 순서를 나타내는 품사'이다. '양수사와 서수사'가 있다.

'**관형사(冠形詞)**'는 '체언 앞에 놓여서, 그 체언의 내용을 자세히 꾸며 주는 품사'이다. 조사도 붙지 않고 어미 활용도 하지 않는데, '순 살코기'의 '순'과 같은 '성상 관형사', '저 어린이'의 '저'와 같은 '지시 관형사', '한 사람'의 '한'과 같은 '수 관형사' 따위가 있다.

'**부사(副詞)**'는 '용언 또는 다른 말 앞에 놓여 그 뜻을 분명하게 하는 품사'이다. 활용하지 못하며 '성분 부사와 문장 부사'로 나뉜다. '매우', '가장', '과연', '그리고' 따위가 있다.

'**감탄사(感歎詞)**'는 품사의 하나이다. '말하는 이의 본능적인 놀람이나 느낌, 부름, 응답 따위를 나타내는 말'의 부류이다.

'**조사(助詞)**'는 '체언이나 부사, 어미 따위에 붙어 그 말과 다른 말과의 문법적 관계를 표시하거나 그 말의 뜻을 도와주는 품사'이다. '격 조사, 접속 조사, 보조사'로 나눈다.

'**동사(動詞)**'는 '사물의 동작이나 작용을 나타내는 품사'이다. 형용사, 서술격 조사와 함께 활용을 하며, 그 뜻과 쓰임에 따라 '본동사와 보조 동사', 성질에 따라 '자동사와 타동사', 어미의 변화 여부에 따라 '규칙 동사와 불규칙 동사'로 나뉜다.

'**형용사(形容詞)**'는 '사물의 성질이나 상태를 나타내는 품사'이다. 활용할 수 있어 동사와 함께 용언에 속한다.

'**서술격 조사(敍述格助詞)**'는 '문장 안에서, 체언이나 체언 구실을 하는 말 뒤에 붙어 서술어 자격을 가지게 하는 격 조사'이다. '이다'가 있는데, '이고', '이니', '이면', '이지' 따위로 활용하며, 모음 아래에서는 어간 '이'가 생략되기도 한다.

〈동사〉

장미꽃이 피었다./장미꽃이 피었고 새가 운다./장미꽃이 핀 정원이 아름답다.

〈형용사〉

그는 손이 크다./그는 손이 커서 물건을 많이 산다./손이 큰 사람은 멋있다.

〈서술격조사〉

명수는 학생이다./영순이는 학생이므로 공부를 한다./학생인 수민

② 기능(機能, function)은 한 단어가 문장 내에서 다른 단어와 가지는 문법적 관계로서 '체언, 용언, 수식언, 관계언, 독립언'으로 나뉜다. 현재 학교 문법에서 9품사의 명칭은 문법적 기능을 중심으로 의미를 부여하여 정한 것이다.

현미가 책을 샀다./그도 저것을 샀다./책상 하나가 없어졌다.

'**체언(體言)**'은 '문장에서 주어의 기능을 하는 문장 성분'이며, '명사, 대명사, 수사'가 있다.

'**용언(用言)**'은 '문장에서 서술어의 기능을 하는 문장 성분'이며, '동사, 형용사'가 있다. 문장 안에서의 쓰임에 따라 '본용언과 보조 용언'으로 나눈다.

'수식언(修飾言)'은 '뒤에 오는 말을 수식하거나 한정하기 위하여 첨가하는 문장 성분'이고, 활용하지 않으며, '관형사와 부사'가 있다.

'관계언(關係言)'은 '문장에 쓰인 단어들의 관계를 나타내는 문장 성분'이며, '조사'가 있다.

'독립언(獨立言)'은 '독립적으로 쓰이는 문장 성분'이며, '감탄사'가 있다.

③ 의미(意味, meaning)는 개별 단어가 어떤 의미를 가지는가에 따라 품사로 나누는 것이다. 품사 명칭은 모두 의미를 나타내고 있다. 그런데, '관형사, 부사, 조사'는 정확한 의미상 명칭이라고 보기 어렵다. '명사, 대명사, 수사, 동사, 형용사'는 그 자체가 가지는 의미를 나타내는 명칭인데, '관형사와 부사'는 다른 것과의 관계 속에서 그 의미를 파악해야 하기 때문이다.

날씨가 매우 덥다./민지는 집에 빨리 갔다.

용언에 대하여 알아보겠다.

용언(用言)은 '문장에서 서술어의 기능을 하는 문장 성분'이다. '동사, 형용사'가 있으며, 문장 안에서의 쓰임에 따라 '본용언과 보조 용언'으로 나뉘며, '풀이씨, 활어(活語)'라고도 한다.

동사(動詞)는 '사물의 동작이나 작용을 나타내는 품사'이다. 형용사, 서술격 조사와 함께 활용을 하며, 그 뜻과 쓰임에 따라 본동사와 보조 동사, 성질에 따라 자동사와 타동사, 어미의 변화 여부에 따라 규칙 동사와 불규칙 동사로 나뉘며, '움직씨'라고도 한다.

형용사(形容詞)는 '사물의 성질이나 상태를 나타내는 품사'이다. 활용할 수 있어 동사와 함께 용언에 속하며, '그림씨, 어떻씨, 얻씨'라고도 한다.

20) 이것은 책이 **'아니오/아니요.'**

'오'는 '이다', '아니다'의 어간, 받침 없는 용언의 어간, 'ㄹ' 받침인 용언의 어간 또는 어미 '-으시-' 뒤에 붙어, '하오할 자리에 쓰여, 설명, 의문, 명령의 뜻을 나타내는 종결 어미'이다.

한글 맞춤법 제15항 [붙임 2] 종결형에서 사용되는 어미 '-오'는 '요'로 소리 나는 경우가 있더라도 그 원형을 밝혀 '오'로 적는다. 그러므로 '아니오'로 적어야 한다.

어간에 대하여 알아보겠다.

어간(語幹)은 '활용어가 활용할 때에 변하지 않는 부분'이다. '보다', '보니', '보고'에서 '보-'와 '먹다', '먹니', '먹고'에서 '먹-' 따위이며, '줄기'라고도 한다.

어미(語尾)는 '용언 및 서술격 조사가 활용하여 변하는 부분'이다. '점잖다', '점잖으며', '점잖고'에서 '다', '으며', '고' 따위이고, '씨끝'이라고도 한다.

어미에 대하여 알아보겠다.

1. 선어말 어미: -시-, -겠-, -았/었-, -더-

예) 충무공은 훌륭한 장군이셨다./먹겠다/먹었다./선생님은 기분이 좋으시더라.

2. 어말 어미:

1) 종결 어미 : ① 평서형어미: -다, -ㄴ다/는다, ㅂ니다

예) 선희가 간다.

: ② 의문형어미: -는가, -느냐, -니

예) 어디 가느냐?

: ③ 명령형어미: -아라/어라

예) 어서 오십시오.

: ④ 청유형어미: -자, -세

예) 빨리 가자.

: ⑤ 감탄형어미: -는구나, -는구려

예) 눈이 오는구려!

2) 비종결 어미: ① 연결어미: ㉠ 대등연결어미: -고, -(으)며

예) 하늘은 높고 말은 살찐다.

: ㉡ 종속연결어미: -자(마자), -어(서), -(으)므로, -느라고, -(으)러, -어도, -거나, -(으)려고, -게, -도록, -어야, -다가, -듯(이), -(으)ㄹ수록

예) 공부를 열심히 해서 시험에 합격을 하였다.

: ② 전성어미: ㉠ 명사형어미: -음, -기

예) 임용고사 공부하기가 매우 힘들다.

: ㉡ 관형사형어미: -은, -을, -ㄴ

예) 열심히 공부한 보람이 있다.

: ㉢ 부사형어미: -게

예) 그녀는 아주 아름답게 보인다.

어말 어미(語末語尾)는 '활용 어미에 있어서 맨 뒤에 오는 어미'이다. 선어말 어미와 대립되는 용어로서 보통은 어미라고 불리며, '종결 어미, 연결 어미, 전성 어미' 따위로 나뉜다.

종결 어미(終結語尾)는 '한 문장을 종결되게 하는 어말 어미'이다. 동사에는 '평서형, 감탄형, 의문형, 명령형, 청유형 어미'가 있고, 형용사에는 '평서형, 감탄형, 의문형 어미'가 있다.

비종결 어미(非終結語尾)는 '문장을 접속하거나 전성의 기능을 하는 어미'이다. '연결 어미와 전성 어미'를 통틀어 이르는 말이다.

연결 어미(連結語尾)는 '어간에 붙어 다음 말에 연결하는 구실을

하는 어미'이다. '-게', '-고', '-(으)며', '-(으)면', '-(으)니', '-아/어', '-지' 따위가 있다.

전성 어미(轉成語尾)는 '용언의 어간에 붙어 다른 품사의 기능을 수행하게 하는 어미'이며, '명사 전성 어미('-기', '-(으)ㅁ'), 관형사 전성 어미('-ㄴ', '-ㄹ'), 부사 전성 어미('-아/어', '-게', '-지', '-고')'로 나뉘어진다.

21) 이것은 책'이요/이오', 저것은 붓'이요/이오', 또 저것은 먹이다.

'요'는 '이다', '아니다'의 어간 뒤에 붙어, '어떤 사물이나 사실 따위를 열거할 때 쓰이는 연결 어미'이다. 예를 들면, '이것은 말이요, 그것은 소요, 저것은 돼지이다.', '우리는 친구가 아니요, 형제랍니다.' 등이 있다.

한글 맞춤법 제15항 [붙임 3] 연결형에서 사용되는 '이요'는 '이요'로 적는다. [붙임 2, 3]은 현행 표기에서는 연결형은 '이요'로, 종결형은 '이오'로 적고 있어서 관용 형식을 취한 것이다. 이는 형태소 결합에서 나타나는 'ㅣ' 모음 동화를 표기에 반영하지 않는다는 것을 뜻한다. 이것은 결합하는 형태소들의 원래 모습을 최대한 살려 주는 것이다. 그러므로 '이요'로 적어야 한다.

22) "또 나라의 힘이 허약해진 틈을 비집고 나라를 파먹어 들어오는 외세가 문제지요. 동학도인들의 입장에서 본다하더라고 지금 상소를 하고 있는 것은 속되게 말하면 태풍이 불고 있는데 창구멍 막는 꼴이오. 태풍이 몰아쳐 집이 무너지고 있는 판에 창구멍을 '막아/막어' 무얼 하겠소?" – 송기숙 『녹두장군』

속담은 '하찮은 힘으로 엄청난 재앙을 막으려 한다.'라는 뜻으로 빗대는 말이다.

'막다'는 '길, 통로 따위가 통하지 못하게 하다.', '트여 있는 곳을 가리게 둘러싸다.' 등의 뜻이며, '막아, 막으니, 막는'으로 활용된다.

한글 맞춤법 제16항 어간의 끝음절 모음이 'ㅏ, ㅗ'일 때에는 어미를 '-아'로 적고, 그 밖의 모음일 때에는 '-어'로 적는다. '-아'로 적는 경우는 '나아/나아도/나아서, 얇아/얇아도/얇아서' 등이 있다. 그러므로 '막아'로 적어야 한다.

보충 설명하면, '어간(語幹)'의 끝 음절의 모음이 'ㅏ, ㅗ'(양성 모음)일 때에는 어미를 '-아' 계열로 적는다. 양성 모음(陽性母音)은 음색, 어감이 밝고 산뜻한 모음이며, 비교적 입을 크게 벌려서 소리를 낸다. 'ㅏ, ㅗ, ㅑ, ㅛ, ㅐ, ㅘ, ㅚ, ㅒ' 등이 있고 '강모음(强母音)'이라고도 한다.

'-어'로 적는 경우는 '베어/베어도/베어서, 쉬어/쉬어도/쉬어서, 저어/저어도/저어서, 주어/주어도/주어서' 등이 있다. 보충 설명하면, '음성 모음(陰性母音)'은 발음이 어둡고, 어감이 큰 모음이며, 'ㅓ, ㅜ, ㅕ, ㅠ, ㅔ, ㅝ, ㅟ, ㅖ' 등이 있으며, '약모음(弱母音)'이라고도 한다. 어간 끝 음절의 모음이 'ㅐ, ㅓ, ㅔ, ㅚ, ㅜ, ㅞ, ㅢ, ㅢ'(음성 모음)일 때에는 '-어' 계열로 적는다.

'모음조화(母音調和)'란 한 개 낱말 안에서 모음의 연결에 있어서, 양성 모음은 양성 모음끼리, 음성 모음은 음성 모음끼리 잘 어울리는 현상을 일컫는다. 모음조화의 파괴를 보이는 것은 '깡충깡충, 오순도순' 등이 있다.

23) **"각시야, 제발 작량 잘해라이, 자식도 소용없고 서방도 다 소용없네라. 우리네 같은 노방초는 돈이 제일이제. 한창 나이나 젊어서 늙고 병든 날을 위해서 돈을 모아야 한다. 옛날에 자식 앞세우고 길을**

가면 배가 '고파도/고퍼도' 돈을 지니고 가면 배 안고프다 안 카드나. 이팔 청춘이 잠깐이제. 눈 깜박하는 사이제."

– 박경리 『김약국의 딸들』

속담은 '돈이 있으면 마음이 든든하다.'라는 뜻으로 비유하여 이르는 말이다.

'고프다'는 '배 속이 비어 음식을 먹고 싶다.'의 뜻이며, '고파, 고파서'로 활용된다.

한글 맞춤법 제18항 다음과 같은 용언들은 어미가 바뀔 경우, 그 어간이나 어미가 원칙에서 벗어나면 벗어나는 대로 적는다. 한글 맞춤법 제18항 4에서 어간의 끝 'ㅜ, ㅡ'가 줄어질 적도 벗어나면 벗어나는 대로 적는다. 예를 들면, '푸다/퍼/펐다, 끄다/꺼/껐다, 따르다/따라/따랐다' 등이 있다. 그러므로 '고파도'로 적어야 한다.

'푸다'는 '속에 들어 있는 액체, 가루, 낟알 따위를 떠내다.'라는 뜻이다. '끄다'는 '타는 불을 못 타게 하다.'의 뜻이다. '따르다'는 '다른 사람이나 동물의 뒤에서, 그가 가는 대로 같이 가다.'의 뜻이다.

24) **"대차이재(大車以載)라더라. 큰 수레가 짐을 실어도 많이 '싣고/실고' 큰 나무가 큰 집을 짓는다."** 그건 날 두고 하는 소리네. **엄장이 그래도 나만은 해야지." 팔자 사나운 년은 총각 시아비가 대청마루에 그득하대.…"**

– 한수산 『까마귀』

속담은 '사람 됨됨이가 커야 크게 쓰인다.'라는 뜻으로 빗대는 말이다.

'싣다[載]'는 '물체를 운반하기 위하여 차, 배, 수레, 비행기, 짐승의 등 따위에 올리다.', '사람이 어떤 곳을 가기 위하여 차, 배, 비행기 따위의 탈것에 오르다.', '글, 그림, 사진 따위를 책이나 신문 따위의 출판물에 내다.' 등의 뜻이며, '실어, 실으니, 싣는'으로 활용된다.

한글 맞춤법 제18항 5에서 어간의 끝 'ㄷ'이 'ㄹ'로 바뀔 적에는 '걷다[步]/걸어/걸으니/걸었다, 듣다[聽]/들어/들으니/들었다' 등으로 써야 한다. 그러므로 '싣고'로 적어야 한다.

'걷다'는 '다리를 움직여 바닥에서 발을 번갈아 떼어 옮기다.'라는 뜻이다. '듣다'는 '사람이나 동물이 소리를 감각 기관을 통해 알아차리다.'의 뜻이다.

보충 설명하면, 어간(語幹)이 'ㄷ'으로 끝나는 용언 중에는 모음 어미와 만나면 'ㄷ'이 'ㄹ'로 변하는 것이다. '걷다'와 같은 용언은 자음으로 시작하는 어미와 만나면 '걷고, 걷게, 걷는, 걷다가' 등과 같이 받침 'ㄷ'이 유지되지만, 모음으로 시작하는 어미와 만나면 '걸어서, 걸으니, 걸으면' 등과 같이 받침 'ㄷ'이 'ㄹ'로 바뀌는 것이다. 이러한 활용을 보이는 동사는 '긷다, 깨닫다, 붇다, 일컫다' 등이 있다.

'물다'는 '윗니나 아랫니 또는 양 입술 사이에 끼운 상태로 떨어지거나 빠져나가지 않도록 다소 세게 누르다.', '윗니와 아랫니 사이에 끼운 상태로 상처가 날 만큼 세게 누르다.', '이, 빈대, 모기 따위의 벌레가 주둥이 끝으로 살을 찌르다.' 등의 뜻이다. 예를 들면, '아기가 젖병을 물다.', '사자가 먹이를 물어다 새끼에게 먹였다.' 등이 있다.

그러나 항상 'ㄷ' 받침을 유지하는 용언은 '걷다[收], 닫다[閉], 묻다[埋]' 등이 있다.

'걷다'는 '거두다'의 준말이다. '닫다'는 '열린 문짝, 뚜껑, 서랍 따위를 도로 제자리로 가게 하여 막다.'의 뜻이다. '묻다'는 '물건을 흙이나 다른 물건 속에 넣어 보이지 않게 쌓아 덮다.'라는 뜻이다.

25) **"이 사람아, 아무리 한 발 앞선 '걸음/거름'이 천 리를 먼저 간다지만, 마실 건 마시고 떠나야제." 눌보의 심통 사나운 말을 귀밖으로**

들으며 장 씨는 술값 셈부터 치렀다.

– 김원일 『일출』

속담은 '조금 앞선 것이 계속되면 큰 차이를 내게 된다.'라는 뜻으로 빗대는 말이다.

'걸음'은 '걷다'에서 명사로 된 것이다. '걷다'는 '다리를 움직여 바닥에서 발을 번갈아 떼어 옮기다.', '어떤 곳을 다리를 번갈아 움직여 위치를 옮기다.' 등의 뜻이다.

한글 맞춤법 제19항 어간에 '-이'나 '-음/-ㅁ'이 붙어서 명사로 된 것과 '-이'나 '-히'가 붙어서 부사로 된 것은 그 어간의 원형을 밝히어 적는다.

1에서 '-이'가 붙어서 명사로 된 것으로는 '길이, 깊이, 높이, 다듬이, 땀받이, 달맞이, 먹이, 미닫이, 벌이, 벼훑이, 살림살이, 쇠붙이' 등이 있다.

2에서 '-음/-ㅁ'이 붙어서 명사로 된 것으로는 '울음, 웃음, 졸음, 죽음, 앎, 만듦' 등이 있다. 그러므로 '걸음'으로 적어야 한다.

보충 설명하면, 한글 맞춤법 제19항 1, 2는 원형(原形)을 밝혀 적는다는 조항이다. 명사화 접미사(名詞化 接尾辭) '-음/-ㅁ'이 붙어서 만들어진 말을 적을 때에 원형을 밝혀서 적어야 한다.

명사에 대하여 알아보겠다.

'명사(名詞)'는 '사물의 이름을 나타내는 품사'이다. 특정한 사람이나 물건에 쓰이는 이름이냐 일반적인 사물에 두루 쓰이는 이름이냐에 따라 '고유 명사와 보통 명사'로, 자립적으로 쓰이느냐 그 앞에 반드시 꾸미는 말이 있어야 하느냐에 따라 '자립 명사와 의존 명사'로 나뉘며, '이름씨, 임씨'라고도 한다.

'고유 명사(固有名詞)'는 '낱낱의 특정한 사물이나 사람을 다른 것들과 구별하여 부르기 위하여 고유의 기호를 붙인 이름'이다. 문법에서는 명사의 하나이며, 영어에서는 고유명사의 첫 글자를 대문자로 쓴다. 세상에서 유일하게 존재하는 '해, 달' 따위는 다른 것과 구별할 필요가 없기 때문에 고유 명사에 속하지 않는 반면, '홍길동'과 같은 인명은 동명이인(同名異人)이 있는 경우라도 고유 명사에 속한다. 한편 '홍길동'이 신비한 능력이 있는 사람을 의미하게 되는 경우라면 고유 명사가 아니라 보통 명사화한 것으로 간주되기도 한다. '특립 명사, 특별 명사, 홀로이름씨, 홀이름씨'라고도 한다.

'보통 명사(普通名詞)'는 '같은 종류의 모든 사물에 두루 쓰이는 명사'이다. '사람', '나라', '도시', '강', '지하철' 따위가 있다. '두루이름씨, 통칭 명사'라고도 한다.

'자립 명사(自立名詞)'는 '다른 말의 도움을 받지 아니하고 단독으로 쓰일 수 있는 명사'이다. '실질 명사, 옹근이름씨, 완전 명사'라고도 한다.

'의존 명사(依存名詞)'는 '의미가 형식적이어서 다른 말 아래에 기대어 쓰이는 명사'이다. '것', '따름', '뿐', '데' 따위가 있다. '꼴이름씨, 매인이름씨, 불완전 명사, 안옹근이름씨, 형식 명사'라고도 한다.

26) **"으음, 개새끼. 나도 저하고 한 좆 뿌리에서 떨어진 종잔디 울 어매가 첩이라고 니가 나를 참새 '무녀리/문열이/무녈이'만큼도 안 봤것다. 오냐, 두고 보자. 니놈 살림 반쪽은 절딴내고 말 거이다. 너도 눈 꾸먹에서 피 한 번 쏟아봐라."**

– 송기숙 『녹두장군』

속담은 '사람을 아주 하찮게 여긴다.'라는 뜻으로 비유하는 말이다. '무녀리'는 '한 태에 낳은 여러 마리 새끼 가운데 가장 먼저 나온 새끼.', '말이나 행동이 좀 모자란 듯이 보이는 사람.'을 비유적으로 이르는 말이다.

한글 맞춤법 제19항 다만, 어간(語幹)에 '-이'나 '-음'이 붙어서 명사로 바뀐 것이라도 그 어간의 뜻과 멀어진 것은 그 원형을 밝히어 적지 아니한다. 예를 들면, '굽도리, 다리[髢], 코끼리, 거름[肥料], 고름[膿], 노름[賭博]' 등이 있다. 그러므로 '무녀리'로 적어야 한다.

'굽도리'는 '방 안 벽의 밑부분.'의 뜻이다. '다리'는 '여자들의 머리숱이 많아 보이라고 덧넣었던 딴머리.'를 뜻한다.

보충 설명하면, 명사화 접미사 '-이'나 '-음'이 결합하여 된 단어라도 그 어간의 본뜻과 멀어진 것은 원형을 밝힐 필요가 없이 소리 나는 대로 적는다.

'목걸이'는 '목에 거는 물건을 통틀어 이르는 말.', '귀금속이나 보석 따위로 된 목에 거는 장신구.'를 뜻한다. 예를 들면, '그녀는 진주 목걸이를 하고 있다.', '그녀의 목에는 조개껍데기로 만든 예쁜 목걸이가 걸려 있었다.' 등이 있다.

원형에 대하여 알아보겠다.

'원형(原形)'은 '활용하는 단어에서 활용형의 기본이 되는 형태'이다. 국어에서는 어간에 어미 '-다'를 붙인다. '기본형(基本形)'이라고도 한다.

27) "저놈이 필경 실성을 한 게야. **퇴식밥에 게걸든 '까마귀/까막위/까마기' 스님의 미주알을 쫀다**더니 저놈이 불흉년에 배를 주리다 못해 눈깔이 뒤집혀 주석으로 뛰어든 게야."

– 김주영 『화척』

속담은 '버릇이 잘못 들면 사리 분별력이 없어진다.'라는 뜻으로 빗대는 말이다.

'까마귀'는 '까마귓과의 새'를 통틀어 이르는 말이다. 몸은 대개 검은색이며, 번식기는 3~5월이다. 어미 새에게 먹이를 물어다 준다고 하여 '반포조' 또는 '효조'라고도 한다. '까마귀'는 '까막+위'로 분석할 수 있다.

한글 맞춤법 제19항 [붙임] 어간에 '-이'나 '음' 이외의 모음으로 시작된 접미사가 붙어서 다른 품사로 바뀐 것은 그 어간의 원형을 밝히어 적지 아니한다. 예를 들면, 명사로 바뀐 것은 '너머, 뜨더귀, 마감, 마개, 마중, 무덤, 비렁뱅이, 쓰레기, 올가미, 주검' 등이 있다. 그러므로 '까마귀'로 적어야 한다.

'너머'는 '높이나 경계로 가로막은 사물의 저쪽이나 그 공간.'을 뜻한다. '뜨더귀'는 '조각조각으로 뜯어내거나 가리가리 찢어 내는 짓이나 그 조각.'을 뜻한다. '마감'은 '하던 일을 마물러서 끝냄이나 그런 때.'의 뜻이다. '비렁뱅이'는 '거지'를 낮잡아 이르는 말이다. '올가미'는 '새끼나 노 따위로 옭아서 고를 내어 짐승을 잡는 장치.'를 말한다. '주검'은 '송장'을 뜻한다.

28) 지분덕거릴 때 몰려왔던 정기가 마치 가물 만난 보릿대처럼 새까맣게 죽어버린 것은 물론이요, 자라 모가지가 좀처럼 빠져 나오지 않듯이 '사타구니/샅아구니/사타군이' 깊숙한 곳으로 잦아들어 잔뜩 움츠러들고 있었다.

– 황석영 『장길산』

속담은 '가뭄에 보릿대가 타 죽어버리듯, 일의 추세나 사람의 힘이 꺾이어 약하게 된다.'라는 뜻으로 빗대는 말이다.

'사타구니'는 '샅'을 낮잡아 이르는 말이며, '두 다리의 사이'를 말한다. '사타구니'는 '샅+아구니'로 분석할 수 있다.

한글 맞춤법 제20항 [붙임] '-이' 이외의 모음으로 시작된 접미사가 붙어서 된 말은 그 명사의 원형을 밝히어 적지 아니한다. 예를 들면, '끄트머리, 모가치, 바가치, 바깥, 싸라기, 이파리, 지붕, 지푸라기, 짜개' 등이 있다. 그러므로 '사타구니'로 적어야 한다.

'끄트머리'는 '맨 끝이 되는 부분.'을 말한다. '모가치'는 '몫으로 돌아오는 물건.'을 뜻한다. '싸라기'는 '부스러진 쌀알.'의 뜻이다. '짜개'는 '콩이나 팥 따위를 둘로 쪼갠 것의 한쪽.'을 뜻한다.

그러나 한글 맞춤법 제20항 명사 뒤에 '-이'가 붙어서 된 말은 그 명사의 원형을 밝히어 적는다. 1에서 부사로 된 것은 '곳곳이, 낱낱이, 몫몫이, 샅샅이, 앞앞이, 집집이' 등이 있다.

2에서 명사로 된 것은 '곰배팔이, 바둑이, 삼발이, 애꾸눈이, 육손이, 절뚝발이/절름발이' 등이 있다.

'곰배팔이'는 '팔이 꼬부라져 붙어 펴지 못하거나 팔뚝이 없는 사람을 낮잡아 이르는 말'이다. '삼발이'는 '둥근 쇠 테두리에 발이 세 개 달린 기구'이다. 화로(火爐)에 놓고 주전자, 냄비, 작은 솥, 번철 따위를 올려놓고 음식물을 끓이는 데 쓴다. '육손이'는 '손가락이 여섯 개 달린 사람을 낮잡아 이르는 말'이다.

29) '낚시/낙시/낙씨'로 안 잡히고 고기 작살로 잡히겠느냐? 미쓰 조는 네 놈의 심보를 물 속 들여다 보듯 훤히 들여다 보고 네 놈 대가리 위에 앉아 있다. 네 놈은 그것도 모르고 일금 5백 만 원짜리 자기앞수표로 미쓰 조를 꾀었다.

– 강준희 『쌍놈열전』

속담은 '미끼로 꾀어서도 안 되는 일이 강제로 되겠느냐.'라는 뜻으로 빗대는 말이다.

'낚시'는 '낚싯대, 낚싯줄, 낚싯바늘, 낚싯봉, 낚시찌' 등이 갖추어진 한 벌의 고기잡이 도구를 말한다.

한글 맞춤법 제21항 명사나 혹은 용언의 어간 뒤에 자음으로 시작된 접미사가 붙어서 된 말은 그 명사나 어간의 원형을 밝히어 적는다. 1에서 명사 뒤에 자음으로 시작된 접미사가 붙어서 된 것으로는 '값지다, 홑지다, 넋두리, 빛깔, 옆댕이, 잎사귀' 등이 있다. 2에서 어간 뒤에 자음으로 시작된 접미사가 붙어서 된 것으로는 '낚시, 늙정이, 덮개, 뜯게질, 갉작갉작하다, 갉작거리다, 뜯적거리다, 뜯적뜯적하다, 굵직하다, 깊숙하다, 넓적하다, 높다랗다, 늙수그레하다, 얽죽얽죽하다' 등이 있다. 그러므로 '낚시'로 적어야 한다.

'-다랗다'는 일부 형용사 어간 뒤에 붙어, '그 정도가 꽤 뚜렷함'의 뜻을 더하는 접미사이다. 예를 들면, '가느다랗다, 기다랗다, 깊다랗다, 높다랗다, 잗다랗다, 좁다랗다, 커다랗다' 등이 있다.

'값지다'는 '물건 따위가 값이 많이 나갈 만한 가치가 있다.'라는 뜻이다. '홑지다'는 '복잡하지 아니하고 단순하다.'라는 뜻이다. '넋두리'는 '불만을 길게 늘어놓으며 하소연하는 말.'의 뜻이다. '옆댕이'는 '옆'을 속되게 이르는 말이다. '늙정이'는 '늙은이'를 속되게 이르는 말이다. '뜯게질'은 '해지고 낡아서 입지 못하게 된 옷이나 빨래할 옷의 솔기를 뜯어내는 일.'의 뜻이다. '솔기'는 옷이나 이부자리 따위를 지을 때 두 폭을 맞대고 꿰맨 줄을 말한다. '갉작갉작하다'는 '되는대로 자꾸 글이나 그림 따위를 쓰거나 그리다.' 등의 뜻이나. '갉작거리다'는 '날카롭고 뾰족한 끝으로 바닥이나 거죽을 자꾸 문지르다.'라는 뜻이다. '뜯적거리다'는 '손톱이나 칼끝 따위로 자꾸 뜯거나 진집을 내다.'라는 뜻이다. '뜯적뜯적하다'는 '괜히 트집을 잡아 자꾸 짓궂게 건드리다.'라는 뜻이다. '굵직하다'는 '밤, 대추, 알 따위의 부피가 꽤 크다.'라는 뜻이다. '깊숙하다'는 '위에서 밑바닥까지, 또는 겉에서 속까지의 거리가 멀고 으슥하다.'라는 뜻이다. '넓적하다'는 '펀펀하고 얇으면서 꽤 넓다.'라는 뜻이다. '높다랗다'는 '썩 높다.'의 뜻이다. '늙수그레하다'는 '꽤 늙어 보이다.'라는 뜻이며, '늙수레하다'라고도 한다. '얽죽얽죽하다'는 '얼굴에 잘고 굵은 것이 섞이어 깊게 얽은 자국이 많다.'라는 뜻이다. '가느다랗다'는 '아주 가늘다.'라는 뜻이다. '기다랗다'는 '매우 길거나 생각보다 길다.'의 뜻이다. '깊다랗다'는 '정도가 꽤 심하다.'의 뜻이다. '잗다랗다'는 '꽤 잘다.'의 뜻이다.

30) "왜 더 주무시지 않구 일어나셨어요?" "벌써 '실컷/싫것/실껏' 자구 일어났수다. 이 할멈처럼 귀가 어깨를 넘게 오래 사느라면 닭의 모가지를 베구 자게 된다우. 첫닭이 운 게 언제라구……"

– 홍석중 『황진이』

속담은 '새벽잠이 많다는 뜻으로 쓰이기도 하고, 새벽닭 우는 소리를 듣기 위하는 행동으로 여겨 부지런한 사람이라.'는 뜻으로 빗대어 이르는 말이다.

'실컷'은 '마음에 하고 싶은 대로 한껏.', '아주 심하게.'라는 뜻이며, '싫+것'으로 분석할 수 있다.

한글 맞춤법 제21항 다만, 다음과 같은 말은 소리대로 적는다.

(1) 겹받침의 끝소리가 드러나지 아니하는 것으로는 '할짝거리다, 널찍하다, 말끔하다, 말쑥하다, 말짱하다, 실쭉하다, 실큼하다, 얄따랗다, 얄팍하다, 짤따랗다, 짤막하다, 실컷' 등이 있다. 그러므로 '실컷'으로 적어야 한다.

(2) 어원이 분명하지 아니하거나 본뜻에서 멀어진 것으로는 '넙치, 올무, 골막하다, 납작하다' 등이 있다.

보충 설명하면, 겹받침에서 뒤엣것이 발음되는 경우에는 그 어간의 형태를 밝히어 적고, 앞의 것만 발음되는 경우에는 어간의 형태를 밝히지 않고 소리 나는 대로 적는다는 것이다. 또한 어원이 분명하지 않거나 본뜻에서 멀어진 것은 소리 나는 대로 적는다.

'할짝거리다'는 '혀끝으로 잇따라 조금씩 가볍게 핥다.'의 뜻이며, '할짝대다'와 같은 의미이다. '널찍하다'는 '꽤 너르다.'의 뜻이다. '말끔하다'는 '티 없이 맑고 환하게 깨끗하다.'라는 뜻이다. '말쑥하다'는 '지저분함이 없이 말끔하고 깨끗하다.'라는 의미이다. '말짱하다'는 '정신이 맑고 또렷하다.'의 뜻이다. '실쭉하다'는 '어떤 감정을 나타내면서 입이나 눈이 한쪽으로 약간 실그러지게 움직이다.'라는 뜻이다. '실큼하다'는 '싫은 생각이 있다.'의 뜻이다. '얄따랗다'는 '꽤 얇다.'의 의미이다. '얄팍하다'는 '생각이 깊이가 없고 속이 빤히 들여다보이다.'라는 뜻이다. '짤따랗다'는 '매우 짧거나 생각보다 짧다.'의 뜻이다. '넙치'는 넙칫과의 바닷물고기이다. 몸의 길이는 60cm 정도이고 위아래로 넓적한 긴 타원형이며, 눈이 있는 왼쪽은 어두운 갈색 바탕에 눈 모양의 반점이 있고 눈이 없는 쪽은 흰색이다. 중요한 수산 자원 가운데 하나로 맛이 좋다. 한국, 일본, 남중국해 등지에 분포하며, '광어(廣魚)'라고 일컫고 있다. '올무'는 '새나 짐승을 잡기 위하여 만든 올가미.'를 말한다. '골막하다'는 '담긴 것이 가득 차지 아니하고 조금 모자란 듯하다.'라는 의미이다. '납작하다'는 '판판하고 얇으면서 좀 넓다.'의 뜻이다.

겹받침에 대하여 알아보겠다.

〈겹자음의 발음〉

① 겹자음은 'ㄳ, ㄵ, ㄶ, ㄺ, ㄻ, ㄼ, ㄽ, ㄾ, ㄿ, ㅀ, ㅄ'의 11개가 있다.

넋→[넉], 앉다→[안따], 않고→[안코], 닭→[닥], 여덟→[여덜], 외곬→[외골],

홅다→[할따], 읊다→[읍따], 싫다→[실타], 값→[갑]

② 불규칙 겹자음은 'ㄶ, ㄺ, ㄼ, ㅀ'의 4가지이다.

않은→[아는], 묽고→[물꼬], 밟게→[밥께], 뚫는→[뚤는→뚤른]

③ 앞소리가 나는 겹자음은 'ㄳ, ㄵ, ㄼ, ㄽ, ㄾ, ㅄ, ㄶ, ㅀ'의 8개가 있다.

넋→[넉], 얹고→[언꼬], 여덟→[여덜], 외곬→[외골], 핥다→[할따], 않고→[안코], 앓다→[알타]

④ 뒷소리가 나는 겹자음은 'ㄺ, ㄻ, ㄿ'의 3가지가 있다.

읽고→[일꼬], *읽지→[익찌], 넓다→[널따], *밟다→[밥따]

〈홑자음의 발음〉

① 음절 끝자리의 'ㄲ, ㅋ'은 'ㄱ'으로 바뀐다.

밖→[박], 부엌→[부억], 국→[국]

② 음절 끝자리의 'ㅅ, ㅆ, ㅈ, ㅊ, ㅌ, ㅎ'은 'ㄷ'으로 바뀐다.

옷→[옫], 있(고)→[읻꼬], 낮→[낟], 꽃→[꼳], 바깥→[바깓], 히읗→[히읃]

③ 음절 끝자리의 'ㅍ'은 'ㅂ'으로 바뀐다.

앞→[압], 덮다→[덥따]

④ 끝에 자음을 가진 형태소가 모음으로 시작되는 형식 형태소와 만나면, 그 끝 자음은 다음 음절의 첫소리로 발음된다.

㉠ 형식 형태소가 따르는 경우

몸이→[모미], 옷을→[오슬], 꽃을→[꼬츨], 밭에→[바테]

㉡ 실질 형태소가 따르는 경우

무릎 앞→[무르밥], 옷 아래→[옫아래]→[오다래], 값없다→[갑업따]→[가법따]

31) **서로 할 말 못 할 말, 때 묻은 왕사발 부스듯 하더라도 둘 사이에 '쌓여진/싸여진'** 정리가 깊고 깊어, 끝내는 **다시 보니 수원 손님**

이라고, 두꺼비 씨름한 셈치는 게 상례이건만 오늘은 분위기가 이만 큼 막가고 말았던 것이었다.

– 박범신 『물의 나라』

속담은 '멀리서 제대로 구별을 못했지만 가까이서 보니 추측한 대로 그 사람.'이라는 뜻으로 빗대는 말이다.

'쌓이다'는 '쌓다'의 피동사이다. '쌓다'는 '여러 개의 물건을 겹겹이 포개어 얹어 놓다.', '물건을 차곡차곡 포개어 얹어서 구조물을 이루다.' 등의 뜻이다.

한글 맞춤법 제22항 용언의 어간에 다음과 같은 접미사들이 붙어서 이루어진 말들은 그 어간을 밝히어 적는다. 1. '–기–, –리–, –이–, –히–, –구–, –우–, –추–, –으키–, –이키–, –애–'가 붙는 것으로는 '맡기다, 뚫리다, 쌓이다, 굳히다, 돋구다, 갖추다, 일으키다, 돌이키다, 없애다' 등이 있다. 그러므로 '쌓여'로 적어야 한다.

'맡기다'는 '맡다'의 사동사이며, '어떤 일에 대한 책임을 지고 담당하다.'라는 뜻이다. '뚫리다'는 '뚫다'의 피동사이며, '구멍을 내다.'라는 뜻이다. '굳히다'는 '굳다'의 사동사이며, '무른 물질이 단단하게 되다.'라는 뜻이다. '돋구다'는 '안경의 도수 따위를 더 높게 하다.'라는 뜻이다. '갖추다'는 '필요한 자세나 태도 따위를 취하다.'라는 의미이다. '일으키다'는 '일어나게 하다.'의 뜻이다. '돌이키다'는 '자기가 한 말이나 행동에 대하여 잘못이 없는지 생각하다.'라는 뜻이다. '없애다'는 '없다'의 사동사이며, '어떤 일이나 현상이나 증상 따위가 생겨 나타나지 않은 상태이다.'라는 뜻이다.

32) 먼저 "다림질 덕이 아니면 너 서방님 눈에 들지 못한다", "다듬잇돌을 베고 자면 혼인 이야기가 잘 '이루어지지/일우어지지' 않

는다."는 속담에서 보듯이 정갈하고 말쑥하게 다루도록 주부를 일깨워 주었으며 또한 다듬잇돌도 소중히 다루도록 주의를 주었다.

– 조효순 『복식』

속담은 '옷을 깔끔하게 해주는 다듬잇돌을 소중하게 하라.'는 뜻으로 빗대는 말이다.

'이루다(起)'는 '어떤 대상이 일정한 상태나 결과를 생기게 하거나 일으키거나 만들다.', '뜻한 대로 되게 하다.', '몇 가지 부분이나 요소들을 모아 일정한 성질이나 모양을 가진 존재가 되게 하다.' 등의 뜻이다.

한글 맞춤법 제22항 다만, '-이-, -히-, -우-'가 붙어서 된 말이라도 본뜻에서 멀어진 것은 소리대로 적는다. 예를 들면, '드리다(용돈을 ~), 고치다, 바치다(세금을 ~), 부치다(편지를 ~), 거두다, 미루다, 이루다' 등이 있다. 그러므로 '이루어지지'로 적어야 한다.

보충 설명하면, 동사의 어원적인 형태는 어간에 접미사 '-이-, -히-, -우-'가 결합한 것으로 해석되더라도 본뜻에서 멀어졌기 때문에 피동이나 사동의 형태로 인식되지 않는 것은 소리 나는 대로 적는다.

'드리다'는 '윗사람에게 그 사람을 높여 말이나 인사, 결의, 축하 따위를 하다.'의 뜻이다. '고치다'는 '고장이 나거나 못 쓰게 된 물건을 손질하여 제대로 되게 하다.'라는 뜻이다. '바치다'는 '반드시 내거나 물어야 할 돈을 가져다주다.'라는 의미이다. '부치다'는 '편지나 물건 따위를 일정한 수단이나 방법을 써서 상대에게로 보내다.'라는 뜻이다. '거두다'는 '자식, 고아 따위를 보살피거나 기르다.'라는 뜻이다. '미루다'는 '정한 시간이나 기일을 나중으로 넘기거나 늘이다.'라는 의미이다.

피동사에 대하여 알아보겠다.

'피동사(被動詞)'는 '남의 행동을 입어서 행하여지는 동작을 나타내는 동사'이다. '보이다', '물리다', '잡히다', '안기다', '업히다' 따위가 있으며, '수동사, 입음움직씨'라고도 한다.

'사동사(使動詞)'는 '문장의 주체가 자기 스스로 행하지 않고 남에게 그 행동이나 동작을 하게 함을 나타내는 동사'이다. 대개 대응하는 주동문의 동사에 사동 접미사 '-이-, -히-, -리-, -기-' 따위가 결합되어 나타나며, '사역 동사, 하임움직씨'라고도 한다.

33) 결박을 당하고 떼구루루 굴러서 '오뚝이/오뚜기'처럼 벌떡 일어나 앉던 것을 생각해 보고는 혼자 웃었다.

'오뚝이'는 '밑을 무겁게 하여 아무렇게나 굴려도 오뚝오뚝 일어서는 어린아이들의 장난감.'을 뜻하며, '부도옹'이라고도 한다. 이것은 '-하다'가 붙는 어근에 '-이'가 붙어서 명사가 된 것은 원형을 밝히어 적는다.

한글 맞춤법 제23항 '-하다'나 '-거리다'가 붙는 어근에 '-이'가 붙어서 명사가 된 것은 그 원형을 밝히어 적는다. 예를 들면, '깔쭉이/깔쭈기, 꿀꿀이/꿀꾸리, 삐죽이/삐주기, 살살이/살사리' 등이 있다. 그러므로 '오뚝이'로 적어야 한다.

'깔쭉이'는 '가장자리를 톱니처럼 파 깔쭉깔쭉하게 만든 주화(鑄貨)를 속되게 이르는 말'이다. '살살이'는 '간사스럽게 알랑거리는 사람.'을 뜻한다.

34) "빈정거린다고 생각지 말러. 난 그들을 이해한다구, 그 젊은 친구는 낙양의 지가를 올린 천재 작가요 나는 번역 **'부스러기/부스럭이'** 나 하는 뭐 그런 처지지만 적어도 문필에 뜻을 두고 있는데 그만한

이래를 못하겠나.……”

– 박경리 『토지』

속담은 ‘책이 무척 많이 팔린다.’라는 뜻으로 비유하는 말이다.

‘부스러기’는 ‘잘게 부스러진 물건.’, ‘쓸 만한 것을 골라내고 남은 물건.’, ‘하찮은 사람이나 물건을 비유적으로 이르는 말.’ 등의 뜻이다. 이것은 ‘-하다’나 ‘-거리다’가 붙을 수 없기에 원형을 밝히어 적지 않는다.

한글 맞춤법 제23항 [붙임] ‘-하다’나 ‘-거리다’가 붙을 수 없는 어근에 ‘-이’나 또는 다른 모음으로 시작되는 접미사가 붙어서 명사가 된 것은 그 원형을 밝히어 적지 아니한다. 예를 들면, ‘개구리, 귀뚜라미, 기러기, 깍두기, 꽹과리, 날라리, 누더기, 동그라미, 두드러기, 딱따구리, 매미, 얼루기, 칼싹두기’ 등이 있다. 그러므로 ‘부스러기’로 적어야 한다.

‘꽹과리’는 ‘풍물놀이와 무악 따위에 사용하는 타악기’의 하나이다. 놋쇠로 만들어 채로 쳐서 소리를 내는 악기로, 징보다 작으며 주로 풍물놀이에서 상쇠가 치고 북과 함께 굿에도 쓴다. 명절이면 마을 사람들이 모여 꽹과리 장단에 맞춰 춤을 추기도 하였다. ‘날라리’는 ‘언행이 어설프고 들떠서 미덥지 못한 사람을 낮잡아’ 이르는 말이다. ‘누더기’는 ‘누덕누덕 기운 헌 옷.’을 뜻한다. ‘딱따구리’는 ‘딱따구릿과의 새를 통틀어 이르는 말’이다. 삼림에 살며 날카롭고 단단한 부리로 나무에 구멍을 내어 그 속의 벌레를 잡아먹는다. ‘까막딱따구리, 쇠딱따구리, 오색딱따구리, 청딱따구리, 크낙새’ 따위가 있다. ‘얼루기’는 ‘얼룩얼룩한 점이나 무늬 또는 그런 점이나 무늬가 있는 짐승이나 물건.’을 의미한다. ‘칼싹두기’는 ‘메밀가루나 밀가루 반죽 따위를 방망이로 밀어서 굵직굵직하고 조각 지게 썰어서 끓인 음식.’을 뜻한다(수

제비, 칼국수).

35) 가끔, 아주 드물게 꽃치는 밥을 얻어먹은 집의 일을 도와주기도 한다. **부지깽이도 덤벙이는 모내기철이나 가을걷이 때,** 꽃치에게 일 좀 도와 달라고 하면 꽃치는 그 말을 듣고서 좋다 싫다 말은 한마디도 없지만, 말은커녕 고개 한 번 **'끄덕이/끄더기'**는 일도 없지만, 무슨 일을 해야 하는지 다 알고 일을 시작한다.

– 박상률『봄바람』

속담은 '가을철 추수에는 하도 바빠서 모든 사람들이나 뭇 사물들이 다 그냥 있지 못할 정도.'라는 뜻으로 빗대는 말이다.

'끄덕이다'는 '고개 따위를 아래위로 가볍게 움직이다.', '물체가 이리저리 쏠리어 움직이다.' 등의 뜻이다.

한글 맞춤법 제24항 '–거리다'가 붙을 수 있는 시늉말 어근에 '–이다'가 붙어서 된 용언은 그 어근을 밝히어 적는다. 예를 들면, '깜짝이다/깜짜기다, 꾸벅이다/꾸버기다, 뒤척이다/뒤처기다' 등이 있다. 그러므로 '끄덕이는'으로 적어야 한다.

시늉말에 대하여 알아보겠다.

'시늉말'은 '사람이나 사물의 소리, 모양, 동작 따위를 흉내 내는 말'이다. 의성어와 의태어 따위가 있으며, '흉내말'이라고도 한다.

'의성어(擬聲語)'는 '사람이나 사물의 소리를 흉내 낸 말'이다. '쌕쌕', '멍멍', '땡땡', '우당탕', '피덕퍼덕' 따위가 있으며, '사성어, 소리시늉말, 소리흉내말, 의음어'라고도 한다.

'의태어(擬態語)'는 '사람이나 사물의 모양이나 움직임을 흉내 낸 말'이다. '아장아장', '엉금엉금', '번쩍번쩍' 따위가 있으며, '꼴시늉말, 꼴흉내말, 짓시늉말'이라고도 한다.

36) 충남은 달놀이에서 돌아온 친구들이 왁작 떠들어대는 소리를 **'어렴풋이/어렴푸시/어렴풋히'** 들으며 **코를 베어가도 모를 만큼** 깊은 잠에 곯아떨어지고 말았다.

– 홍석중 『황진이』

속담은 '어떤 짓을 해도 정신을 못차릴 만큼 깊이 빠졌다.'라는 뜻으로 빗대는 말이다.

'어렴풋이'는 '기억이나 생각 따위가 뚜렷하지 아니하고 흐릿하게.', '물체가 뚜렷하게 보이지 아니하고 흐릿하게.', '소리가 뚜렷하게 들리지 아니하고 희미하게.' 등의 뜻이다.

한글 맞춤법 제25항 '-하다'가 붙는 어근에 '-히'나 '-이'가 붙어서 부사가 되거나, 부사에 '-이'가 붙어서 뜻을 더하는 경우에는 그 어근이나 부사의 원형을 밝히어 적는다.

1에서 '-하다'가 붙는 어근에 '-히'나 '-이'가 붙는 경우에는 '급히, 꾸준히, 딱히', '깨끗이' 등이 있다. 그러므로 '어렴풋이'로 적어야 한다.

보충 설명하면, '-이'나 '-히'는 규칙적으로 어근(語根, 단어를 분석할 때, 실질적 의미를 나타내는 중심이 되는 부분)에 결합하는 부사화 접미사이다. 명사화 접미사 '-이'나 동사, 형용사화 접미사 '-하다', '-이다' 등의 경우와 마찬가지로 그것이 결합하는 어근의 형태를 밝히어 적는다. 다만 '-하다'가 붙지 않는 경우에는 소리 나는 대로 적는 것으로 '갑자기, 반드시(꼭), 슬며시' 등이 있다.

2에서 부사에 '-이'가 붙어서 역시 부사가 되는 경우에는 '곰곰이, 더욱이, 생긋이, 오뚝이, 일찍이' 등이 있다.

보충 설명하면, 발음 습관에 따라 혹은 감정적 의미를 더하기 위하여 독립적인 부사 형태에 '-이'가 결합된 경우는 그 부사의 본 모양을 밝히어 적는다.

'도저-하다(到底--)'는 형용사이다. '학식이나 생각, 기술 따위가 아주 깊다.', '행동이나 몸가짐이 빗나가지 않고 곧아서 훌륭하다.' 등의 뜻이다. 인격이 그리 뛰어나거나 학식이 도저한 인물은 못 되나 시국에 대하여서 불평을 품고 무슨 일이나 하여 보자는 결심은 있어 보였다.

37) 새로 들어온 여사원이 '생긋이/생그시' 웃으며 경쾌하게 지나간다.

'생긋'은 '눈과 입을 살며시 움직이며 소리 없이 가볍게 웃는 모양.'을 일컫는다. 한글 맞춤법 제25항 1은 '-하다'가 붙는 어근에 '-히'가 붙는 경우이다. 그러므로 '생긋이'로 적어야 한다.

보충 설명하면, '-하다'는 1. 명사 뒤에 붙어 동사를 만드는 접미사로는 '공부하다, 생각하다, 밥하다, 사랑하다, 절하다, 빨래하다' 등이 있다. 2. 명사 뒤에 붙어, 형용사를 만드는 접미사로는 '건강하다, 순수하다, 정직하다, 진실하다, 행복하다' 등이 있다. 3. 의성, 의태어 뒤에 붙어, 동사나 형용사를 만드는 접미사로는 '덜컹덜컹하다, 반짝반짝하다, 소곤소곤하다' 등이 있다. 4. 성상 부사 뒤에 붙어, 동사나 형용사를 만드는 접미사로는 '달리하다, 빨리하다, 잘하다' 등이 있다. 5. 몇몇 어근 뒤에 붙어, 동사나 형용사를 만드는 접미사로는 '흥하다, 망하다, 착하다, 따뜻하다' 등이 있다. 6. 의존 명사 뒤에 붙어, 동사나 형용사를 만드는 접미사로는 '체하다, 척하다, 뻔하다, 양하다, 듯하다, 법하다' 등이 있다.

38) 제호는 이건 좀 창피한 고패로다고 어름어름하는데, 이어 초봉이가 "아저씨 바쁘실 텐데……." 하는게, 저도 벌써 알아차리고 '슬며

시/슬몃이' 드러누우면서도 그저 숫보기답게 부끄럼을 타느라고 괜한 검사나 한마디 해보는 눈치인 것 같았다. 머, 그만하면 **다 팔아도 내 땅이다.**

– 채만식 『탁류』

속담은 '어떻게 하든지 결국에 가서는 다 내 이익이 된다.'라는 뜻으로 빗대는 말이다.

'슬며시'는 '남의 눈에 띄지 않게 넌지시.', '행동이나 사태 따위가 은근하고 천천히.', '감정 따위가 속으로 천천히 은밀하게.' 등의 뜻이다.

한글 맞춤법 제25항 [붙임] '-하다'가 붙지 않는 경우에는 반드시 소리대로 적는다. 예를 들면, '갑자기' 등이 있다. 그러므로 '슬며시'로 적어야 한다.

39) 불측했던 어미의 마음을 용케 엿보기라도 한 것같이 종술이는 나이가 들수록 자꾸 **'엇나가기만/얻나가기만'** 했다.

'엇나가다'는 '금이나 줄 따위가 비뚜로 나가다.', '비위가 틀리어 말이나 행동이 이치에 어긋나게 비뚜로 나가다.' 등의 뜻이다. 이것은 접두사가 붙어서 이루어진 말이므로 원형을 밝히어 적는 것이다.

한글 맞춤법 제27항 둘 이상의 단어가 어울리거나 접두사가 붙어서 이루어진 말은 각각 그 원형을 밝히어 적는다. 합성어로 이루어진 것은 '국말이, 꺾꽂이, 꽃잎, 끝장, 물난리' 등이 있다. 그리고 접두사와 결합한 것은 '웃옷, 헛웃음, 홀아비, 맞먹다, 빗나가다, 새파랗다, 샛노랗다, 시꺼멓다, 싯누렇다, 엿듣다, 옻오르다, 짓이기다, 헛되다' 등이 있다. 그러므로 '엇나가기만'으로 적어야 한다.

'웃옷'은 '맨 겉에 입는 옷.'을 말한다. '헛웃음'은 '마음에 없이 지어서 웃는 웃음.'을 뜻한다. '홀아비'는 '아내를 잃고 혼자 지내는 사내.'를 말한다. '맞먹다'는 '거리, 시간, 분량, 키 따위가 엇비슷한 상태에 이르다.'라는 뜻이다. '빗나가다'는 '움직임이 똑바르지 아니하고 비뚜로 나가다.'라는 뜻이다. '새파랗다'는 '춥거나 겁에 질려 얼굴이나 입술 따위가 매우 푸르께하다.'라는 뜻이다. '샛노랗다'는 '매우 노랗다.'라는 뜻이다. '시꺼멓다'는 '매우 꺼멓다.'의 뜻이다.

보충 설명하면, 둘 이상의 어휘 형태소(語彙形態素)가 결합하여 합성어를 이루거나 어근에 접두사가 결합하여 파생어를 이룰 때 그 사이에서 발음 변화가 일어나더라도 실질 형태소의 본 모양을 밝히어 적음으로써 그 뜻이 분명히 드러나도록 하는 것이다.

합성어에 대하여 알아보겠다.

'합성어(合成語)'는 '둘 이상의 실질 형태소가 결합하여 하나의 단어'가 된 말이다. '집안', '돌다리' 따위이며, '겹씨, 복합사'라고도 한다.

'형태소(形態素, morpheme)'는 '최소의 유의적(有意的) 단위'이다. 즉 의미를 가지는 가장 작은 단위로서, 더 이상 분석하면 뜻을 잃거나 일정한 뜻을 알기 어렵게 된다.

형태소는 자립성의 유무에 따라 '자립 형태소(自立形態素, free morpheme)와 의존 형태소(依存形態素, bound morpheme)'로 분류된다.

'자립 형태소'는 자립성이 있어 혼자 설 수 있는 형태소로서 '명사, 대명사, 수사(체언), 관형사, 부사(수식언), 감탄사(독립언)' 등이 있다.

'의존 형태소'는 '자립성이 없어 반드시 다른 형태소에 기대어 쓰이는 형태소'로서 '조사(관계언), 접두사, 접미사(접사), 선어말 어미,

접속 어미, 종결 어미(어미), 용언의 어간' 등이 있다.

실질적 의미의 유무에 따라서 '실질 형태소(實質形態素, full morpheme)와 형식 형태소(形式形態素, empty morpheme)'로 분류된다.

'실질 형태소'는 '구체적인 대상이나 동작, 상태를 나타내는 형태소'로서 '명사, 대명사, 수사(체언), 관형사, 부사(수식언), 감탄사(독립언), 용언의 어간' 등이 있다.

'형식 형태소'는 '실질 형태소에 붙어서 문법적 관계를 표시해 주는 형태소'로서 '조사(관계언), 접두사, 접미사(접사), 선어말 어미, 접속 어미, 종결 어미(어미)' 등이 있다.

40) 아이는 학교에 늦을까 봐 **'부리나케/부리나게/불이나케'** 뛰어갔다.

'부리나케'는 '서둘러서 아주 급하게.'라는 뜻이다. '부리나케'는 '불+-이+나-+-게'로 분석할 수 있다.

한글 맞춤법 제27항 [붙임 2] 어원이 분명하지 아니한 것은 원형을 밝히어 적지 아니한다. 예를 들면, '골병, 골탕, 끌탕, 아재비, 오라비, 업신여기다, 부리나케' 등이 있다. 그러므로 '부리나케'로 적어야 한다.

'골병'은 '겉으로 드러나지 아니하고 속으로 깊이 든 병.'을 뜻한다. '골탕'은 '한꺼번에 되게 당하는 손해나 곤란.'을 뜻한다. '끌탕'은 '속을 태우는 걱정.'을 의미한다. '아재비'는 '아저씨'의 낮춤말이다. '오라비'는 '오라버니'의 낮춤말이다. '업신여기다'는 '교만한 마음에서 남을 낮추어 보거나 하찮게 여기다.'라는 뜻이다.

41) 그녀는 머리카락을 빗지 않아서 **'머릿니/머리이/머릿이'**가 생겼다.

'머릿니[虱]'는 '이목(目) 잇과의 곤충'으로 옷엣니(옷에 있는 이를 머릿니에 상대하여 이르는 말)보다 작고, 사람의 머리에서 피를 빨아 먹는다.

'머릿니'는 잇과의 곤충이다. 몸의 길이는 수컷은 2~3mm, 암컷은 2.5~4mm로, 연한 회색이며, 복부의 가장자리는 어두운 회색이다. 날개가 없고 배는 긴 타원형이며 더듬이는 다섯 마디이다.

한글 맞춤법 제27항 [붙임 3] '이[齒, 虱]'가 합성어나 이에 준하는 말에서 [니] 또는 [리]로 소리날 때에는 '니'로 적는다. 예를 들면, '간니, 사랑니, 송곳니, 앞니, 어금니, 윗니, 젖니, 톱니, 틀니, 가랑니(虱)' 등이 있다. 그러므로 '머릿니'로 적어야 한다.

'간니'는 '유치(乳齒)가 빠진 뒤 그 자리에 나는 영구치' 또는 '대생치(代生齒)'라고 한다. '덧니'는 '제 위치에 나지 못하고 바깥쪽으로 나오거나 안쪽으로 들어간 상태로 난 이'이며, '송곳니'라고도 한다.

'송곳니'는 '상하 좌우의 앞니와 어금니 사이에 있는 뾰족한 이'를 말한다. '사랑니'는 '17세에서 21세 사이에 입의 맨 안쪽 구석에 나는 뒤어금니'를 일컫는다. '지치(智齒)'라고도 한다.

'앞니'는 '앞쪽으로 아래위에 각각 네 개씩 난 이'를 말하며, '문치(門齒), 전치(前齒)'라고도 한다. '어금니'는 '송곳니의 안쪽으로 있는 모든 큰 이'를 말한다. '구치(臼齒), 아치(牙齒)'라고도 한다.

'윗니'는 '윗잇몸에 난 이', '상치(上齒)'라고도 한다. '젖니'는 '출생 후 6개월에서부터 나기 시작하여 3세 전에 모두 갖추어지는, 유아기에 사용한 뒤 갈게 되어 있는 이'를 말하며, '젖니, 배냇니'라고도 한다. '톱니'는 '톱의 날을 이룬 뾰족뾰족한 이'로서 '거치(鋸齒)'라고도 한다. '가랑니'는 '서캐에서 깨어 나온 지 얼마 안 되는 새끼 이'를 말한다.

보충 설명하면, 합성어(合成語)나 이에 준하는 구조의 단어에서 실질 형태소는 본 모양을 밝히어 적는 것이 원칙이지만 '이'의 경우는 예외이다. 독립적 단어인 '이'가 주격조사 '이'와 형태가 같음으로 해서 생길 수 있는 혼동을 줄이고자 하는 것이다.

42) 이때 이리저리 불 앞으로 몸을 굴리며 자고 있던 한 젊은 군사가 자리에서 벌썩 일어나며 말했다. **"푸른 '소나무/솔나무'의 절개는 겨울이 되어야 알 듯이** 어려운 때를 당하고야 사람의 마음을 알게 된다더니…… 참, 대장부 한번 먹은 마음이야 한결같아야지."

– 박태원 『갑오농민전쟁』

속담은 '어려운 시대라야 올곧은 사람을 알게 된다.'라는 뜻으로 비유하는 말이다.

'소나무'는 '소나뭇과의 모든 식물을 통틀어 이르는 말.', '소나뭇과의 상록 침엽 교목'이다. 높이는 35미터 정도이며, 잎은 두 잎이 뭉쳐나고 피침 모양이다. 꽃은 5월에 피고 열매는 구과(毬果)로 다음 해 가을에 맺는다. 건축재, 침목, 도구재 따위의 여러 가지 용도로 쓴다.

한글 맞춤법 제28항 끝소리가 'ㄹ'인 말과 딴 말이 어울릴 적에 'ㄹ' 소리가 나지 아니하는 것은 아니 나는 대로 적는다. 예를 들면, '다달이(달-달-이), 따님(딸-님), 마되(말-되), 마소(말-소), 무자위(물-자위), 바느질(바늘-질), 부삽(불-삽), 부손(불-손), 소나무(솔-나무), 싸전(쌀-전), 여닫이(열-닫이), 우짖다(울-짖다), 화살(활-살)' 등이 있다. 그러므로 '소나무'로 적어야 한다.

'다달이'는 '달마다'라는 뜻이며, '과월(課月), 매달, 매삭, 매월' 등과 같은 뜻이다. '마되'는 '말과 되'를 아울러 이르는 말이다. '무자위'는 '물을 높은 곳으로 퍼 올리는 기계.'를 일컫는다. '물푸개, 수룡, 수차(水車), 즉통(喞筒)'이라고도 한다. '부삽'은 '아궁이나 화로의 재를 치거나, 숯불이나 불을 담아 옮기는 데 쓰는 조그마한 삽.'을 말한다. '부손'은 '화로에 꽂아 두고 쓰는 작은 부삽.'을 의미한다. '여닫이'는

'문틀에 고정되어 있는 경첩이나 돌쩌귀 따위를 축으로 하여 열고 닫고 하는 방식이나 그런 방식의 문이나 창을 통틀어 이르는 말'이다. '우짖다'는 '울며 부르짖다.'라는 뜻이다. '화살'은 '활시위에 메워서 당겼다가 놓으면 그 반동으로 멀리 날아가도록 만든 물건.'을 일컫는다.

보충 설명하면, 합성어(合成語)나 파생어(派生語, 실질 형태소에 접사가 붙은 말)에서 앞 단어의 'ㄹ' 받침이 발음되지 않는 것은 발음되지 않는 형태대로 적는다. 'ㄹ'은 대체로 'ㄴ, ㄷ, ㅅ, ㅈ' 앞에서 탈락된다.

또한, 한자어에서 일어나는 'ㄹ' 탈락의 경우에는 소리대로 적는데 '부당(不當), 부덕(不德), 부자유(不自由)'에서와 같이 'ㄷ, ㅈ' 앞에서 탈락되어 '부'로 소리 나는 경우에는 'ㄹ'이 소리 나지 않는 대로 적는다.

43) 길가의 대꾸가 차갑기는 '섣달/설달' 냇물인데 "이놈아, 고쟁이 열 두 벌을 껴입어도 보일 것은 다 보인다." "그렇다면?" "아주 도륙을 내어 본때를 보여주마."

– 김주영 『객주』

속담은 '사람의 언행이 무척 쌀쌀하다.'는 뜻으로 빗대는 말이다.

'섣달'은 '음력으로 한 해의 맨 끝 달.'을 뜻하며, '극월(極月), 사월(蜡月), 십이월'이라고도 한다.

한글 맞춤법 제29항 끝소리가 'ㄹ'인 말과 딴 말이 어울릴 적에 'ㄹ' 소리가 'ㄷ' 소리로 나는 것은 'ㄷ'으로 적는다. 예를 들면, '이튿날(이틀~), 잗주름(잘~), 푿소(풀~), 섣부르다(설~), 잗다듬다(잘~), 잗다랗다(잘~)' 등이 있다. 그러므로 '섣달'로 적어야 한다.

'이튿날'은 '어떤 일이 있은 그다음의 날.'을 뜻한다. '잔주름'은 '잘게 잡힌 주름.'을 의미한다. '푿소'는 '여름에 생풀만 먹고 사는 소.'를 의미한다. '섣부르다'는 '솜씨가 설고 어설프다.'라는 뜻이다. '잗다듬다'는 '잘고 곱게 다듬다.'라는 의미이다. '잗다랗다'는 '꽤 잘다.'라는 의미이다.

보충 설명하면, 'ㄹ' 받침을 가진 단어가 다른 단어와 결합할 때, 'ㄹ'이 [ㄷ]으로 바뀌어 발음되는 것은 'ㄷ'으로 적는다. 합성어나 자음으로 시작된 접미사가 결합하여 된 파생어는 실질 형태소의 본 모양을 밝히어 적는다는 원칙에 벗어나는 규정이지만, 역사적 현상으로서 'ㄷ'으로 바뀌어 굳어져 있는 단어는 어원적인 형태를 밝히어 적지 않는 것이다.

44) **"이런 일은 천하 만국에 한 두 사람 뿐이겠지마는, 한 '숟가락/ 술가락/숟까락'으로 온 솥의 맛을 알 것이라. 근래에 덕의가 끊어지고 인도가 없어져서 세상이 결딴난 일을 이루다 말할 수 없소……."**

– 안국산 『금수회의록』

속담은 '어떤 것의 한 부분을 통해 전체를 짐작한다.'라는 뜻으로 빗대는 말이다.

'숟가락'은 '밥이나 국물 따위를 떠먹는 기구.'를 말한다. 은, 백통, 놋쇠 따위로 만들며, 생김새는 우묵하고 길둥근 바닥에 자루가 달려 있다.

한글 맞춤법 제29항 끝소리가 'ㄹ'인 말과 딴 말이 어울릴 적에 'ㄹ' 소리가 'ㄷ' 소리로 나는 것은 'ㄷ'으로 적는다. 예를 들면, '반짇고리(바느질~), 삼짇날(삼질~), 섣달(설~)' 등이 있다. 그러므로 '숟가락'으로 적어야 한다.

'반짇고리'는 '바늘, 실, 골무, 헝겊 따위의 바느질 도구를 담는 그릇.'을 일컫는다. '삼짇날'은 '음력 삼월 초사흗날.'을 말한다. '삼삼영절, 삼월 삼짇날, 삼월 삼질, 삼일(三日), 삼질, 상사(上巳), 중삼(重三)'이라고도 한다.

45) 그것이 자기에게 해가 되리라는 것을 불 보듯 빤히 들여다보면서도 **자신이 타고 앉은 '나뭇가지/나무가지'에 자기 손으로 톱질을 하고 싶어 하는** 무분별한 충동은 도대체 무엇이라고 설명하여야 하는가.

– 홍석중 『높새바람』

속담은 '제 스스로 화를 부르는 짓을 한다.'라는 뜻으로 빗대는 말이다.

'나뭇가지'는 '나무+가지'로 분석할 수 있다. 한글 맞춤법 제30항 1. 순 우리말로 된 합성어로서 앞말이 모음으로 끝난 경우,

(1) 뒷말의 첫소리가 된소리로 나는 것으로는 '고랫재, 귓밥, 나룻배, 나뭇가지, 냇가, 댓가지, 뒷갈망, 맷돌, 머릿기름, 모깃불, 못자리, 바닷가, 뱃길, 볏가리, 부싯돌, 잇자국, 잿더미, 조갯살, 찻집, 쳇바퀴, 킷값, 핏대, 햇볕, 혓바늘' 등이 있다. 그러므로 '나뭇가지'로 적어야 한다.

'고랫재'는 '방고래에 모여 쌓인 재.'를 말한다. '댓가지'는 '대나무의 가지.'를 뜻한다. '뒷갈망'은 '뒷감당.'이라는 뜻이다. '볏가리'는 '벼를 베어서 가려 놓거나 볏단을 차곡차곡 쌓은 더미.'를 말한다. '쳇바퀴'는 '체의 몸이 되는 부분.'을 일컫는다. '킷값'은 '키에 알맞게 하는 행동을 낮잡아 이르는 말'이다.

보충 설명하면, 사이시옷(순 우리말 또는 순 우리말과 한자어로 된 합성어 가운데 앞말이 모음으로 끝나거나 뒷말의 첫소리가 된소리로

나거나(선짓국, 쇳조각, 아랫집), 뒷말의 첫소리 'ㄴ', 'ㅁ' 앞에서 'ㄴ' 소리가 덧나거나(아랫니, 뒷머리, 빗물), 뒷말의 첫소리 모음 앞에서 'ㄴㄴ' 소리가 덧나는 것(도리깻열, 베갯잇, 욧잇) 따위에 받치어 적는다.)을 적는 경우는 합성어(合成語)의 경우로, 합성어를 구성하는 있는 두 요소 가운데 순 우리말이고 앞말이 모음으로 끝나는 경우에만 사이시옷을 적을 수 있다. 뒷말의 첫소리 'ㄱ, ㄷ, ㅂ, ㅅ, ㅈ' 등이 된소리로 나는 것이다.

46) 박선동은 '텃세/터세' 높은 똥개처럼 알 듯 모를 듯 우쭐대고 최선경은 나들이 길에 집을 잃은 영악한 발발이처럼 슬프게도 당황하고 있는 것이었다.

– 천승세 『사계의 후조』

속담은 '제 연고지라는 것을 믿고 괜스레 우쭐댄다.'라는 뜻으로 빗대는 말이다.

'텃세'는 '먼저 자리를 잡은 사람이 뒤에 들어오는 사람에 대하여 가지는 특권 의식.', '뒷사람을 업신여기는 행동.' 등의 뜻이다. '텃세'는 '터+세(勢)'로 분석할 수 있다.

한글 맞춤법 제30항 2. 순 우리말과 한자어로 된 합성어로서 앞말이 모음으로 끝난 경우, (1) 뒷말의 첫소리가 된소리로 나는 것으로는 '귓병(-病), 머릿방(--房), 뱃병(-病), 봇둑(洑-), 사잣밥(使者-), 샛강(-江), 아랫방(--房), 자릿세(--貰), 찻잔(茶盞), 찻종(茶鍾), 촛국(醋-), 콧병(-病), 탯줄(胎-), 핏기(-氣), 햇수(-數), 횟가루(灰--), 횟배(蛔-)' 등이 있다. 그러므로 '전셋집'으로 적어야 한다.

'머릿방'은 '안방 뒤에 딸린 작은 방.'을 뜻한다. '봇둑'은 '보를 둘러쌓은 둑.'을 의미한다. '사잣밥'은 '초상난 집에서 죽은 사람의 넋을 부를 때 저승사자에게 대접하는 밥.'을 일컫는다. '샛강'은 '큰 강의 줄기에서 한 줄기가 갈려 나가 중간에 섬을 이루고, 하류에 가서는 다시 본래의 큰 강에 합쳐지는 강.'을 말한다. '찻종'은 '차를 따라 마시는 종지.'라는 뜻이다. '촛국'은 '초를 친 냉국.'을 말한다. '햇수'는 '해의 수.'를 의미한다. '횟가루'는 '산화칼슘'을 일상적으로 이르는 말이다. '횟배'는 '거위배.'를 일컫는다.

(2) 뒷말의 첫소리 'ㄴ, ㅁ' 앞에서 'ㄴ' 소리가 덧나는 것으로는 '곗날((契-), 제삿날(祭祀-), 훗날(後-), 툇마루(退--), 양칫물(養齒-)' 등이 있다.

'곗날'은 '계의 구성원이 모여 결산을 하기로 정한 날.'을 말한다. '툇마루'는 '툇간에 놓은 마루.'를 말한다. '툇간'은 '안둘렛간 밖에다 딴 기둥을 세워 만든 칸살.'을 말한다. '안둘렛간'은 '벽이나 기둥을 겹으로 두른 건물의 안쪽 둘레에 세운 칸.'을 의미한다. '칸살'은 '일정한 간격으로 어떤 건물이나 물건에 사이를 갈라서 나누는 살.'을 뜻한다.

(3) 뒷말의 첫소리 모음 앞에서 'ㄴㄴ' 소리가 덧나는 것으로는 '가욋일(加外-), 사삿일(私私-), 예삿일(例事-), 훗일(後-)' 등이 있다.

'가욋일'은 '필요 밖의 일.'을 의미한다. '사삿일'은 '개인의 사사로운 일.'을 뜻한다. '예삿일'은 '보통 흔히 있는 일.'을 의미한다. '훗일'은 '뒷일'을 의미한다.

한자어에 대하여 알아보겠다.

'한자어(漢字語)'는 '한자에 기초하여 만들어진 말'을 일컫는다.

〈한자어의 형성〉

유형	형성 방법	용 례	비고
단일어	단음절어	강(江), 산(山), 책(冊), ; 단(但), 즉(卽) ; 순(純), 총(總)	
	다음절어	열반(涅槃), 아세아(亞細亞), 불란서(佛蘭西)	
파생어	접두사	비인간(非人間), 무조건(無條件), 객소리(客--)	
	접미사	이씨(李氏), 김가(金哥), 인간적(人間的), 전문가(專門家)	
합성어	대등	강산(江山)	
	종속	합창곡(合唱曲), 국어(國語)	
	융합	춘추(春秋)	
한자+고유어	파생어	서울發	
	고유어	노래房, 山골짜기	

47) **"임진년왜란 때 왜놈들이 조선사람 죽인 '숫자/수자'를 세느라 코도 베어 가고 귀도 베어 갔다던데, 나도 눈에 뵈는 게 없던 참에 그거라도 한번 해볼까." "사슴이 사향 때문에 잡혀 죽는다지만 사람은 입 때문에 망한다더라. ……"**

– 한수산 『까마귀』

속담은 '사람이 입을 잘못 놀리면 패가망신하게 마련이라.'는 뜻으로 빗대는 말이다.

'숫자(數字)'는 '수를 나타내는 글자.', '금전, 예산, 통계 따위에 숫자로 표시되는 사항.', '수량적인 사항.' 등의 뜻이다. '숫자'는 두 음절로 된 한자어로 사이시옷을 첨가한다.

한글 맞춤법 제30항 3. 두 음절로 된 다음 한자어 '곳간(庫間), 셋방(貰房), 찻간(車間), 툇간(退間), 횟수(回數)' 등만 사이시옷을 첨가한다. 그러므로 '숫자'로 적어야 한다.

'곳간'은 '물건을 간직하여 두는 곳.'을 뜻한다. '찻간'은 '기차나 버스 따위에서 사람이 타는 칸.'을 일컫는다.

보충 설명하면, (1) 고유어끼리 결합한 합성어 및 이에 준하는 구조 또는 고유어와 한자어가 결합한 합성어 중 앞 단어의 끝 모음 뒤가 폐쇄되는 구조이다.

① 뒤 단어의 첫소리 'ㄱ, ㄷ, ㅂ, ㅅ, ㅈ' 등이 된소리로 나는 것이다. 예를 들면, '귓밥, 나룻배, 못자리' 등이 있다.

② 폐쇄시키는 [ㄷ]이 뒤의 'ㄴ', 'ㅁ'에 동화되어 [ㄴ]으로 발음되는 것이다. 예를 들면, '멧나물, 텃마당, 냇물' 등이 있다.

③ 뒤 단어의 첫소리로 [ㄴ]이 첨가되면서 폐쇄시키는 [ㄷ]이 동화되어 [ㄴㄴ]으로 발음되는 것이다. 예를 들면, '뒷윷, 뒷일, 욧잇' 등이 있다.

(2) 두 글자(한자어 형태소)로 된 한자어 중, 앞 글자의 모음 뒤에서 뒤 글자의 첫소리가 된소리로 나는 6개 단어에 사이시옷을 붙여 적기로 한 것이다. 사이시옷 용법을 알기 쉽게 설명하면 아래와 같다.

① 앞 단어의 끝이 폐쇄되는 구조가 아니므로, 사이시옷을 붙이지 않는다. 예를 들면, '개-구멍, 배-다리, 새-집, 머리-말' 등이 있다.

② 뒤 단어의 첫소리가 된소리나 거센소리이므로, 사이시옷을 붙이지 않는다. 예를 들면, '개-똥, 보리-쌀, 허리-띠, 개-펄, 배-탈, 허리-춤' 등이 있다.

③ 앞 단어의 끝이 폐쇄되면서 뒤 단어의 첫소리가 경음화하여 사이시옷을 붙인다. 예를 들면, '갯값, 냇가, 뱃가죽, 샛길, 귓병,

깃대, 셋돈, 홧김' 등이 있다.

④ 앞 단어의 끝이 폐쇄되면서 자음 동화 현상(ㄷ+ㄴ → ㄴ+ㄴ, ㄷ+ㅁ → ㄴ+ㅁ)이 일어나므로, 사이시옷을 붙이는 '뱃놀이, 콧날, 빗물, 잇몸, 무싯날, 봇물, 팻말' 등이 있다. '팻말, 푯말'은 한자어 '牌, 標'에 '말(말뚝)'이 결합된 형태이므로 '팻말, 푯말'로 적는 것이다.

⑤ 앞 단어 끝이 폐쇄되면서 뒤 단어의 첫소리로 [ㄴ] 음이 첨가되고 동시에 동화 현상이 일어나므로 사이시옷을 붙이는 '깻잎, 나뭇잎, 뒷윷, 허드렛일, 가욋일' 등이 있다.

⑥ 두 음절로 된 한자어 6개만 사이시옷을 붙인다.(곳간, 셋방, 숫자, 찻간, 툇간, 횟수)

48) 아이들은 언제부터인가 **'피자집/피잣집'**에서 모임을 자주하였다.

'피자집'과 같이 외래어와 순 우리말의 합성어는 사이시옷을 첨가하지 않는다. 예를 들면, '우리 동네에는 피자집이 없다.', '요사이는 간식으로 피자집에서 피자를 시켜 먹는다.' 등이 있다. 그러므로 '피자집'으로 적어야 한다.

'피자(pizza)'는 밀가루 반죽 위에 토마토, 치즈, 피망, 고기, 향료 따위를 얹어 둥글고 납작하게 구운 파이이다. 이탈리아 남부 나폴리 지방에서 유래한 음식이다.

'외래어(外來語)'는 '외국에서 들어온 말로 국어처럼 쓰이는 단어'이며, '버스, 컴퓨터, 피아노' 따위가 있고, '들온말, 전래어, 차용어'라고도 한다.

49) 말득이는 코웃음을 날리고 나서 대꾸하였다. **"단지에 '좁쌀/조쌀' 두 홉 모아 두면 정승을 이사람아 부른다더니**… 기껏 시골 장사

치로 사과네 선달입네 사고팔아 눈에 보이는 게 없구먼.…"

– 황석영 『장길산』

속담은 '아주 하찮은 재물이나 권세를 믿고 함부로 행동하는 사람을 두고 빗대는 말'이다.

'좁쌀'은 '조의 열매를 찧은 쌀.'을 말하며, '소미(小米), 속미, 전미(田米)'라고도 한다.

한글 맞춤법 제31항 두 말이 어울릴 적에 'ㅂ' 소리나 'ㅎ' 소리가 덧나는 것은 소리대로 적는다. 예를 들면, '댑싸리(대ㅂ싸리), 멥쌀(메ㅂ쌀), 입때(이ㅂ때), 입쌀(이ㅂ쌀), 접때(저ㅂ때), 햅쌀(해ㅂ쌀)' 등이 있다. 그러므로 '좁쌀'로 적어야 한다.

'댑싸리'는 '명아줏과의 한해살이풀'이다. 높이는 1미터 정도이며, 잎은 어긋나고 피침 모양이다. 한여름에 연한 녹색의 꽃이 피며 줄기는 비를 만드는 재료로 쓰인다. 유럽, 아시아가 원산지로 한국과 중국 등지에 분포한다.

'멥쌀'은 '메벼를 찧은 쌀.'을 말한다. '입때'는 '여태'라는 뜻이다. '입쌀'은 '멥쌀을 보리쌀 따위의 잡곡이나 찹쌀에 상대하여 이르는 말.'을 일컫는다. '접때'는 '오래지 아니한 과거의 어느 때를 이르는 말.'을 뜻한다. '햅쌀'은 '그해에 새로 난 쌀.'을 뜻한다.

보충 설명하면, 합성어(合成語)나 파생어(派生語)에 있어서는 뒤의 단어는 중심어가 되는 것이므로 '쌀[米,] 씨[種], 때[時]' 따위의 형태를 고정시키고 'ㅂ'을 앞 형태소의 받침으로 붙여 적는다.

파생어에 대하여 알아보겠다.

'파생어(派生語)'는 '실질 형태소에 접사가 결합하여 하나의 단어'가 된 말이다. 명사 '부채'에 '–질'이 붙은 '부채질', 동사 어간 '덮–'에 접미사 '–개'가 붙은 '덮개', 명사 '버선' 앞에 접두사 '덧–'이 붙은

'덧버선' 따위가 있다.

50) "음, 장춘동이라 이 말이지." 작자는 여자가 한 말을 **닭 서리꾼 '씨암탉/씨암닭' 안 듯** 오달지게 챙겼다. 여인은 그 소리를 자기가 했다는 말은 제발 말아달라며 흑흑 흐느꼈다.

– 송기숙 『녹두장군』

속담은 '어떤 소중한 것을 놓치지 않으려고 잘 간수한다.'라는 뜻으로 빗대는 말이다.

'씨암탉'은 '씨를 받기 위하여 기르는 암탉.'을 뜻한다. 한글 맞춤법 제31항 'ㅎ' 소리가 덧나는 것으로는 '살코기(살ㅎ고기), 수캐(수ㅎ개), 수컷(수ㅎ것), 수탉(수ㅎ닭), 안팎(안ㅎ밖), 암캐(암ㅎ개), 암컷(암ㅎ것), 암탉(암ㅎ닭)' 등이 있다. 그러므로 '씨암탉'으로 적어야 한다.

보충 설명하면, 'ㅎ' 종성 체언(終聲體言)이었던 '머리[頭], 살[肌], 수[雄], 암[雌]' 등에 다른 단어가 결합하여 이루어진 합성어 중에서 [ㅎ] 음이 첨가되어 발음되는 단어는 소리 나는 대로 적는다.

51) 경찰에서도 좀도둑을 **'만만찮은/만만잖은'** 사람으로 알고 있다.

'만만하지 않다'는 '-하지' 뒤에 '않-'이 어울려 쓰인 경우로 '찮-'으로 적어야 한다. '만만찮다'는 '만만찮아, 만만찮으니, 만만찮소' 등으로 활용되며, '보통이 아니어서 손쉽게 다룰 수 없다.', '그렇게 쉽지 아니하다.' 등의 뜻이다.

한글 맞춤법 제39항 어미 '-지' 뒤에 '않-'이 어울려 '-잖-'이 될 적과 '-하지' 뒤에 '않-'이 어울려 '찮-'이 될 적에는 준 대로 적는다. 예를 들면, '대단하지 않다/대단찮다, 시원하지 않다/시원찮다' 등이 있다. 그러므로 '만만찮은'으로 적어야 한다.

52) 그 후론 아버지도 일절 손을 끊어 다시는 탈선이 없었다지만 한창 환장해 돌아갈 땐 아주 버린 사람 다 돼 갔더니라고 어머니는 두고 두고 되새기곤 했다. **푸장나무(떡갈나무) 동날만하면 날 궂더라고 나도 '적잖은/적찮은'** 돈을 축냈던 건 사실이다.

– 이문구 『다가오는 소리』

속담은 '좋지 않은 일은 꼭 여유가 없을 때 생긴다.'라는 뜻으로 빗대는 말이다.

'적잖다'는 '적잖아, 적잖으니, 적잖소' 등으로 활용된다. '적은 수나 양이 아니다.', '소홀히 하거나 대수롭게 여길 만하지 아니하다.' 등의 뜻이다.

한글 맞춤법 제39항 어미 '-지' 뒤에 '않-'이 어울려 '-잖-'이 될 적과 '-하지' 뒤에 '않-'이 어울려 '-찮-'이 될 적에는 준 대로 적는다. 예를 들면, '그렇지 않은/그렇잖은, 남부럽지 않다/남부럽잖다' 등이 있다. 그러므로 '적잖은'으로 적어야 한다.

53) 김 영감은 종수 아버지 말에 **'가타부타/가하다부하다'** 말이 없이, 한참 동안 저쪽을 보며 곰방대만 빨고 있었다.

– 송기숙 『자랏골의 비가』

속담은 '옳다 그르다, 좋다 싫다 하는 아무런 의사 표시가 없다.'라는 뜻으로 빗대는 말이다.

'가타부타'는 본말이 '가하다 부하다'이다. 한글 맞춤법 제40항 어간의 끝음절 '하'의 'ㅏ'가 줄고 'ㅎ'이 다음 음절의 첫소리와 어울려 거센소리로 될 적에는 거센소리로 적는다. 예를 들면, '간편하게/간편케, 연구하도록/연구토록, 가하다/가타, 다정하다/다정타' 등이 있다. 그러므로 '가타부타'로 적어야 한다.

거센소리에 대하여 알아보겠다.

'거센소리'는 '숨이 거세게 나오는 파열음'이다. 국어의 'ㅊ', 'ㅋ', 'ㅌ', 'ㅍ' 따위가 있으며, '격음(激音), 기음(氣音), 유기음(有氣音)' 등으로 불리기도 한다.

54) 수철이가 어떤 말을 해도 '거북지/거북치' 않다.

'거북지'는 어간의 끝음절 '하'가 줄어든 대로 적어야 한다. '몸이 찌뿌드드하고 괴로워 움직임이 자연스럽지 못하거나 자유롭지 못하다.'라는 뜻이다.

한글 맞춤법 제40항 [붙임 2] 어간의 끝 음절 '하'가 아주 줄 적에는 준 대로 적는다. 예를 들면, '생각하건대/생각건대, 생각하다 못해/생각다 못해, 깨끗하지 않다/깨끗지 않다, 넉넉하지 않다/넉넉지 않다, 섭섭하지 않다/섭섭지 않다, 익숙하지 않다/익숙지 않다' 등이 있다. 그러므로 '거북지'로 적어야 한다.

보충 설명하면, 어간(語幹)의 끝 음절 '하' 전체가 줄어서 표면적으로는 전혀 나타나지 않는 경우에는 준 대로 적도록 하였다. '하' 전체가 줄 수 있는 경우는 '하' 앞의 자음이 'ㄱ, ㄷ, ㅂ'으로 발음되는 무성 자음(無聲子音, 성대(聲帶)가 진동하지 않고 나는 자음이다. 'ㄱ, ㄷ, ㅂ, ㅅ, ㅈ, ㅊ, ㅋ, ㅌ, ㅍ, ㅎ, ㄲ, ㄸ, ㅃ, ㅆ, ㅉ'이 있다.)인 경우이다.

55) 병수는 '하마터면/하마더면/하맣더면' 칼만 안 들었지 날강도가 따로 읍구먼, 이라고 거칠게 쏘아붙일 뻔했다. 그러나 글 말은 꾹 참으며 기도 안 찬다는 목소리로 말을 하고 나서 혀를 찼다.

– 한만수 『하루』

속담은 '남에게 피해를 주는 것이 강도나 다를 바 없다.'라는 뜻으로 빗대는 말이다.

'하마터면'은 '조금만 잘못하였더라면, 위험한 상황을 겨우 벗어났을 때 쓰는 말.'이라는 뜻이다.

한글 맞춤법 제40항 [붙임 3] 다음과 같은 부사는 소리대로 적는다. 예를 들면, '결단코, 결코, 기필코, 무심코, 하여튼, 요컨대, 정녕코, 필연코, 한사코' 등이 있다. 그러므로 '하마터면'으로 적어야 한다.

'결단코'는 '마음먹은 대로 반드시.'라는 뜻이다. '결코'는 '아니다', '없다', '못하다' 따위의 부정어와 함께 쓰여, '어떤 경우에도 절대로.'라는 뜻이다. '기필코'는 '반드시.'라는 뜻이다. '무심코'는 '아무런 뜻이나 생각이 없이.'라는 뜻이다. '하여튼'은 '아무튼.'의 뜻이다. '아무튼'은 '의견이나 일의 성질, 형편, 상태 따위가 어떻게 되어 있든.'이라는 뜻이다. '요컨대'는 '중요한 점을 말하자면.'의 뜻이다. '정녕코'는 '정녕(丁寧, 조금도 틀림없이 꼭, 또는 더 이를 데 없이 정말로.)'을 강조하여 이르는 말이다. '필연코'는 '필연(必然, 틀림없이 꼭.)'을 강조하여 이르는 말이다. '한사코(限死-)'는 '죽기로 기를 쓰고.'라는 뜻이다.

보충 설명하면, 어원적인 형태는 용언의 활용형으로 볼 수 있더라도 현실적으로 부사로 전성된 단어는 그 본 모양을 밝히지 않고 소리나는 대로 적는다. 예를 들면, '이토록, 그토록, 저토록, 열흘토록, 종일토록, 평생토록' 등이 있다.

'이토록'은 '이러한 정도로까지.'의 뜻이다. '그토록'은 '그러한 정도로까지나 그렇게까지.'를 뜻한다. '저토록'은 '저러한 정도로까지.'를 의미한다.

56) 종호는 강의를 끝내고 **'나가면서까지도/나가∨면서∨까지∨도/나가면서∨까지∨도/나가면서∨까지도'** 힘들어 했다.

'나가면서까지도'는 동사 '나가(다)', 부사격조사 '서', 보조사 '까지', 보조사 '도'로 분석할 수 있다. '나가다'는 '일정한 지역이나 공간의 범위와 관련하여 그 안에서 밖으로 이동하다.', '앞쪽으로 움직이다.' 등의 뜻이다. '면서'는 '두 가지 이상의 움직임이나 사태 따위가 동시에 겸하여 있음.'을 나타내는 연결 어미이다. '까지'는 '이미 어떤 것이 포함되고 그 위에 더함.'의 뜻을 나타내는 보조사이다. '도'는 '둘 이상의 대상이나 사태를 똑같이 아우름.'을 나타내는 보조사이다.

한글 맞춤법 제41항 조사는 그 앞말에 붙여 쓴다. 예를 들면, '꽃이, 꽃마저, 꽃밖에, 꽃에서부터, 꽃으로만, 꽃이나마, 꽃이다, 꽃입니다, 꽃처럼, 어디까지나, 거기도, 멀리는, 웃고만' 등이 있다. 그러므로 '나가면서까지도'로 붙여 써야 한다.

보충 설명하면, '조사(助詞)'는 품사의 하나이며, '체언이나 부사, 어미 등의 아래에 붙어, 그 말과 다른 말과의 문법적 관계를 나타내거나 또는 그 말의 뜻을 도와주는 단어'이다. '격 조사, 접속 조사, 보조사'로 크게 나뉜다. '관계사, 토씨'라고도 일컫는다.

'격 조사(格助詞)'는 '체언 또는 용언의 명사형 아래에 붙어, 그 말의 다른 말에 대한 자격을 나타내는 조사'이다. '주격 조사, 서술격 조사, 목적격 조사, 보격 조사, 관형격 조사, 부사격 조사, 독립격 조사' 따위가 있으며, '자리토씨'라고도 한다.

'접속 조사(接續助詞)'는 조사의 하나이며, '체언과 체언을 같은 자격으로 이어 주는 구실'을 한다. '이음토씨'라고도 불린다.

'보조사(補助詞)'는 '체언뿐 아니라 부사, 활용 어미 등에 붙어서, 그것에 어떤 특별한 의미를 더해 주는 조사'이다. 특정한 격(格)을 담당하지 않으며 문법적 기능보다는 의미를 담당한다. '도움토씨, 특수

조사'라고도 한다.

57) 충청북도는 **'청주에서부터입니다/에서부터∨입니다/에서∨부터 ∨입니다/에서∨부터입니다.'**

'에서부터입니다'는 부사격조사 '에서', 보조사 '부터', 서술격조사 '이다'의 활용 형태로 분석된다. '에서'는 '앞말이 행동이 이루어지고 있는 처소의 부사어임.'을 나타내는 격 조사이며, '앞말이 출발점의 뜻을 갖는 부사어임.'을 나타내는 격 조사이다. '부터'는 '어떤 일이나 상태 따위에 관련된 범위의 시작임.'을 나타내는 보조사이다. '입니다'는 '이다'의 활용 형태이며, '주어가 지시하는 대상의 속성이나 부류를 지정하는 뜻.'을 나타내는 서술격 조사이다. 주어의 속성이나 상태, 정체(正體)나 수효 따위를 밝히는 서술어를 만들거나, 어떤 주제에 대하여 문제가 되는 사실을 밝히는 서술어를 만드는 기능을 한다. 모음 뒤에서는 '다'로 줄어들기도 하는데 관형형이나 명사형으로 쓰일 때는 줄어들지 않는다. 학자에 따라서 '지정사'로 보기도 하고, '형용사'로 보기도 하며, '서술격 어미'로 보기도 하나, 현행 학교 문법에서는 서술격 조사로 본다.

한글 맞춤법 제41항 조사는 그 앞말에 붙여 쓴다. 예를 들면, '집에서처럼, 어디까지입니까, 들어가기는커녕, 아시다시피, 옵니다그려' 등이 있다. 그러므로 '청주에서부터입니다'로 붙여 써야 한다.

보충 설명하면, 한글 맞춤법에서는 조사(助詞)를 하나의 단어로 인정하고 있으므로 원칙적으로 띄어 써야 하지만 자립성이 없다는 점 등을 고려하여 붙여 쓰도록 한 것이다. 결국 제2항 '문장의 각 단어는 띄어 씀을 원칙으로 한다.'라는 규정과 어긋나게 된 셈인데, 제2항이 원칙이라고 한다면 제41항은 예외라고 할 수 있다.

문장에 대하여 알아보겠다.

'문장(文章)'은 '생각이나 감정을 말로 표현할 때 완결된 내용을 나타내는 최소의 단위'이다. 주어와 서술어를 갖추고 있는 것이 원칙이나 때로 이런 것이 생략될 수도 있다. 문장의 끝에 '.', '?', '!' 따위의 마침표를 찍는다. '철수는 몇 살이니?', '세 살.', '정말?' 따위이며, '문(文), 월, 통사(統辭)'라고도 한다.

'문장 성분(文章成分)'은 '한 문장을 구성하는 요소'이다. '주어, 서술어, 목적어, 보어, 관형어, 부사어, 독립어' 따위가 있으며, '월조각'이라고도 한다.

58) **토끼가 죽으면 여우가 '슬퍼하고/슬퍼∨하고'** 지초가 불에 타던 **난초가 슬퍼하는 것은, 유유상종 환난상구의 떳떳한 의리인데, 모처럼 여편네를 얻은 동무한테 잘살라고 축수는 못할망정 동무 목을 베자고 칼을 들고 뒤를 쫓다니, 그게 어디 장부의 도리요?**

– 송기숙 『녹두장군』

속담은 '같은 부류의 불행을 슬퍼한다.'라는 뜻으로 빗대는 말이다.

'하고'는 체언 뒤에 붙어, 둘 이상의 사물을 같은 자격으로 이어 주는 접속 조사이다. 그리고 체언 뒤에 붙어, '다른 것과 비교하거나 기준으로 삼는 대상임을 나타내는 격 조사.', '일 따위를 함께 함을 나타내는 격 조사.' 등으로 쓰인다. 그러므로 '슬퍼하고'로 붙여 써야 한다.

체언에 대하여 알아보겠다.

'체언(體言)'은 '문장에서 주어의 기능을 하는 문장 성분'이다. 명사, 대명사, 수사가 있으며, '몸말, 임자씨'라고도 한다.

'대명사(代名詞)'는 '사람이나 사물의 이름을 대신 나타내는 말'이며, 그런 말들을 지칭하는 품사이다. '인칭 대명사와 지시 대명사'로 나뉘는데, 인칭 대명사는 '저', '너', '우리', '너희', '자네', '누구' 따위이고, 지시 대명사는 '거기', '무엇', '그것', '이것', '저기' 따위이며, '대이름씨'라고도 한다.

'수사(數詞)'는 '사물의 수량이나 순서'를 나타내는 품사이다. '양수사와 서수사'가 있으며, '셈씨, 수 대명사, 수량 대명사'라고도 한다. '양수사(量數詞)'는 '수량을 셀 때 쓰는 수사'이다. 하나, 둘, 셋 따위이다. '기본 수사, 셈낱씨, 기수사, 원수사, 으뜸셈씨'라고도 한다. '서수사(序數詞)'는 '순서를 나타내는 수사'이다. 첫째, 둘째, 셋째 따위의 고유어 계통과 제일, 제이, 제삼 따위의 한자어 계통이 있으며, '셈매김씨, 순서수, 순서 수사, 차례셈씨'라고도 한다.

59) 이밖에도 송홍록의 창에 대한 일화는 많다. 그에 비해 그의 아우 송광록과 그의 질 송우룡은 훨씬 떨어지고 끝에 가서 그의 증손 송만갑이 그를 육박하여 근대에 이름을 떨쳤지만 역시 그에 **'댈∨바는/댈바는'** 못 되었으니 과연 **한 집안에 두 정승, 두 명창 나기 힘들다** 하는 말이 빈말은 아닌 듯 싶다.

– 박경수 『소리꾼들, 그 삶을 찾아서』

속담은 '한 집안에 대단한 인물이 여럿 나는 것은 쉽지 않다.'라는 뜻으로 빗대는 말이다.

'대다'는 동사이며, '정해진 시간에 닿거나 맞추다.', '어떤 것을 목표로 삼거나 향하다.' 등의 뜻이다. 'ㄹ'은 문장에서 용언의 어간에 붙어 관형사와 같은 기능을 수행하게 하는 어미이며, '–ㄴ', '–는', '–던', '–ㄹ' 따위가 있다. '바'는 '앞에서 말한 내용 그 자체나 일 따위를 나타내는 말.', '어미 '–을' 뒤에 쓰여, 일의 방법이나 방도.' 등의 뜻이다. '는'은 '어떤 대상이 다른 것과 대조됨을 나타내는 보조사.', '문장 속에서 어떤 대상이 화제임을 나타내는 보조사.'이다.

한글 맞춤법 제42항 의존 명사는 띄어 쓴다. 그러므로 '댈∨바는'으로 띄어 써야 한다.

보충 설명하면, '의존 명사(依存名詞)'는 '독립성이 없어 다른 말 아래에 기대어 쓰이는 명사'이다. 흔히 앞에 관형어가 온다. '매인이름씨, 불완전 명사, 형식 명사'라고도 한다.

'의존 명사'의 종류로는 '것, 나름, 나위, 녘, 노릇, 놈, 덧, 데, 등, 등등, 등속, 등지, 듯, 따름, 때문, 무렵, 바, 밖, 분, 뻔, 뻘, 뿐, 세, 손, 수, 이, 자(者), 적, 줄, 즈음, 지, 짝, 쪽, 참, 축, 치, 터, 품, 겸, 김, 대로, 딴, 만, 만큼, 바람, 빨, 성, 양(樣), 족족, 즉, 직, 차(次), 채, 체, 통…' 등이 있다.

의존 명사의 갈래를 알아보겠다.

① '보편성 의존 명사'는 관형어와 조사와의 통합에 있어 큰 제약을 받지 않으며, 의존적 성격 이외에는 자립 명사와 큰 차이가 없는 의존 명사로서 '것, 분, 이, 데, 바, 따위…' 등이 있다.

나는 그 이가 착한 사람이라는 것을 느꼈다./나도 생각하는 바가 있어.

우리나라에서 여행갈 만한 데를 찾아봐?/어제 찾아오셨던 분이지요?

② '주어성 의존 명사'는 주격 조사와 통합되어 주어로만 쓰이는 의존 명사로 '지, 수, 리, 나위' 등이 있는데, 구어체에서는 주격 조사가 흔히 생략된다.

고향을 떠난 지가 벌써 20년이 가까워 온다./그런 말을 할 리 없다./누구나 할 수 있는 일이다.

③ '서술어성 의존 명사'는 문장에서 서술어로만 쓰이는 의존 명사로서, '따름, 뿐, 터' 등이 있다.

오로지 최선을 다할 따름이다./하루 종일 그림만 그릴 뿐이다./그를 꼭 만나볼 터이다.

④ '부사성 의존 명사'는 부사격 조사와 통합되어 부사어로 쓰이는 의존 명사로 '대로, 만큼, 줄, 뻔' 등이 있다.

㉮ '대로, 만큼'은 보조사 '은/는'과 통합되기도 하나, 생략되는 일이 더 많다.

네가 시키는 대로(는) 못하겠다./먹을 만큼 먹었다.

㉯ '줄'은 도구 부사격 '로'와 통합되지만 목적격 조사와도 통합한다.

술은 마실 줄을 모릅니다./양보할 줄(을) 모른다.

㉰ '뻔, 체, 양, 듯, 만' 등은 '~하다'와 결합되어 동사, 형용사처럼 쓰이기도 한다.

비가 올 듯하다./기차를 놓칠 뻔하다./먹을 만하다.

⑤ '단위성 의존 명사'는 선행 명사의 수량 단위로만 쓰이는 의존 명사로 '자, 섬, 평, 원, 명, 번, 개, 말, 그루, 켤레' 등이 있다.
한 우리는 기와 몇 장인가요?/북어 한 쾌는 몇 마리입니까?

의존 명사의 구별은 아래와 같다.

① 의존 명사와 조사: '만큼, 대로, 뿐, 채, 만' 등은 용언의 관형사형 뒤에 오면 '의존 명사'이지만, 체언 뒤에 오면 '조사'로 취급하여 붙여 쓴다.

〈대로〉

아는 대로(의존 명사)/나는 나대로(조사)

〈만큼〉

먹을 만큼(의존 명사)/너만큼 나도 안다.(조사)

② '하다'가 붙을 수 있는 의존 명사: 뻔, 체, 양, 듯, 척

〈듯〉

씻은 듯 깨끗하다.(의존 명사)/구름에 달 가듯이(어미)/비가 올

듯하다.(형용사)

〈척(양, 체)〉

아는 척을 한다.(의존 명사)/아는 척한다.(동사)

③ 의존 명사와 접미사

〈이〉

좋은 일을 한 이(의존 명사)/지은이, 옮긴이(접미사)

④ 보통 명사로 쓰이는 의존 명사: 수량 단위 의존 명사

〈되〉

열 되를 한 말이라고 한다.(의존 명사)/되는 말보다 적다.(자립 명사)

그러나 '-간(間)'은 기간을 나타내는 일부 명사 뒤에 붙어, '동안'의 뜻을 더하는 접미사이며, '이틀간, 한 달간, 삼십 일간' 등이 있다. 몇몇 명사 뒤에 붙어, '장소'의 뜻을 더하는 접미사이며, ' 대장간, 외양간' 등이 있다.

60) 처음부터 이쪽에서 그렇게 농간을 부리기로 작정한 일이 아닐 바에는, 건물에 취해서 자기야 말똥을 '밤알같이/밤알∨같이' 알고 주워 담든지 말든지, 북단 거둥에 망아지가 떨군 말똥 괘념까지가 당할 소리냐는 배짱이 섰기 때문이었다.

– 송기숙『자랏골의 비가』

속담은 '굶주린 사람은 무엇이나 다 먹을 것으로 보인다.'라는 뜻으로 빗대는 말이다.

'같이'는 체언 뒤에 붙어, '앞말이 보이는 전형적인 어떤 특징처럼'의 뜻을 나타내는 격 조사이다. 그러므로 '밤알같이'로 붙여 써야 한다.

그러나 '같이'는 부사로도 쓰인다. 주로 격 조사 '과'나 여럿임을 뜻하는 말 뒤에 쓰여, '둘 이상의 사람이나 사물이 함께.', '어떤 상황이나 행동 따위와 다름이 없이.' 등의 뜻이다. 예를 들면, '예상한 바와 같이 주가가 크게 떨어졌다.', '선생님이 하는 것과 같이 하세요.', '예상한 바와 같이 주가가 크게 떨어졌다.' 등이 있다.

61) 충남은 달놀이에서 돌아온 친구들이 와작 떠들어대는 소리를 어렴풋이 들으며 코를 베어가도 '모를∨만큼/모를만큼' 깊은 잠에 곯아 떨어지고 말았다.

– 홍석중 『황진이』

속담은 '어떤 짓을 해도 정신을 못차릴 만큼 깊이 빠졌다.'라는 뜻으로 빗대는 말이다.

'만큼'은 '주로 어미 '-은, -는, -을' 뒤에 쓰여, 앞의 내용에 상당하는 수량이나 정도임을 나타내는 말이다.', '주로 어미 '-은, -는, -던' 뒤에 쓰여, 뒤에 나오는 내용의 원인이나 근거가 됨을 나타내는 말.' 등의 뜻이다. '모르다'는 동사이며, '사람이나 사물 따위를 알거나 이해하지 못하다.', '사실을 알지 못하다.' 등의 뜻이다. 그러므로 '모를∨만큼'으로 띄어 써야 한다.

그러나 '만큼'은 조사로도 쓰인다. 체언이나 조사의 바로 뒤에 붙어, '앞말과 비슷한 정도나 한도임을 나타내는 격 조사'이며, '만치'와 같다. 예를 들면, '집을 대궐만큼 크게 짓다.', '명주는 무명만큼 질기지 못하다.', '나도 당신만큼은 할 수 있다.' 등이 있다.

62) "앞으론 우리 군수님 말씀 무조건 복종해야 되어. 누가 알어 또? 이 담에 크게 되시면 덕 볼는지." "암. 나무는 큰 나무 덕을 못

봐도 사람은 큰 사람 덕을 본댔어. 그러니께로 우리 군수님 **'시키시는∨대로/시키시는대로'** 해야 되어."

– 강준희 『쌍놈열전』

속담은 '세도 있는 사람이 있으면 주위 사람들은 작은 덕이라도 보게 된다.'라는 뜻으로 빗대는 말이다.

'대로'는 의존 명사이며, '어떤 모양이나 상태와 같이.', '어미 '-는' 뒤에 쓰여, 어떤 상태나 행동이 나타나는 그 즉시.', '어미 '-는' 뒤에 쓰여, 어떤 상태나 행동이 나타나는 족족.', '대로'를 사이에 두고 같은 용언이 반복되어, '-을 대로' 구성으로 쓰여, 어떤 상태가 매우 심하다는 뜻을 나타내는 말이다. 그러므로 '시키시는∨대로'로 띄어 써야 한다.

그러나 '대로'는 조사로도 쓰인다. 체언 뒤에 붙어, '앞에 오는 말에 근거하거나 달라짐이 없음을 나타내는 보조사.', '따로따로 구별됨을 나타내는 보조사.' 등으로 쓰인다. 예를 들면, '큰 것은 큰 것대로 따로 모아 두다.', '너는 너대로 나는 나대로 서로 상관 말고 살자.' 등이 있다.

63) 형 대신 입대하라는 것이다. **'제대한∨지/제대한지'** 닷새, 미처 숨도 제대로 돌리지 못한 현호에게 이건 **간밤의 홍두깨였다.**

– 송기숙 『대리복무』

속담은 '너무 갑작스럽게 당한 일.'이라는 뜻으로 빗대어 이르는 말이다.

'지'는 '어떤 일이 있었던 때로부터 지금까지의 동안.'을 나타내는 말이며, 의존 명사이다. 예를 들면, '그를 만난 지도 꽤 오래되었다.',

'집을 떠나온 지 어언 3년이 지났다.' 등이 있다. 그러므로 '제대한∨지'로 붙여 써야 한다.

그러나 '지'는 '그 움직임이나 상태를 부정하거나 금지.'하려 할 때 쓰이는 연결 어미이며, '않다', '못하다', '말다' 따위가 뒤따른다. 예를 들면, '먹지 아니하다.', '가지 마라.', '쓰레기를 버리지 마시오.' 등이 있다.

64) **"밥알 하나를 씹어보면 솥 안의 밥이 익었는지 설었는지 '알∨수 /알수' 있는 게다.** 그저 사내의 인끔을 달아보는 연사질에는 계집이라는 미끼만큼 적절한 것이 없어.……"

– 홍석중 『황진이』

속담은 '아주 작은 부분만 가지고도 전체를 알 수 있다.'라는 뜻으로 빗대는 말이다.

'수'는 어미 '-은', '-는', '-을' 뒤에 쓰여, 주로 '있다', '없다' 따위와 함께 쓰이며, '어떤 일을 할 만한 능력이나 어떤 일이 일어날 가능성.'을 뜻하는 의존 명사이다.

그러므로 '알∨수'로 띄어 써야 한다. 예를 들면, '모험을 하다 보면 죽는 수도 있다.', '살다 보면 그럴 수도 있지.', '지금은 때를 기다리는 수밖에 없다.' 등이 있다.

65) **"작은 돌이 큰 머리 '까는∨줄/까는줄' 모르고** 리조정략을 괄세했다가 화를 입은 사람들이 력사에 한둘 아닌 까닭에 정량의 품계는 비록 정 5품에 불과하나……."

– 홍석중 『황진이』

속담은 '하찮게 여긴 것에 큰 망신을 당한다.'라는 뜻으로 빗대는 말이다.

'줄'은 '어떤 방법, 셈속 따위를 나타내는 말'이며, 의존 명사이다. 예를 들면, '그가 나를 속일 줄은 꿈에도 생각하지 못했다.', '그가 공부를 잘하는 줄은 알았지만 전체 일 등인 줄은 몰랐다.' 등이 있다.

'까다'는 '치거나 때려서 상처를 내다.', '남의 결함을 들추어 비난하다.' 등의 뜻이며, 동사이다. 그러므로 '까는∨줄'로 띄어 써야 한다.

66) **성태형한테 한판 당하고 나니까, 정말이지 고향이고 나발이고 보이는 게 없더군요. 칼잡이하고 가위잡이 사위 삼지 말라는 말 '나올만한/나올만한' 겁니다. 하루 종일 주방에서 고기나 다지는 주방장 칼잡이나 종일 천이나 오려대는 재단사 가위잡이나 다 마찬가집니다.**

– 한수산 『달』

속담은 '직업이 사람의 성품을 만든다는 말로, 칼잡이나 가위잡이는 성미가 순하지 않거나 가난하게 산다.'라는 뜻으로 빗대는 말이다.

'만'은 의존 명사이며, '앞말이 뜻하는 동작이나 행동에 타당한 이유가 있음을 나타내는 말.', '앞말이 뜻하는 동작이나 행동이 가능함을 나타내는 말.' 등의 뜻이다. 그러므로 '나올∨만한'으로 띄어 써야 한다.

동사 '나오다', 관형사형 'ㄹ', 의존 명사 '만'으로 분석 할 수 있다. '하다'는 몇몇 의존 명사 뒤에 붙어, 동사나 형용사를 만드는 접미사이다.

그러나 '만'은 조사이다. '다른 것으로부터 제한하여 어느 것을 한정함을 나타내는 보조사.', '무엇을 강조하는 뜻을 나타내는 보조사.', '화자가 기대하는 마지막 선을 나타내는 보조사.', '하다', '못하다'와 함께 쓰여, '앞말이 나타내는 대상이나 내용 정도에 달함을 나타내는 보조사.' 등으로 쓰인다. 예를 들면, '아내는 웃기만 할 뿐 아무 말이 없다.', '하루 종일 잠만 잤더니 머리가 띵했다.' 등이 있다.

67) 박갑동은 고민 끝에 이 편지를 김상룡 앞에 내놓았다. 일선 일꾼들의 고민을 알아달라는 뜻도 있고, 앞으로의 전술을 짜는 데에서 다소의 참고가 되지 않을까 해서였다. 김상룡은 그 편지를 주의깊게 읽고 있더니 "이 사람은 **나무만 보고 숲을 볼 줄 모르는군.**" **'했을∨뿐이었다/했을뿐이었다.'**

– 이병주『남로당』

속담은 '작은 것만 볼 줄 알고 큰 것을 보지 못한다.'라는 뜻으로 빗대는 말이다.

'뿐'은 의존 명사이며, '어미 "-을' 뒤에 쓰여, 다만 어떠하거나 어찌할 따름이라는 뜻을 나타내는 말.', '-다 뿐이지' 구성으로 쓰여, 오직 그렇게 하거나 그러하다는 것을 나타내는 말.' 등의 뜻이다. 그러므로 '했을∨뿐이었다'로 띄어 써야 한다.

그러나 '뿐'은 조사로도 쓰인다. 체언이나 부사어 뒤에 붙어, '그것만이고 더는 없음.' 또는 '오직 그렇게 하거나 그러하다는 것.'을 나타내는 보조사이다. 예를 들면, '그 아이는 학교에서뿐만 아니라 집에서도 말썽꾸러기였다.', '그는 가족들에게뿐만 아니라 이웃들에게도 언제나 웃는 얼굴로 대했다.' 등이 있다.

68) 민영숙은 오로지 민가지스러기라는 떠세 하나로 분수없이 설쳐대는 뒤틈바리라 사리 분별은 깜깜하기가 절간 굴뚝이었다. 생긴 것부터가 **바람받이 탱자처럼** 어디 밥풀 한낱 **'붙을∨데가/붙을데가'** 없는 좀스런 쥐상이었다.

– 송기숙『녹두장군』

속담은 '무엇인가의 생김새가 아주 초라하다.'라는 뜻으로 비유하는 말이다.

'데'는 의존 명사이며, '곳'이나 '장소'의 뜻을 나타내는 말.', '일'이나 '것'의 뜻을 나타내는 말.', '경우'의 뜻을 나타내는 말.' 등의 뜻이다. 그러므로 '붙을∨데가'로 띄어 써야 한다.

'-는데'는 '있다', '없다', '계시다'의 어간, 동사 어간 또는 어미 '-으시-', '-었-', '-겠-' 뒤에 붙어, '뒤 절에서 어떤 일을 설명하거나 묻거나 시키거나 제안하기 위하여 그 대상과 상관되는 상황을 미리 말할 때'에 쓰는 연결 어미이다. 예를 들면, '내가 텔레비전을 보고 있는데 전화벨이 울렸다.'가 있다.

69) 그러나 그 후 '두∨달여가/두∨달∨여가' 지났으나 광교산 숙부에게서는 아무런 소식도 기별도 없다. 나라의 운세가 바람 앞에 등불 같은 요즘이라 숙부가 아직까지도 광교산 영은사에 그대로 눌러 있을 것 같지는 않았다.

– 홍성원『먼동』

속담은 '큰 세력 앞에 아주 하찮은 것.'이라는 뜻으로 빗대는 말이다.

'여(餘)'는 수량을 나타내는 말 뒤에 붙어, '그 수를 넘음'의 뜻을 더하는 접미사이다. 한글 맞춤법 제43항 단위를 나타내는 명사는 띄어 쓴다. 예를 들면, '개, 대, 돈, 마리, 벌, 살, 손, 죽, 채, 쾌' 등이 있다. '년'은 해를 세는 단위이다. 예를 들면, '견우와 직녀는 일 년에 한 번밖에 못 만난다.', '고향을 떠난 지 팔 년이 지났다.' 등이 있다. 그러므로 '두∨달여가'로 붙여 써야 한다.

단위를 나타내는 의존 명사에 대하여 알아보겠다.

강다리 : 쪼갠 장작의 100개비.

거리 : 가지, 오이 50개나 반 접.

고리 : 소주 열(10) 사발을 한 단위로 일컫는 말.

꾸러미 : 짚으로 길게 묶어 사이사이를 동여 맨 달걀 10개의 단위.

동 : '묶음'을 세는 단위(붓은 10자루, 생강은 10접, 백지 100권, 볏짚 100단, 땅 100뭇 등).

두름 : 물고기나 나물을 짚으로 두 줄로 엮은 것이나 한 줄에 10마리씩 모두 20마리.

뭇 : 장작, 채소 따위의 작은 묶음(단)이나 물고기 10마리.

손 : 조기, 고등어 따위 생선 2마리, 배추는 2통, 미나리, 파 따위는 한 줌.

쌈 : 바늘 24개나 금 100냥쭝.

연 : 종이 전지 500장.

우리 : 기와를 세는 단위(기와 2000장은 1우리).

접 : 감, 마늘 100개.

제 : 한방약 20첩.

죽 : 버선이나 그릇 등의 10벌을 한 단위로 말하는 것(짚신 한 죽).

첩 : 한방약 1봉지.

촉 : 난초(蘭草)의 포기 수를 세는 단위.

쾌 : 북어 스무(20) 마리를 한 단위로 세는 말.

태 : 나무꼬챙이에 꿰어 말린 명태 20마리.

톳 : 김 40장 또는 100장을 한 묶음으로 묶은 덩이.

70) 2011년에는 **'17∨일간/17∨일∨간'** 눈이 내렸다.

'일(日)'은 의존 명사이다. 한자어 수 뒤에 쓰여, '날을 세는 단위'이다. '간(間)'은 기간을 나타내는 일부 명사 뒤에 붙어, '동안'의 뜻을 더하는 접미사이다. 예를 들면, '이틀간, 한 달간, 삼십 일간' 등이 있다. 그러므로 '17∨일간'으로 붙여 써야 한다.

또한, 몇몇 명사 뒤에 붙어, '장소'의 뜻을 더하는 접미사이며, '대장간, 외양간' 등이 있다.

71) 민 선생이 거짓말을 하고 있는 것이라면 그것은 사람이 **처지가 궁한 때일수록 귀가 얇아 진다**는 것을 노리는, 사기의 **'제일장/제일∨장/제∨일장/제∨일∨장'** 제일절에 해당되는 것이다.

– 양선규 『그해 겨울의 동업』

속담은 '아주 궁한 처지에 몰린 사람은 남의 말에 잘 현혹된다.'라는 뜻으로 빗대는 말이다.

'제(第)'는 대다수 한자어 수사 앞에 붙어, '그 숫자에 해당되는 차례'의 뜻을 더하는 접두사이다.

한글 맞춤법 제43항 다만, 순서를 나타내는 경우나 숫자와 어울리어 쓰이는 경우에는 붙여 쓸 수 있다. 예를 들면, '두시 삼십분 오초, 제일과, 삼학년, 육층, 1446년 10월 9일, 2대대, 16동 502호, 제1어학실습실, 80원, 10개, 7미터' 등이 있다. 그러므로 '제일∨장/제일장'으로 쓸 수 있다.

보충 설명하면, 수 관형사(數冠形詞) 뒤에 의존 명사가 붙어서 차례를 나타내는 경우나, 의존 명사가 아라비아 숫자 뒤에 붙는 경우는 붙여 쓸 수 있도록 하였다. 예를 들면, '제삼 장→제삼장, 제칠 항→제칠항' 등이 있다.

'제-'가 생략된 경우라도 차례를 나타내는 말일 때에는 붙여 쓸 수 있다. 예를 들면, '제이십칠 대→이십칠대, (제)오십팔 회→오십팔회' 등이 있다.

다만, 수효를 나타내는 '개년, 개월, 일(간), 시간' 등은 붙여 쓰지 않는다. 예를 들면, '삼 (개)년, 육 개월, 이십 일(간)' 등이 있다.

그러나 아라비아 숫자 뒤에 붙는 의존 명사는 붙여 쓸 수 있다. 예를 들면, '35원, 70관, 42마일' 등이 있다.

접미사 여(餘)가 들어가면 '년간, 분간, 초간, 일간'의 '간'은 윗말에서 띄어 쓴다. 예를 들면, '10여 일간, 36여 년간' 등이 있다.

72) **'아이는 죽어도 자라 설치는 했다'**든지, **"초가삼간 다 타도 빈대 죽어 좋다'는 '것∨등이/것등이'** 그것이다. **학질을 떼고 자라 설치를 하고 빈대잡는 것에 어느 누구도 통돼해 하지 않을 사람은 없지만, …….**"

– 이규태 『삼년 학질에 벼랑 떼밀이』

속담에서 '자라'란 비장이 부어 배어 자라 같은 것이 생기는 병'을 일컫는다. 또한 '설치(雪恥)'란 설욕이란 말과 같은 뜻이다. 따라서 '큰 손해가 난 것은 생각하지 않고, 사소한 화풀이에 만족하는 어리석은 사람'을 두고 빗대는 말이다.

'등(等)'은 둘 이상의 대상이나 사실을 나열한 뒤, 예(例)가 그와 같은 대상이나 사실을 포함하여 그 외에도 더 있거나 있을 수 있음을 나타내는 말이며, 일반적으로 둘 이상의 체언을 나열한 다음이나 용언의 관형형 어미 '–ㄴ/–는' 다음에 쓰이나, 때로 한 개의 체언 뒤에 쓰이기도 한다.

한글 맞춤법 제45항 두 말을 이어 주거나 열거할 적에 쓰이는 다음의 말들은 띄어 쓴다. 예를 들면, '겸, 대, 등, 및, 등등, 등속, 등지' 등이 있다. 그러므로 '것∨등이'로 띄어 써야 한다.

보충 설명하면, '겸(兼)'은 두 명사 사이에, 또는 어미 '–ㄹ/–을' 아래 붙어 한 가지 외에 또 다른 것이 아울림을 나타내는 말이다.

'대(對)'는 사물과 사물의 대비나 대립을 나타낼 때 쓰는 말이며, 두 짝이 합하여 한 벌이 되는 물건을 세는 단위이다. '및'은 '그 밖에도 또', '–와/–과 또'처럼 풀이되는 접속부사이다.

'등등(等等)'은 둘 이상의 대상을 나열한 뒤, 예(例)가 앞에 든 것 외에도 더 있음을 강조하여 이르는 말이다. '등속(等屬)'은 둘 이상의 사물이 나열된 다음에 쓰여 '그것을 포함한 여러 대상'의 뜻을 나타내는 말이다. '등지(等地)'는 둘 이상의 지명이 나열된 다음에 쓰여 '그 곳을 포함한 여러 곳'의 뜻을 나타내는 말이다.

73) 시민들은 '좀∨더∨큰∨집/좀더∨큰집'에 살았으면 하는 것이 바람이다.

'좀∨더∨큰∨집'은 '좀+더+큰+집'으로 분석한다. '좀'은 부사이고, '부탁이나 동의를 구할 때 말을 부드럽게 하기 위하여 삽입'하는 말이다. '더'는 부사이고, '계속하여, 또는 그 위에 보태어.', '어떤 기준보다 정도가 심하게, 또는 그 이상으로.'의 뜻이다. '크다'는 형용사이고, '사람이나 사물의 외형적 길이, 넓이, 높이, 부피 따위가 보통 정도를 넘다.'라는 뜻이며, '집'은 명사이다.

한글 맞춤법 제46항 단음절로 된 단어가 연이어 나타날 적에는 붙여 쓸 수 있다. 예를 들면, '그때 그곳, 좀더 큰것, 한잎 두잎' 등이 있다. 그러므로 '좀∨더∨큰∨집/좀더∨큰집'으로 띄어 쓰는 것이 원칙이고, 허용도 된다.

보충 설명하면, 단음절(單音節)로 된 단어가 연이어 나타나는 경우에 적절히 붙여 쓰는 것을 허용하는 규정이다. 단음절이면서 관형어나 부사인 경우라도 관형어와 관형어, 부사와 관형어는 원칙적으로 띄어 쓰며, 부사와 부사가 연결되는 경우에도 의미적 유형이 다른 단어끼리는 붙여 쓰지 않는 것이 원칙이다.

74) 그러잖아도 김병연은 철이 들어가면서 자기가문의 내력을 어머니에게 여러 차례 물어 본 적이 있었다. 그러면 어머니는 언제나 판에

'박은 듯하다/박은듯하다' 이렇게 대답해 주었다. "우리 가문이 양반 가문임에는 틀림이 없다.……."

– 정비석 『소설 김삿갓』

속담은 '어떤 모습이 서로 간에 똑같다.'는 뜻으로 빗대는 말이다.

'박은 듯하다/박은듯하다' 띄어 씀을 원칙으로 하고 붙여 쓰는 것도 허용한다. 한글 맞춤법 제47항 보조 용언은 띄어 씀을 원칙으로 하되, 경우에 따라 붙여 씀도 허용한다. 예를 들면, '불이 꺼져 간다/불이 꺼져간다, 내 힘으로 막아 낸다/내 힘으로 막아낸다, 어머니를 도와 드린다/어머니를 도와드린다' 등이 있다. 그러므로 '박은∨듯하다/박은듯하다'로 띄어 쓰는 것이 원칙이고 붙여 쓸 수 있다.

보조 용언에 대하여 알아보겠다.

'보조 용언(補助用言)'은 '본용언과 연결되어 그것의 뜻을 보충하는 역할'을 하는 용언이다. '보조 동사, 보조 형용사'가 있다. '가지고 싶다'의 '싶다', '먹어 보다'의 '보다' 따위이며, '도움풀이씨'라고도 한다.

'보조 동사(補助動詞)'는 '본동사와 연결되어 그 풀이를 보조하는 동사'이다. '감상을 적어 두다.'의 '두다', '그는 학교에 가 보았다.'의 '보다' 따위이며, '도움움직씨, 조동사'라고도 한다.

'보조 형용사(補助形容詞)'는 '본용언과 연결되어 의미를 보충하는 역할'을 하는 형용사이다. '먹고 싶다'의 '싶다', '예쁘지 아니하다'의 '아니하다' 따위이며, '도움그림씨, 의존 형용사'라고도 한다.

'본용언(本用言)'은 '문장의 주체를 주되게 서술하면서 보조 용언의 도움을 받는 용언'이다. '나는 사과를 먹어 버렸다.', '그는 잠을 자고 싶다.'에서 '먹다', '자다' 따위이다.

75) 하늘을 보니 오후에는 비가 **'올∨듯도∨싶다/올∨듯도싶다.'**

'올∨듯도∨싶다'는 '올+듯도+싶다'로 분석된다. 한글 맞춤법 제47항 다만, 앞말에 조사가 붙거나 앞말이 합성 동사인 경우, 그리고 중간에 조사가 들어갈 적에는 그 뒤에 오는 보조 용언은 띄어 쓴다. 예를 들면, '잘도 놀아만 나는구나!', '책을 읽어도 보고…….', '그가 올 듯도 하다.', '잘난 체를 한다.' 등이 있다. 그러므로 '올∨듯도∨싶다'로 띄어 써야 한다.

보충 설명하면, 다만, 의존 명사(依存名詞) 뒤에 조사가 붙거나 앞 단어가 합성 동사인 경우는(보조 용언을) 붙여 쓰지 않는다. 조사가 개입되는 경우는 두 단어(본용언과 의존 명사) 사이의 의미적, 기능적 구분이 분명하게 드러날 뿐 아니라, 한글 맞춤법 제42항 규정과도 연관되므로 붙여 쓰지 않도록 한 것이다. 또, 본용언이 합성어인 경우는 '덤벼들어보아라, 떠내려가버렸다'처럼 길어지는 것을 피하기 위하여 띄어 쓰도록 한 것이다.

복합 동사에 대하여 알아보겠다.

'복합 동사(複合動詞)'는 '둘 이상의 말이 결합된 동사'이다. '본받다', '앞서다', '들어가다', '가로막다' 따위가 있으며, '겹움직씨, 합성 동사'라고도 한다.

76) 귀신은 경문에 막히고 사람은 인정에 막힌다지만 **'유명자∨씨만은/유명자씨만은'** 아무것에도 막히는 게 없었다. 약석이 무효였다. **자갈을 솥에 넣고 삶고 또 삶고 하는 거**나 마찬가지였다. 절대로 익지 않았다. – 김학철 『격정시대』

속담은 '어떤 사람을 생각대로 끌어들이거나 설득할 수 없다.'라는 뜻으로 비유하는 말이다.

'씨(氏)'는 '성과 이름 뒤에 붙는 호칭어'이기에 띄어 써야 하는 것이다. '씨(氏)'는 성년이 된 사람의 성이나 성명, 이름 아래에 쓰여, '그 사람을 높이거나 대접하여 부르거나 이르는 말'이다. 그리고 공식적, 사무적인 자리나 다수의 독자를 대상으로 하는 글에서가 아닌 한 윗사람에게는 쓰기 어려운 말로, 대체로 '동료나 아랫사람'에게 쓴다.

한글 맞춤법 제48항 성과 이름, 성과 호 등은 붙여 쓰고, 이에 덧붙는 호칭어, 관직명 등은 띄어 쓴다. 예를 들면, '황경수(黃慶洙), 서화담(徐花潭), 민철기 씨, 송재관 선생, 박종호 박사, 충무공 이순신 장군' 등이 있다. 그러므로 '유명자∨씨'로 띄어 써야 한다.

보충 설명하면, '성(姓)'은 '출생의 계통을 나타내는, 겨레붙이의 칭호'이다. 곧, '김(金), 박(朴), 이(李)' 등이며, 높임말은 '성씨'이다. '이름'은 어떤 사람을 부르거나 가리키기 위해 고유하게 지은 말을 성(姓)과 합쳐서 이르는 말이다. '성명(姓名)'이라고도 한다. 높임말은 '성함(姓銜), 존함(尊銜), 함자(銜字)' 등이 있다.

'호(號)'는 '본명이나 자(字) 대신에 부르는 이름'이다. 흔히, 자기의 거처, 취향, 인생관 등을 반영하여 짓는다. 오늘날에는 저명한 인사나 문필가, 예술가 등이 일부 사용하고 있는 정도이며, '당호, 별호' 등이 있다. '당호(堂號)'는 '당우(堂宇)의 호'이다. 집의 이름에서 따온 그 주인의 호이다. '별호(別號)'는 '사람의 외모나 성격 등의 특징을 나타내어 본명 대신에 부르는 이름'이다. '별명, 닉네임'이라고도 한다.

'아호(雅號)'는 '문인, 예술가 등의 호(號)나 별호(別號)를 높여 이르는 말'이다. '호칭어(呼稱語)'는 '어떤 대상을 직접 부를 때 쓰는 말'이다. '관직명(官職名)'은 '관리가 국가로부터 위임받은 일정한 범위의 직무'이다.

77) 속담에 이르기를, **'자식을 아는 것은 어미 같은 이가 없다.'**고 하였으니, 신 등은 원컨대, **'유∨씨/유씨'**에게 물어 그 사실을 변명하고 그 이름을 바루며, 또 박종주에게 불노를 데리고 서울에 온 뜻을 물어서, – 『조선왕조실록(세종)』

속담은 '자식의 됨됨이에 대해서는 제 부모가 가장 잘 알게 마련.'이라는 뜻으로 이르는 말이다.

'씨'는 의존 명사이다. '씨(氏)'는 '성년이 된 사람의 성 아래에 쓰여, 그 사람을 높이거나 대접하여 부르거나 이르는 말'이다. 예를 들면, '김 씨, 길동 씨, 홍길동 씨' 등이 있다. 그러므로 '유∨씨'로 띄어 써야 한다.

78) 금방 **'이씨∨조선/이∨씨∨조선'**이 망하고 손화중이가 임금 자리에라도 올라앉을 것같이 세상 사람들을 들떠버리고 말았다. 다투어 동학에 입도하는가 하면 동학도들을 만나면 **차첩받은 외삼촌 대하듯** 했다. – 송기숙 『녹두장군』

속담에서 '차첩(差帖)'이란 하급 아전을 임명하던 사령장이다. '매우 살갑게 군다.'라는 뜻으로 빗대는 말이다.

'씨'는 인명(人名)에서 성을 나타내는 명사 뒤에 붙어, '그 성씨 자체', '그 성씨의 가문이나 문중'의 뜻을 더하는 접미사이다. 예를 들면, '김씨, 이씨, 박씨 부인' 등이 있다. 그러므로 '이씨'는 붙여 써야 한다.

다만, 성과 이름, 성과 호를 분명히 구분할 필요가 있을 경우에는 띄어 쓸 수 있다. 예를 들면, '남궁억/남궁 억, 독고준/독고 준, 황보지봉(皇甫芝峰)/황보 지봉' 등이 있다.

우리 한자음으로 적는 중국 인명의 경우도 본 항 규정이 적용된다. 예를 들면, '소정방, 이세민, 장개석' 등이 있다.

또한, 이름에 접미사 '전(傳)'이 붙어 책 이름이 될 때에는 붙여 쓴다. 다만, 이름 앞에 꾸미는 말이 올 때에는 '전'을 띄어 쓴다. 예를 들면, '홍길동전, 심청전, 유관순전/순국 소녀 유관순 전' 등이 있다.

79) **"가까운 데 집은 깎이고 먼 데 절은 비친다."는 늘 '가까이/가까히' 보면 뛰어남이 드러나지 않고, 오히려 먼 곳의 것이 좋아 보이기 쉬운 사실을 일깨운다.**

– 김광언 『한국의 집지킴이』

속담은 '가까운 데 있는 것은 흠이 많이 보이지만, 먼 데 있는 것은 좋게만 보인다.'라는 뜻으로 빗대는 말이다.

'가깝다'는 '어느 한 곳에서 다른 곳까지의 거리가 짧다.', '서로의 사이가 다정하고 친하다.'라는 뜻이다. '가까이'는 'ㅂ' 불규칙 용언의 어간 뒤에 결합하는 것이므로 '-이'로 써야 하는 것이다. 예를 들면, '가벼이, 괴로이, 너그러이, 즐거이' 등이 있다.

한글 맞춤법 제51항 부사의 끝음절이 분명히 '이'로만 나는 것은 '-이'로 적고, '히'로만 나거나 '이'나 '히'로 나는 것은 '히-'로 적는다. '이'로만 나는 것으로는 '가붓이, 깨끗이, 나붓이, 느긋이, 둥긋이, 따뜻이, 반듯이, 버젓이, 산뜻이, 의젓이, 고이, 날카로이, 대수로이, 번거로이, 많이, 적이, 헛되이, 겹겹이, 번번이, 일일이, 집집이, 틈틈이' 등이 있다. 그러므로 '가까이'로 적어야 한다.

보충 설명하면, 첫째, 첩어 또는 준첩어인 명사 뒤에 결합하는 것으로는 '간간이, 겹겹이, 곳곳이, 길길이, 나날이, 다달이, 땀땀이' 등이 있다. 둘째, 'ㅅ' 받침 뒤에 결합하는 것으로는 '나긋나긋이, 번듯이, 지긋이' 등이 있다. 셋째, '-하다'가 붙지 않는 용언 어간 뒤에 오는 것으로 '같이, 굳이, 많이, 실없이' 등이 있다. 넷째, 부사 뒤에 오는 것으로 '곰곰이, 더욱이, 생긋이, 오뚝이, 일찍이' 등이 있다.

80) **"'시월/십월'** 도지(돌풍)는 호랑이보다도 무섭고, 비 한방울에 바람이 석 섬이란다. 바람이 너무 심하다 싶으면 나가지 말아라. 매사는 한사코 **가오리 코에 닻을 놓듯이** 안전하고 탄탄하게 해야 쓰는 법이다. 알 것냐?" – 한승원 『해변의 길손』

속담은 배를 정박시킬 때는 바다 밑이 평탄한 곳에 닻을 놓아야 한다. 그러기 위해서는 가오리 코에 닻을 놓듯이, '어떤 일이든 아주 조심스럽게 일을 해야 한다.'라는 뜻으로 빗대는 말이다.

'시월(十月)'은 속음으로 나는 것이다. 한글 맞춤법 제52항 한자어에서 본음으로도 나고 속음으로도 나는 것은 각각 그 소리에 따라 적는다. 속음으로 나는 것으로는 '수락(受諾), 쾌락(快諾), 허락(許諾), 곤란(困難), 논란(論難), 의령(宜寧), 회령(會寧)' 등이 있다. 그러므로 '시월'로 적어야 한다.

보충 설명하면, '속음'은 세속에서 널리 사용되는 익은 소리이므로, 속음으로 된 발음 형태를 표준어로 삼게 되며, 따라서 맞춤법에서도 속음에 따라 적게 된다. 표의 문자(表意文字)인 한자는 하나하나가 어휘 형태소의 성격을 띠고 있다는 점에서 본음 형태와 속음 형태는 동일 형태소의 이형태인 것이다.

81) 사월 **'초파일/초팔일'**은 불공을 드려야 한다.

한글 맞춤법 제52항 한자어에서 본음으로도 나고 속음으로도 나는 것은 각각 그 소리에 따라 적는다. 그러므로 '초파일(初八日)'로 적어야 한다.

그러나 본음으로 나는 것으로는 '승낙(承諾), 만난(萬難), 안녕(安寧)' 등이 있다.

82) **낚시로 안 잡히고 고기 작살로 '잡힐까?/잡힐가?'** 미쓰 조는 **네 놈의 심보를 물 속 들여다 보듯 훤히 들여다 보고 네 놈 대가리 위에 앉아 있다. 네 놈은 그것도 모르고 일금 5백 만 원짜리 자기앞 수표로 미쓰 조를 꾀었다.** — 강준희 『쌍놈열전』

속담은 '미끼로 꾀어서도 안 되는 일이 강제로 되겠느냐.'라는 뜻으로 빗대는 말이다.

'-을까?'는 '의문을 나타내는 어미'이기에 된소리로 적어야 한다. 예를 들면, '이 나무에 꽃이 피면 얼마나 예쁠까?', '방울이란 나무에서 꽃이 피면 얼마나 예쁠까?' 등이 있다.

한글 맞춤법 제53항 다음과 같은 어미는 예사소리로 적는다. 다만, 의문을 나타내는 다음 어미들은 된소리로 적는다. 예를 들면, '-(으)ㄹ꼬?, -(스)ㅂ니까?, -(으)리까?, -(으)ㄹ쏘냐?' 등이 있다. 그러므로 '잡힐까?'로 적어야 한다.

'-(으)ㄹ꼬?'는 해라할 자리에 쓰여, 현재 정해지지 않은 일에 대하여 '자기나 상대편의 의사'를 묻는 종결 어미이다. 주로 '누구, 무엇, 언제, 어디' 따위의 의문사가 있는 문장에 쓰이며 근엄하거나 감탄적인 어감을 띠기도 한다. 영희야, 너는 무슨 노래를 부를꼬?

'-(스)ㅂ니까?'는 합쇼(하십시오)할 자리에 쓰여, '의문'을 나타내는 종결 어미이다. 그 사람이 범인입니까?

'-(으)리까?'는 합쇼할 자리에 쓰여, 자기가 하려는 행동에 대하여

'상대편의 의향'을 묻는 뜻을 나타내는 종결 어미이다. 이 일을 어찌 하오리까?

'-(으)ㄹ쏘냐?'는 해라할 자리에 쓰여, '어찌 그럴 리가 있겠느냐'의 뜻으로 강한 부정을 나타내는 종결 어미이다. 내가 너에게 질쏘냐?

예사소리에 대하여 알아보겠다.

'예사소리(例事--)'는 '구강 내부의 기압 및 발음 기관의 긴장도가 낮아 약하게 파열되는 음'을 말한다. 국어의 된소리 'ㄲ', 'ㄸ', 'ㅃ', 'ㅆ', 'ㅉ'에 대하여 'ㄱ', 'ㄷ', 'ㅂ', 'ㅅ', 'ㅈ' 따위를 이르며, '연음(軟音), 평음'이라고도 한다.

83) **"이 빈대 볼기짝만 밖에 안 해 일판에다 '일군/일꾼'을 다섯이나 더 쓴다면, 결국 우리가 다 먹어도 간에 기별이 갈등말등 한 것을 나눠 먹으란 얘기라구"**

– 이문구 『장한몽』

속담은 기별은 소식을 전한다는 뜻이다. 간에 소식을 전한다는 것은, '아주 적은 양의 음식을 겨우 먹었다.'는 뜻으로 빗대는 말이다.

'-군/-꾼'은 '꾼'으로 통일하여 적어야 한다. '-꾼'은 일부 명사 뒤에 붙어, "어떤 일을 전문적으로 하는 사람.' 또는 '어떤 일을 잘하는 사람.'의 뜻을 더하는 접미사.', "어떤 일을 습관적으로 하는 사람.' 또는 '어떤 일을 즐겨 하는 사람.'의 뜻을 더하는 접미사.', "어떤 일 때문에 모인 사람.'의 뜻을 더하는 접미사.' 등의 뜻이다.

한글 맞춤법 제54항 다음과 같은 접미사는 된소리로 적는다. 예를 들면, '장난꾼, 사기꾼, 일꾼, 지게꾼' 등이 있다. 그러므로 '일꾼'으로 적어야 한다.

보충 설명하면, 첫째, '-갈/-깔'은 '깔'로 통일하여 적는다. 예를 들면, '맛깔, 때깔' 등이 있다. 둘째, '-대기/-때기'는 '때기'로 적는다. 예를 들면, '거적때기, 나무때기, 등때기, 배때기, 송판때기, 팔때기' 등이 있다. 셋째, '-굼치/-꿈치'는 '꿈치'로 적는다. 예를 들면, '발꿈치, 발뒤꿈치' 등이 있다.

84) **"'얽배기/얽빼기'면 어느 '얽배기/얽빼기'?** 장안만호에 절반은 **'얽배기/얽빼기'**네 집인데, 그렇게 아뢰면 **남산에서 굽은 솔 찾기 가 아닌가."**

– 이문구 『토정 이지함』

속담은 '아주 많은 것들 중에서 찾아낸다.'라는 말로, '매우 어려운 일이라.'는 뜻으로 빗대는 말이다.

'얽빼기'는 '얼굴에 얽은 자국이 많은 사람을 낮잡아 이르는 말'이다.

한글 맞춤법 제54항 다음과 같은 접미사는 된소리로 적는다. 보충 설명하면, '-배기/-빼기'가 혼동될 수 있는 단어는 첫째, [배기]로 발음되는 경우는 '배기'로 적는다. 예를 들면, '귀퉁배기, 나이배기, 육자배기, 주정배기' 등이 있다. 그러므로 '얽배기'로 적어야 한다. 둘째, 한 형태소 내부에 있어서 'ㄱ, ㅂ' 받침 뒤에서 [빼기]로 발음되는 경우는 '배기'로 적는다. 예를 들면, '뚝배기, 학배기[청유충(蜻幼蟲)])' 등이 있다. 셋째, 다른 형태소 뒤에서 [빼기]로 발음되는 것은 모두 '빼기'로 적는다. 예를 들면, '고들빼기, 대갈빼기, 재빼기, 곱빼기, 밥빼기, 얽빼기' 등이 있다.

'귀퉁배기'는 '귀퉁머리(귀의 언저리).'라는 뜻이다. '뚝배기'는 '찌개 따위를 끓이거나 설렁탕 따위를 담을 때 쓰는 오지그릇.'을 뜻한다. '오지그릇'은 '붉은 진흙으로 만들어 볕에 말리거나 약간 구운 다음, 오짓물을 입혀 다시 구운 그릇'이며, '오자(烏瓷), 오자기(烏瓷器), 오지, 도기(陶器)'라고도 한다. '학배기'는 '잠자리의 애벌레를 이르는 말'이다. '고들빼기'는 국화과의 두해살이풀이다. 높이는 60cm 정도이며, 붉은 자줏빛을 띤다. 여름에서 가을에 걸쳐 노란 두상화가 많이 피고 열매는 수과(瘦果)를 맺는다. 어린잎과 뿌리는 식용한다. 산이나 들에서 자라는데 한국, 중국 등지에 분포한다. '재빼기'는 '잿마루(재의 맨 꼭대기).'를 뜻한다. '밥빼기'는 '동생이 생긴 뒤에 샘내느라고 밥을 많이 먹는 아이.'를 일컫는다. 전에는 잘 안 먹던 아이가 동생이 생긴 뒤로 갑자기 밥빼기가 되었다.

85) **"다 된 농사에 낫들고 '덤빈다더니/덤빈다드니'** 누군 아니랍니**까. 하지만 갑자기 광주부중에서 공사를 열어 접장을 다시 차정하고 보부청으로 이문을 올리라는 엄칙이 추상같았으니 봉행할 수밖에 없소……."**

– 김주영 『객주』

속담은 '일이 다 끝난 다음에 괜히 참견을 한다.'라는 뜻으로 빗대는 말이다.

'더'는 '이다'의 어간, 용언의 어간, 또는 어미 '-으시-', '-었-', '-겠-' 뒤에 붙어, 해라할 자리에 쓰여, '화자가 과거에 직접 경험하여 새로이 알게 된 사실을 그대로 옮겨 와 전달'한다는 뜻을 나타내는 종결 어미이다. 어미 '-더-'와 어미 '-라'가 결합한 말이다.

한글 맞춤법 제56항 '-더라, -던'과 '-든지'는 다음과 같이 적는다. 1. 지난 일을 나타내는 어미는 '-더라, -던'으로 적는다. 예를 들면, '깊던 물이 얕아졌다.', '그렇게 좋던가?' 등이 있다. 그러므로 '덤빈다더니'라고 적어야 한다.

보충 설명하면, '-던'은 지난 일을 나타내는 '-더'에 관형사형 어미 '-ㄴ'이 붙어서 된 형태이다. 지난 일을 나타내는 어미는 '-더-'가 결합한 형태로 쓴다. '-더구나, -더구먼, -더냐, -더니' 등이 있다.

그리고 2. 물건이나 일의 내용을 가리지 아니하는 뜻을 나타내는 조사와 어미는 '(-)든지'로 적는다. 예를 들면, '배든지 사과든지 마음대로 먹어라.', '가든지 오든지 마음대로 해라.' 등이 있다.

보충 설명하면, '-든'은 내용을 가리지 않는 뜻을 표하는 연결어미 '-든지'가 줄어진 형태이다. 결국, 회상의 의미가 있는지 없는지를 따져 보면 그리 어렵지 않게 구별할 수 있다.

2 문장 부호

1) '꺼진 불도 다시 보자/꺼진 불도 다시 보자.'

'문장 부호(文章符號)'는 '문장의 뜻을 돕거나 문장을 구별하여 읽고 이해하기 쉽도록 하기 위하여 쓰는 여러 가지 부호'를 말한다. 문장 부호는 '마침표(온점/고리점, 물음표, 느낌표), 쉼표(반점/모점, 가운뎃점, 쌍점, 빗금), 따옴표(큰따옴표/겹낫표, 작은따옴표/낫표), 묶음표(소괄호, 중괄호, 대괄호), 이음표(줄표, 붙임표, 물결표), 드러냄표, 안드러냄표(숨김표, 빠짐표, 줄임표)' 등으로 나뉜다.

'마침표[終止符]'는 '온점, 느낌표, 물음표'를 말한다.

'온점(-點)'은 '마침표의 하나이며, 가로쓰기에 쓰는 문장 부호'이고, '.'의 이름이다. '고리점(--點)'은 '마침표의 하나이며 세로쓰기에 쓰는 문장 부호'이고, '｡'의 이름이다.

'꺼진 불도 다시 보자'는 표어이기에 온점을 쓰지 않는다.

① '서술, 명령, 청유 등을 나타내는 문장의 끝'에 쓰는 것으로 '젊은이는 나라의 기둥이다.', '황금 보기를 돌같이 하라.' 등이 있다.

② '아라비아 숫자만으로 연월일을 표시할 적'에 쓰는 것으로 '2011. 11. 11.(2011년 11월 11일)'이 있다.

③ 표시 문자 다음에 쓰는 것으로 '1. 마침표, 가. 인명' 등이 있다.

2) "번번이 장원을 차지하니 가상한 일이다. 허나 기우일는지 모르나 탐스러운 가지 먼저 꺾일까 염려된다. '훌륭한 재목(?)/(!)'을 보존하기 위해 상을 내리지 않은 것이니 섭섭히 여기지 말라."

– 황인경 『소설 목민심서』

속담은 '재능이 많은 사람일수록 남들의 모함을 받아 먼저 불행하게 된다.'라는 뜻으로 빗대는 말이다.

'물음표(--標)'는 '마침표의 하나'이며, '?'의 이름이다. 특정한 어구 또는 그 내용에 대하여 의심이나 빈정거림, 비웃음 등을 표시할 때, 또는 적절한 말을 쓰기 어려운 경우에 소괄호 안에 쓴다. 그러므로 '훌륭한 재목(?)'로 써야 한다.
그리고 [붙임 1] 한 문장에서 몇 개의 선택적인 물음이 겹쳤을 때에는 맨 끝의 물음에만 쓰지만, 각각 독립된 물음인 경우에는 물음마다 쓴다.
너는 한국인이냐, 중국인이냐?/너는 언제 왔니? 어디서 왔니? 무엇하러?
[붙임 2] 의문형 어미로 끝나는 문장이라도 의문의 정도가 약할 때에는 물음표 대신 온점(또는 고리점)을 쓸 수도 있다.
이 일을 도대체 어쩐단 말이냐./아무도 그 일에 찬성하지 않을 거야. 혹 미친 사람이면 모를까.

3) 그런데, **'말로 짓는 원한은 백 년을 가고 글로 짓는 원한은 만 년을 간다.'**는 말이 있다. 그건 글의 무한한 생명력을 가리키는 것인 동시에, **'그러므로/그러므로'**, 글을 함부로 잘못 쓰지 말라는 경고를 함께 담고 있다.
– 조정래 『누구나 홀로 선 나무』

속담은 '말보다 글의 힘이 훨씬 더 무섭다.'라는 뜻으로 빗대어 이르는 말이다.

'쉼표(-標)'는 '문장 부호의 하나'이며, '반점(,)/모점(、), 가운뎃점(·), 쌍점(:), 빗금(/)' 등이 있는데 흔히 반점만을 이르기도 한다. 가로쓰기에는 반점, 세로쓰기에는 모점을 쓴다.

그러나 일반적으로 쓰이는 접속어(그러나, 그러므로, 그리고, 그런데 등) 뒤에는 쓰지 않음을 원칙으로 한다. 그래서 '그러므로'로 적어야 한다.

① '같은 자격의 어구가 열거'될 때에 쓰는 것으로 '근면, 검소, 협동은 우리 겨레의 미덕이다.'가 있다. ② '문장 첫머리의 접속이나 연결'을 나타내는 말 다음에 쓰는 것으로 '아무튼, 나는 집에 돌아가겠다.'가 있다. ③ '숫자를 나열'할 때에 쓰는 것으로 '5, 6, 7, 8' 등이 있다.

4) 시장에 가서 **'사과 · 배 · 복숭아/사과, 배, 복숭아'**를 샀다.

'가운뎃점(·)'은 '쉼표(-標)의 하나'이며, 열거된 여러 단위가 대등하거나 밀접한 관계임을 나타낸다. ① 쉼표로 열거된 어구가 다시 여러 단위로 나누어질 때에 쓰는 것으로 '철수 · 영이, 영수 · 순이가 서로 짝이 되어 윷놀이를 하였다.'가 있다. 그러므로 '사과·배·복숭아'로 적어야 한다.

② 같은 계열의 단어 사이에 쓰이는 '경북 방언의 조사 · 연구'가 있다.

5) **'문장 부호: ∨/문장 부호∨:∨'** 마침표, 쉼표, 따옴표, 묶음표 등이 있다.

'쌍점(雙點)'은 '쉼표의 하나'이며, 문장 부호 ':'의 이름이다. 내포되는 종류를 들거나 작은 표제 뒤에 간단한 설명이 붙을 때 쓰며, 저자명 다음에 저서명을 적거나 시(時)와 분(分), 장(章)과 절(節) 따위를 구별할 때 그리고 둘 이상을 대비할 때에 쓴다. '그침표, 쌍모점,

이중점(二重點), 콜론(colon), 포갤점'이라고도 한다.

(1) 내포되는 종류를 들 적에 쓴다.
문방사우: 붓, 먹, 벼루, 종이

(2) 소표제 뒤에 간단한 설명이 붙을 때에 쓴다.
일시: 1984년 10월 15일 10시
마침표: 문장이 끝남을 나타낸다.

(3) 저자명 다음에 저서명을 적을 때에 쓴다.
정약용: 목민심서, 경세유표
주시경: 국어 문법, 서울 박문서관, 1910

(4) 시(時)와 분(分), 장(章)과 절(節) 따위를 구별할 때나, 둘 이상을 대비할 때에 쓴다.
오전 10:20 (오전 10시 20분)
요한 3:16 (요한복음 3장 16절)
대비 65:60 (65대 60)

6) **왜냐하면 열전도율이 좋은 금속 식기는 음식의 열을 쉬 밖으로 발산시키지만 열전도율이 식기 가운데 가장 낮은 토속(土屬) 식기는 음식의 열을 가장 오래 보유시켜 주기 때문이다. 옛말에 사람은 '뚝배기/뚝빼기' 밑 된장 맛 같아야 한다**는 격언이 있다.

– 이규태 『뽐내고 싶은 한국인』

속담은 '사람의 인품은 듬직하고도 구수한 맛이 나야 한다.'라는 뜻으로 빗대는 말이다.

'빗금(/)'은 '쉼표의 하나'이다. ① 대응, 대립되거나 대등한 것을 함께 보이는 단어와 구, 절 사이에 쓴다. ② 분수를 나타낼 때에 쓰기도 한다. 예를 들면, '맞닥뜨리다/맞닥트리다', '3/4 분기, 3/20' 등이 있다.

7) "그게 다 못 먹는 감 찔러나 보자 하는 심보 아니가? 나는, 잘못 했다고 내 앞에 와서 엎드려 빌지 않는 한 절대로 내 며느리로 받아들이지는 않을란다." 어머니는 바람 찬 겨울밤에 빈 대추나무 쳐다보듯 멍하니 나를 쳐다보았다.

– 정호승 『서울에는 바다가 없다』

속담은 '아무런 감흥도 없이 멍하니 본다.'라는 뜻으로 비유하여 이르는 말이다.

'따옴표(--標)'는 '문장 부호의 하나'이며, '큰따옴표(" "), 겹낫표(『』), 작은따옴표(' '), 낫표(「」) 등이 있다. '인용부, 인용점, 인용표'라고도 한다.

'큰따옴표(" "), 겹낫표(『 』)'중 가로쓰기에는 큰따옴표를 쓴다. 또한 '남의 말을 인용할 경우'에 쓰는 것이다. 예를 들면, '예로부터 "민심은 천심이다."라고 하였다.'가 있다.

8) 12월은 **'『에너지 절약』/"에너지 절약"'**의 달입니다.

'겹낫표(『 』)'는 세로쓰기에 쓴다. '대화, 인용, 특별 어구' 따위를 나타낸다.

글 가운데서 직접 대화를 표시할 때에 쓴다. 예를 들면, "전기가 없었을 때는 어떻게 책을 보았을까?", "그야 등잔불을 켜고 보았겠지."

또한 남의 말을 인용할 경우에 쓴다. 예를 들면, "사람은 사회적 동물이다."라고 말한 학자가 있다.

9) **"이제 널 언제 보게 될는지 모르지만 부산포로 가더라두 거기서 사람 대접 받구 잘 살아. 사람 팔자 한 발짝 앞을 모른다지만 이제 네 팔자는 네 마음 씀과 수족'[손발]/(손발)' 놀리는 데 달렸느니라."**

– 김원태 『늘 푸른 소나무』

속담은 '사람 팔자는 순식간에 달라질 수 있어 예측하기 어렵다.'라는 뜻이다.

'묶음표(--標)'는 '문장 부호의 하나'이며, '소괄호(( )), 중괄호({ }), 대괄호([ ])' 등이 있다.

'대괄호(大括弧)'는 '묶음표의 하나'이다. 문장 부호 '[ ]'의 이름이다. 묶음표 안의 말이 바깥 말과 음이 다를 때 쓰고, 묶음표 안에 묶음표가 있을 때에 바깥 묶음표로 쓴다. 예를 들면, '낱말[單語], 나이[年歲]', '명령에 있어서의 불확실[단호(斷乎)하지 못함]은 복종에 있어서의 불확실[모호(模糊)함]을 낳는다.' 등이 있다.

'중괄호(中括弧)'는 '묶음표의 하나'이다. 문장 부호 '{ }'의 이름이다. 여러 단위를 동등하게 묶어서 보일 때에 쓴다.

'소괄호(小括弧)'는 '묶음표의 하나'이다. 문장 부호 '( )'의 이름이다. 원어·연대·주석·설명 따위를 넣을 때에 쓰고, 특히 기호 또는 기호적인 구실을 하는 문자, 단어, 구에 쓰며, 빈자리임을 나타낼 때에 쓴다. '손톱괄호, 손톱묶음'이라고도 한다.

10) **2011년 1월 2일 '~/-' 2011년 12월 27일까지 국책과제를 진행해야 한다.**

'이음표(--標)'는 '문장 부호의 하나'이며, '줄표(——), 붙임표(-), 물결표(~)' 등이 있다. '연결부(連結符), 연결 부호'라고도 한다.

'물결표'는 '이음표의 하나'이며, 문장 부호 '~'의 이름이다. '내지'

의 뜻으로 쓰거나 어떤 말의 앞이나 뒤에 들어갈 말 대신에 쓴다.

① '내지'라는 뜻에 쓴다. ② 어떤 말의 앞이나 뒤에 들어갈 말 대신 쓴다. 예를 들면, '9월 15일 ~ 9월 25일, 새마을 : ~ 운동, ~ 노래' 등이 있다.

'붙임표'는 '이음표의 하나'이며, 문장 부호 '-'의 이름이다. 사전, 논문 등에서 파생어나 합성어를 나타내거나 접사나 어미임을 나타낼 때, 외래어와 고유어 또는 외래어와 한자어가 결합하는 경우에 쓴다. '연자 부호, 접합부, 하이픈(hyphen)'이라고도 한다. 예를 들면, '불-구경, 나일론-실' 등이 있다.

'줄표'는 '이음표의 하나'이며, 문장 부호 '──'의 이름이다. 이미 말한 내용을 다른 말로 부연하거나 보충할 때에 쓴다. '대시(dash), 말바꿈표, 풀이표, 환언표'라고도 한다.

11) "시끄러. 지집 사내가 똑같여. 늬들이 평생을 이렇게 순탄허게 살 줄 알어? **사람이 하룻길 가다 보면 메도 넘고 강도 건너는 거여** '……/…'"

– 류영국 『만월까지』

속담은 '사람이 살다보면 이런저런 일을 겪게 된다.'라는 뜻으로 빗대는 말이다.

'안드러냄표'는 '문장 부호의 하나'이다. '숨김표(××, ○○), 빠짐표(□), 줄임표(……)' 등이 있다.

'줄임표(--標)'는 '안드러냄표의 하나'이며, 문장 부호 '……'의 이름이다. 할 말을 줄였을 때나 말이 없음을 나타낼 때에 쓴다. '말없음표, 말줄임표, 무언부, 무언표, 생략부, 생략표, 점줄'이라고도 한다.

'숨김표(--標)'는 '안드러냄표의 하나'이며, 문장 부호 '○○' 또는 '××'의 이름이다. 금기어나 비속어, 또는 비밀로 해야 할 사항 등과 같이 알면서도 고의로 드러내지 않을 때에 쓴다. '은자부(隱字符), 은자부호'라고도 한다.

'빠짐표(--標)'는 '안드러냄표의 하나'이며, 문장 부호 '□'의 이름이다. 글자의 자리를 비워 둘 때에 쓴다. '결자부'라고도 한다.

3 표준어 규정

1) "나도 마찬가지여. **자던 입에 콩가루 '털어/떨어' 넣기지**, 이게 무슨 적당치 못한 처사인가 원. 놈을 잡으면 당장 육젓을 담글 터이지만 이 야밤에 어디 가서 놈을 찾는단 말인가……."

– 김주영 『객주』

속담은 '사리에 맞지 않는 엉뚱한 짓을 한다.'라는 뜻으로 빗대는 말이다.

'털다'는 '재산이나 돈을 함부로 써서 몽땅 없애다.', '자기가 가지고 있는 것을 남김없이 내다.', '남이 가진 재물을 몽땅 빼앗거나 그것이 보관된 장소를 모조리 뒤지어 훔치다.' 등의 뜻이다.

표준어 규정 제3항 다음 단어들은 거센소리를 가진 형태를 표준어로 삼는다. 예를 들면, '살쾡이, 칸막이' 등이 있다. 그러므로 '털어'로 적어야 한다.

보충 설명하면, 거센소리[激音, 숨이 거세게 나오는 파열음(破裂音)이다. 국어의 'ㅊ, ㅋ, ㅌ, ㅍ' 따위]로 변한 어휘들을 인정한 것이다.

'파열음(破裂音)'은 폐에서 나오는 공기를 일단 막았다가 그 막은 자리를 터뜨리면서 내는 소리이다. 'ㅂ', 'ㅃ', 'ㅍ', 'ㄷ', 'ㄸ', 'ㅌ', 'ㄱ', 'ㄲ', 'ㅋ' 따위가 있다. '닫음소리, 정지음, 터짐소리, 폐색음, 폐쇄음'이라고도 한다.

그러나 '떨다'는 '달려 있거나 붙어 있는 것을 쳐서 떼어 내다.', '돈이나 물건을 있는 대로 써서 없애다.' 등의 뜻이다.

표준어에 대하여 알아보겠다.

'표준어(標準語)'는 '한 나라에서 공용어로 쓰는 규범으로서의 언어'이다. 의사소통(意思疏通)의 불편을 덜기 위하여 전 국민이 공통적으로 쓸 공용어의 자격을 부여받은 말로, 우리나라에서는 교양 있는 사람들이 두루 쓰는 현대 서울말로 정함을 원칙으로 한다. '대중말, 표준말'이라고도 한다.

이러한 표준어(標準語) 사정(査定)의 원칙(原則)은 조선어학회가 1933년 '한글 맞춤법 통일안' 총론 제2항에서 정한 "표준말은 대체로 현재 중류 사회에서 쓰는 서울말로 한다."가 바뀐 것이다.

표준어(標準語)는 교양의 수준을 넘어 국민이 갖추어야 할 의무 요건이다. '교양(敎養) 있는 사람들'로 바꾼 것은 표준어를 못 하면 교양 없는 사람이 된다는 점을 강조한 것이다. '현대(現代)'로 한 것은 역사의 흐름에서의 구획을 인식해서이다. '서울 지역에서 쓰이는 말'에서 선명하게 '서울말'이라고 굳혀진 것은 서울 지역에서 가장 보편적으로 쓰이는 말이기 때문이다.

이번 개정의 실제적인 대상은 아래와 같다. 첫째, 그동안 자연스러운 언어 변화에 의해 1933년에 표준어로 규정하였던 형태가 고형이 된 것. 둘째, 그때 미처 사정의 대상이 되지 않아 표준어로서의 자격을 인정받을 기회가 없었던 것. 셋째, 각 사전에서 달리 처리하여 정리가 필요한 것. 넷째, 방언, 신조어 등이 세력을 얻어 표준어 자리를 굳혀 가던 것 등이었다.

2) 정아는 대학생들에게 '사글세/삭월세'를 주려고 아파트를 구입했다.

'사글세'는 '월세', '월세방'이라고도 한다.

표준어 규정 제5항 어원에서 멀어진 형태로 굳어져서 널리 쓰이는 것은, 그것을 표준어로 삼는다. '사글세'는 한자로 '삭월세(朔月貰)'이다. 예를 들면, '강낭콩/강남콩, 고삿/고샅, 울력성당/위력성당' 등이 있다. 그러므로 '사글세'로 적어야 한다.

'고삿'은 '초가지붕을 일 때 쓰는 새끼(짚으로 꼬아 줄처럼 만든 것.).'를 뜻한다. '울력성당'은 '떼 지어 으르고 협박함.'을 뜻하며, '완력성당'이라고도 한다.

보충 설명하면, '어원(語源/語原)'은 어떤 단어의 근원적인 형태이며, 어떤 말이 생겨난 근원이고, '말밑'이라고도 한다. 어원이 아직 뚜렷한데도 언중들의 어원 의식이 약해져 어원으로부터 멀어진 형태를 표준어로 삼고, 어원에 충실한 형태이더라도 현실적으로 쓰이지 않는 것은 표준어로 인정하지 않는다.

3) 사실 상구는 가을이 시작되고 나서부터 아내의 존재를 까마득하게 잊고 있었던 것이 새삼스럽게 느껴져 '적이/저으기' 미안했다. "도가 일요? 핑계 없는 무덤이 있겠소? 도가 일을 보러 댕기는데 우째서 이녘 동무덜이 날마다 그래쌌소?"

– 정동주 『백정』

속담은 '무슨 일이든지 핑계를 만들려면 만들 수 있다.'라는 뜻으로 빗대는 말이다.

'적이'는 어원적으로 원형에 가깝기 때문에 표준어로 인정한 것이다. 표준어 규정 제5항 다만, 어원적으로 원형에 더 가까운 형태가 아직 쓰이고 있는 경우에는, 그것을 표준어로 삼는다. '적이'는 부사이며, '꽤 어지간한 정도로'의 의미이다. '적이'는 의미적으로 '적다'와는 멀어졌다(오히려 반대의 의미를 가지게 되었다.). 그 때문에 그동안 '저으기'가 널리 보급되기도 하였다. 그러나 '적다'와의 관계를 부정할 수 없어 이것을 인정하는 쪽으로 결정하였다. 예를 들면, '갈비/가리, 굴-젓/구-젓, 말-곁/말-겻, 물-수란/물-수랄' 등이 있다. 그러므로 '적이'라고 적어야 한다.

'말곁'은 '남이 말하는 옆에서 덩달아 참견하는 말.'을 뜻한다. '물수란'은 '달걀을 깨뜨려 그대로 끓는 물에 넣어 반쯤 익힌 음식.'을 일컫는다. '담수란'이라고도 한다.

보충 설명하면, 어원의식(語原意識)이 남아 있어 어원을 반영한 형태가 쓰이는 것들에 대하여 대응하는 비어원적인 형태보다 우선권을 인정하기로 한 것이다.

4) 우리나라는 생일 주기를 '돌/돐'이라고 한다.

'돌'은 한 가지 형태만을 표준어로 삼았다. '돌'은 '특정한 날이 해마다 돌아올 때, 그 횟수를 세는 단위이거나 생일이 돌아온 횟수를 세는 단위'를 일컫는다. 예를 들면, '우리 아이는 이제 겨우 두 돌이 넘었다.', '서울을 수도로 정한 지 올해로 600돌이 되었다.' 등이 있다.

표준어 규정 제6항 다음 단어들은 의미를 구별함이 없이, 한 가지 형태만을 표준어로 삼는다. 예를 들면, '둘-째/두-째('제2, 두 개째'의 뜻), 셋-째/세-째('제3, 세 개째'의 뜻), 넷-째/네-째('제4, 네 개째'의 뜻)' 등이 있다. 그러므로 '돌'이라고 적어야 한다.

5) 맏놈은 그저 순하다. **맏이치고 얼뜨기 아닌 것이 없다**는 속담을 생각한다. 그러나 음식 덜 먹고 말 없는 것이 좋다. '둘째놈/두째놈'은 성미가 팩하다. 재주있다. 허나 그보다 자존심이 강한 것이 좋다.

– 한설야 『이녕』

속담은 '맏아들이나 맏딸은 순하디 순해서 마치 얼뜨기처럼 여겨진다.'라는 뜻으로 빗대는 말이다.

'둘째'는 '순서가 두 번째가 되는 차례. 또는 그런 차례의.'의 뜻이다. 표준어 규정 제6항 다음 단어들은 의미를 구별함이 없이, 한 가지 형태만을 표준어로 삼는다. 그러므로 '둘째놈'으로 적어야 한다.

6) 아무쪼록 손이 발이 되도록 **'빌어/빌려'** 빼어가려고 자식 형제를 데리고 십여 리 강산을 **발톱 부러진 걸음**으로 홍 생원 집에 당도하니 그 모양으로 매를 맞고 기색을 하였는지라.

– 이해조 『홍도화』

속담은 '절룩거리며 걷는 모습.'을 두고 빗대는 말이다.

'빌다[乞]'는 '빌어, 비니, 비오' 등으로 활용되며, '바라는 바를 이루게 하여 달라고 신이나 사람, 사물 따위에 간청하다.', '잘못을 용서하여 달라고 호소하다.' 등의 뜻이다. 예를 들면, '소녀는 하늘에 소원을 빌었다.', '대보름날 달님에게 소원을 빌면 그 소원이 이루어진다고 한다.', '우리들은 할아버지가 빨리 완쾌되시기를 천주님께 빌었다.' 등이 있다.

그러나 '빌리다[借]'는 '빌리어(빌려), 빌리니'로 활용하며, '남의 도움을 받거나 사람이나 물건 따위를 믿고 기대다.'라는 뜻이다. 예를 들면, '남의 손을 빌려 일을 처리할 생각은 하지 말아야 한다.', '일손을 빌려서야 일을 마칠 수 있었다.', ' 성인의 말씀을 빌려 설교하다.', '그는 수필이라는 형식을 빌려 자기의 속 이야기를 풀어 갔다.' 등이 있다.

표준어 규정 제6항 다음 단어들은 의미를 구별함이 없이, 한 가지 형태만을 표준어로 삼는다. 그러므로 '빌어'로 적어야 한다.

7) 순간 **피나무 떡구유 같이** 살집 좋은 몸뚱이가 길녘 시궁창에 가서 개구리처럼 엎어졌다. 주변에서 웃음통이 터지는데 논다니들의 깔깔거리는 소리가 꼭 **'암꿩/암퀑/까투리'** 무리가 날아오르는 것 같았다.

– 홍석중 『황진이』

속담은 '살이 쪄 몸이 매우 뚱뚱하다.'라는 뜻으로 비유하는 말이다.

표준어 규정 제7항 수컷을 이르는 접두사는 '수-'로 통일한다. 예를 들면, '수-꿩/수-퀑/숫-꿩, 수-나사/숫나사, 수놈/숫-놈' 등이 있다. 그러므로 '암꿩/까투리'로 적어야 한다.

보충 설명하면, '암-수'의 '수-'는 역사적으로 명사 '숳'이었다. 현재 '수캐, 수탉' 등에서 받침 'ㅎ'의 자취를 찾을 수 있다. 오늘날 '숳'이 혼자 명사로 쓰이는 일이 없어지고 접두사로만 쓰이게 됨에 따라 받침 'ㅎ'의 실현이 복잡하게 되었다. '수꿩'은 '꿩의 수컷'으로 '웅치(雄雉), 장끼'라고도 한다.

8) **"어떤 이는 마름버덤 연밥이 낫다구두 허구, 워떤 이는 생선 내장이 구만이라구두 허데만, 하여거나 '수캐/수개/숫개' 가운데 다리만 비싸서 못해봤지 웬만한 것은 죄 장복을 시켜봤는디두 원제 그랬더냐 허구 그냥 가물치 콧구녕이라……"**

– 이문구 『우리동네』

속담은 '소식이 없다거나, 어떤 일에 대한 전망이 전혀 보이지 않는다.'라는 뜻으로 빗대는 말이다.

표준어 규정 제7항 다만 1. 다음 단어에서는 접두사 다음에서 나는 거센소리를 인정한다. 접두사 '암-'이 결합되는 경우에도 이에 준한다. 예를 들면, '수-캉아지/숫-강아지, 수-컷/숫-것, 수-키와/숫-기와' 등이 있다. 그러므로 '수캐'로 적어야 한다.

보충 설명하면, 받침 'ㅎ'이 다음 음절 첫소리와 거센소리를 이룬 단어들로서 역사적으로 복합어(複合語, 하나의 실질 형태소에 접사가 붙거나 두 개 이상의 실질 형태소가 결합된 말이다. '덧신', '먹이'와 같은 파생어와 '집안'과 같은 합성어)가 되어 화석화한 것이라 보고 '숳'을 인정하되 표기에서는 받침 'ㅎ'을 독립시키지 않기로 하였다.

'흘레'는 '교미-하다(交尾--)'와 같은 뜻이며, '생식을 하기 위하여 동물의 암컷과 수컷이 성적(性的)인 관계를 맺는 것'을 말한다.

9) **관세음보살님의 그 거룩한 명호를 움직일 때나 머물러 있을 때나 말을 할 때나 말을 하지 않을 때나 어느 때 어느 곳에서 무엇을 하고 있든지 간에 고양이가 '숫쥐/수쥐' 잡듯이 닭이 알 품듯이 주린 아이 젖 찾듯이 목마른 사람 물 찾듯이 늙은 쥐가 쌀궤 쏠듯이 지극히 사무치게 간절하고 또 간절한 마음으로 숨 한번 들이쉬고 내쉬는 청정의 순간에도 팔만사천번씩 부르고 또 불러보는 것이었다.**

– 김성동 『꿈』

속담은 '아주 지극한 정성을 들인다.'라는 뜻으로 빗대는 말이다.

'숫쥐'를 표준어로 인정한 것이다. 표준어 규정 제7항 다만 2. 다음 단어의 접두사는 '숫-'으로 한다. 예를 들면, '숫-양/수-양, 숫-염소/수-염소' 등이 있다. 그러므로 '숫쥐'로 적어야 한다.

보충 설명하면, 발음상 사이시옷과 비슷한 소리가 있다고 하여 '숫-'의 형태를 취한 것이다. 모음 '야, 여, 요, 유, 이'로 시작되는 어휘가 붙어서 'ㄴ' 음이 첨가되는 것은 '숫-'으로 하였다.

10) **업친 데 덥치기로 하나도 아니요 '쌍둥이/쌍동이'나 털석 낳아 놓면 어찌나 하는 생각까지 났다. 그만치 안해의 배는 몹시 불렀든 것이다. "웨 띄 같은 것을 허리에 감아두지 안소? 속담에 아이는 적게 낳아서 크게 길르란 말이 있지 안소……."**

– 한설야 『딸』

속담은 '뱃속의 아이가 너무 크면 난산이 되니, 작게 하여 낳고 낳은 다음에 크게 키우라.'라는 뜻으로 빗대는 말이다.

'쌍둥이'를 표준어로 인정한 것이다. 표준어 규정 제8항 양성 모음이 음성 모음으로 바뀌어 굳어진 다음 단어는 음성 모음 형태를 표준어로 삼는다. 예를 들면, '귀둥이, 막둥이, 바람둥이' 등이 있다. 그러므로 '쌍둥이'로 적어야 한다.

보충 설명하면, '모음조화(母音調和)'는 한국어의 특성에 해당된다. '모음조화'는 '두 음절 이상의 단어에서, 뒤의 모음이 앞 모음의 영향으로 그와 가깝거나 같은 소리로 되는 언어 현상'이다. 'ㅏ, ㅗ' 따위의 양성 모음은 양성 모음끼리, 'ㅓ, ㅜ, ㅡ, ㅣ' 따위의 음성 모음은 음성 모음끼리 어울리는 현상이다.

11) **"아들 가진 부모는 선 '사돈/사둔'이요 딸 가진 부모는 앉은 사돈**이라지만 자네 보다시피 내가 식솔들 먹여살리느라고 아직 그 선사돈 한번 찾아보지 못했네. 그렇지만 내가 국회의원 출마했을 때 참 섭섭하더라.……"

– 정호승 『서울에는 바다가 없다』

속담은 '아들 가진 사돈이 딸 가진 사돈을 찾아 인사하는 것이 도리.'라는 뜻으로 빗대는 말이다.

'사돈'을 표준어로 인정한 것이다. 표준어 규정 제8항 다만, 어원 의식이 강하게 작용하는 다음 단어에서는 양성 모음 형태를 그대로 표준어로 삼는다. 예를 들면, '사돈(査頓)/사둔(밭~, 안~), 삼촌(三寸)/삼춘(시~, 외~, 처~)' 등이 있다. 그러므로 '사돈'이라고 적어야 한다.

보충 설명하면, '사돈(査頓), 삼촌(三寸)' 등은 양성 모음을 표준으로 인정한 것과는 대립된다. 이것은 현실 발음에서 '사둔, 삼춘'이 우세를 보이고 있으나 언중들이 그 어원을 분명히 인식하고 있기 때문이다.

12) 순철이는 '서울내기/서울나기'로 유명하게 된 사람이다.

'서울내기'는 'ㅣ' 역행 동화 현상에 의한 발음을 인정한 것이다. 예를 들면, '대학생 때 시골내기라고 놀림을 받았다.', '시골내기였기에 기차를 한 번도 타 보지 못했다.' 등이 있다.

표준어 규정 제9항 'ㅣ' 역행 동화 현상에 의한 발음은 원칙적으로 표준 발음으로 인정하지 아니한다. 다만, 다음 단어들은 그러한 동화가 적용된 형태를 표준어로 삼는다. 예를 들면, '내기/-나기(신출-, 풋-)'가 있다. 그러므로 '서울내기'로 적어야 한다.

보충 설명하면, 'ㅣ' 역행 동화 현상(逆行同化現象)은 앞 음절의 후설모음(後舌母音) 'ㅏ, ㅓ, ㅗ, ㅜ'가 각각 전설모음(前舌母音) 'ㅐ, ㅔ, ㅚ, ㅟ'로 바뀌어 발음된다는 사실을 확인할 수 있는데, 이는 뒤 음절 'ㅣ' 모음의 전설성에 이끌려 동화된 결과이다. 이 때 변동의 대상이 되는 것은 '혀의 최고점의 전후 위치'이고 다른 성질 즉, '혀의 높낮이나 입술 모양' 등은 원래대로 유지된다.

13) '아기/애기' 밴 여자 세도 같다. 애 밴 며느리는 상전이듯 모시고 등의 속어가 전해질 정도로 임부에 대한 온 가족의 협조는 필수적이며 그 중에도 남편의 협조가 가장 중요하다.

– 유안진 『도리도리 짝자꿍』

속담은 '아기를 배면 자긍심이 생겨 몹시 위세를 부리게 된다.'라는 뜻으로 빗대는 말이다.

'아기'는 'ㅣ' 역행 동화 현상에 의한 발음을 표준 발음으로 인정하지 않는 것이다. 그러므로 '아기'로 적어야 한다.

표준어 규정 제9항 'ㅣ' 역행 동화 현상에 의한 발음은 원칙적으로 표준 발음으로 인정하지 아니한다. 다만, 다음 단어들은 그러한 동화가 적용된 형태를 표준어로 삼는다. 예를 들면, '냄비/남비, 동댕이-치다/동당이-치다' 등이 있다.

14) **"사람이 궁할 때는 대 끝에서두 삼 년을 사는 게야. 또 그렇게 참느라면 '으레/으례' 때가 오는 법이구, 고사리두 꺾을 때 꺾는다지 않던가? 꿈 참구 조금만 더 기다리게.……"**

– 박태원 『갑오 농민전쟁』

속담은 '사람이 궁지에 몰리더라도 그것을 견딜만한 끈기가 얼마든지 생길 수 있다.'는 뜻으로 빗대는 말이다.

'으레'는 모음이 단순화한 형태를 표준어로 인정한 것이다. 표준어 규정 제10항 다음 단어는 모음이 단순화한 형태를 표준어로 삼는다. 예를 들면, '미루나무, 케케묵다, 허우대, 허우적허우적' 등이 있다. 그러므로 '으레'로 적어야 한다.

보충 설명하면, 이중모음(二重母音, 'ㅑ, ㅕ, ㅛ, ㅠ, ㅒ, ㅖ, ㅘ, ㅙ, ㅝ, ㅞ, ㅢ' 따위)을 단모음(單母音, 'ㅏ, ㅐ, ㅓ, ㅔ, ㅗ, ㅚ, ㅜ, ㅟ, ㅡ, ㅣ' 따위)으로 발음하고, 'ㅚ, ㅟ, ㅘ, ㅝ' 등의 원순모음(圓脣母音, 'ㅗ, ㅜ, ㅚ, ㅟ' 따위)을 평순모음(平脣母音, 'ㅣ, ㅡ, ㅓ, ㅏ, ㅐ, ㅔ' 따위)으로 발음하는 것은 일부 방언의 특징이다. 모음은 입술 모양에 따라 원순모음과 평순모음으로 나뉜다. 원순모음은 발음할 때에 입술을 둥글게 오므려 내는 모음이다. '둥근홀소리'라고도 한다. 평순모음은 입술을 둥글게 오므리지 않고 발음하는 모음이다. '안둥근홀소리'라고도 한다.

15) **나이가 들면서 '주책/주착'이 없어져 쉽게 다른 사람의 말에 귀를 기울이게 됐다.**

'주책(主着)'은 '일정하게 자리 잡힌 주장이나 판단력.'을 뜻한다.

표준어 규정 제11항 다음 단어에서는 모음의 발음 변화를 인정하여, 발음이 바뀌어 굳어진 형태를 표준어로 삼는다. 예를 들면, '상추, 시러베아들, 튀기, 허드레' 등이 있다. 그러므로 '주책'으로 적어야 한다.

'상추'는 '국화과의 한해살이풀 또는 두해살이풀'이다. 높이는 1미터 정도이며, 경엽은 어긋나고 근생엽은 큰 타원형이다. 초여름에 연누런빛 꽃이 원추(圓錐) 화서로 피고 열매는 작은 수과(瘦果)를 맺는다. 잎은 쌈을 싸서 먹는다. 유럽이 원산지로 전 세계에 분포한다.

'시러베아들'은 '시러베자식(실없는 사람을 낮잡아 이르는 말.).'이라는 뜻이다. '튀기'는 '혼혈인'을 낮잡아 이르는 말이다. '허드레'는 '그다지 중요하지 아니하고 허름하여 함부로 쓸 수 있는 물건.'을 일컫는다.

16) 비가 내려 서늘한 기온이라 '윗도리/웃도리'는 입혔으나 아랫도리는 기저귀만 찬 모습이다. 태어나고 석 달 안쪽은 잠과 더불어 자란다는 말대로, 아기는 하루 스무 시간 가까이 잠으로 보낸다.

– 김원일 『불의 제전』

속담은 '아기는 태어나 석 달 정도를 거의 잠으로 산다.'라는 뜻으로 빗대는 말이다.

'윗도리'는 '윗옷'을 말한다.

표준어 규정 제12항 '웃–' 및 '윗–'은 명사 '위'에 맞추어 '윗–'으로 통일한다. 예를 들면, '윗–넓이/웃–넓이, 윗–눈썹/웃–눈썹, 윗–니/웃–니' 등이 있다. 그러므로 '윗도리'로 적어야 한다.

'윗넓이'는 '물체의 윗면의 넓이.'를 말한다.

보충 설명하면, '웃'과 '윗'을 한쪽으로 통일하고자 한 결과이다. 이들은 명사 '위'에 사이시옷이 결합된 것으로 해석하여 '윗'을 기본으로 삼은 것이다.

17) 산 **'위쪽/윗쪽'**으로 올라갈수록 사람의 숫자가 줄어들었다.

표준어 규정 제12항 다만 1. 된소리나 거센소리 앞에서는 '위-'로 한다. 예를 들면, '위-채/웃-채, 위-치마/웃-치마, 위-턱/웃-턱, 위-팔/웃-팔' 등이 있다. 그러므로 '위쪽'으로 적어야 한다.

보충 설명하면, 한글 맞춤법 제30항에 보인 사이시옷의 음운론적인 기능은 뒷말의 첫소리를 된소리[硬音, 'ㄲ, ㄸ, ㅃ, ㅆ, ㅉ' 따위]로 하거나 뒷말의 첫소리 'ㄴ, ㅁ'이나 모음 앞에서 'ㄴ' 또는 'ㄴㄴ' 소리가 덧나도록 하는 것으로 이해할 수 있다. 결국, 된소리나 거센소리 앞에서는 사이시옷을 쓰지 않기로 한 한글 맞춤법의 규정이다.

18) 날씨가 추워서 **'웃옷/윗옷'**을 걸쳐 입었다.

표준어 규정 제12항 다만 2. '아래, 위'의 대립이 없는 단어는 '웃-'으로 발음되는 형태를 표준어로 삼는다. 예를 들면, '웃-국/윗-국, 웃-돈/윗-돈, 웃-비/윗-비' 등이 있다. 그러므로 '웃옷'으로 적어야 한다.

'웃국'은 '간장이나 술 따위를 담가서 익힌 뒤에 맨 처음에 떠낸 진한 국.'을 말한다. '웃돈'은 '본래의 값에 덧붙이는 돈.'을 의미한다. '웃비'는 '아직 우기(雨氣)는 있으나 좍좍 내리다가 그친 비.'를 말한다.

19) '웃어른/윗어른'의 말씀은 잘 새겨들어야 한다.

'웃어른'은 '나이나 지위, 신분, 항렬 따위가 자기보다 높아 직접 또는 간접으로 모시는 어른'을 의미한다.

표준어 규정 제12항 다만 2. '아래, 위'의 대립이 없는 단어는 '웃-'으로 발음되는 형태를 표준어로 삼는다. 그러므로 '웃어른'으로 적어야 한다.

보충 설명하면, '웃-'으로 표기되는 단어를 최대한 줄이고 '윗-'으로 통일함으로써 '웃~윗'의 혼란은 한결 줄어든 셈이다. 결국, 대립이 있는 것은 '윗-'으로 쓰고, 대립이 없는 것은 '웃-'으로 쓰는 것이다.

20) 몇 차례 미스 장 자취방을 더 찾아가 일이 있었으나 그때마다 미스 장은 늘 저녁 굶은 시어머니 상을 하기는 했다, 바쁜 세상인데 뭐하러 툭하면 남의 집에 가을 '뱀/배암' 굴로 기어들 듯 기어드느냐 그거였다.

– 박범신『불의 나라』

속담은 '자취도 없이 은밀하게 어딘가로 스며든다.'라는 뜻으로 빗대는 말이다.

'뱀'을 표준어로 인정한 것이다. 표준어 규정 제14항 준말이 널리 쓰이고 본말이 잘 쓰이지 않는 경우에는, 준말만을 표준어로 삼는다. 예를 들면, '귀찮다/귀치 않다, 김/기음, 무/무우, 뱀-장어/배암-장어, 빔/비음, 샘/새암, 생-쥐/새앙-쥐' 등이 있다. 그러므로 '뱀'으로 적어야 한다.

보충 설명하면, 사전에서만 밝혀져 있을 뿐 현실 언어에서는 전혀 또는 거의 쓰이지 않게 된 본딧말을 표준어에서 제거하고 준말만을 표준어로 삼은 것이다.

21) **임금이란게 제 아무리 똑똑하다구 까불구 천하를 '돗자리/돗' 말 듯 한다고 우쭐렁거려두 결국은 아랫것들의 꼭두각시 노릇을 하지 않을 수 없는 게니 좀 봐라…….**

– 홍석중 『황진이』

속담은 '온 세상을 제 멋대로 주무른다.'라는 뜻으로 빗대는 말이다.

'돗자리'를 표준어로 인정한 것이다. 표준어 규정 제15항 준말이 쓰이고 있더라도, 본말이 널리 쓰이고 있으면 본말을 표준어로 삼는다. 예를 들면, '경황-없다/경-없다, 궁상-떨다/궁-떨다, 귀이-개/귀-개, 낌새/낌, 내왕-꾼/냉-꾼' 등이 있다. 그러므로 '돗자리'로 적어야 한다.

'경황(驚惶)없다'는 '몹시 괴롭거나 바쁘거나 하여 다른 일을 생각할 겨를이나 흥미가 전혀 없다.'라는 뜻이다. '궁상떨다'는 '궁상(窮狀, 어렵고 궁한 상태.)이 드러나 보이도록 행동하다.'의 뜻이다. '귀이개'는 '귀지를 파내는 기구.'를 말한다. 나무나 쇠붙이로 숟가락 모양으로 가늘고 작게 만든다. '내왕꾼(來往-)'은 '절에서 심부름하는 일반 사람.'을 일컫는다.

보충 설명하면, 본말이 훨씬 널리 쓰이고 있고, 그에 대응되는 준말이 쓰인다고 해도 그 세력이 미진한 경우 본말만을 표준어로 삼았다.

22) **멀어져 가는 그들을 노려보며 두 번 째 농부가 이빨을 뿌드득 갈았다. "나무래는 시엄씨보담 말리는 '시누/시뉘/시누이'가 더 밉다는 말언 저 이동만 이놈 두고 헌 말이여." 세 번째 농부가 주먹질을 해댔다.**

– 조정래 『아리랑』

속담은 '겉으로는 위해주는 척 하면서 속으로는 정 반대의 생각을 하기 십상.'이라는 뜻으로 빗대는 말이다.

'시누/시뉘/시누이' 등을 표준어로 인정한 것이다. 표준어 규정 제

16항 준말과 본말이 다 같이 널리 쓰이면서 준말의 효용이 뚜렷이 인정되는 것은, 두 가지를 다 표준어로 삼는다. 예를 들면, '거짓-부리/거짓-불, 노을/놀, 막대기/막대, 망태기/망태, 서두르다/서둘다' 등이 있다. 그러므로 '시누이/시누/시뉘' 등으로 적어야 한다.

'거짓부리'는 '거짓말'을 속되게 이르는 말이다. '거짓부렁, 거짓부렁이, 거짓부리'라고도 한다.

'노을'은 '해가 뜨거나 질 무렵에, 하늘이 햇빛에 물들어 벌겋게 보이는 현상.'을 의미한다. '망태기'는 '물건을 담아 들거나 어깨에 메고 다닐 수 있도록 만든 그릇.'을 말한다.

보충 설명하면, 본말과 준말을 모두 표준어(標準語)로 삼은 단어들이다. 두 형태가 모두 널리 쓰이는 것들이어서 어느 하나만을 표준어로 인정할 수 없다는 근거이다.

23) 길상은 언젠가 탈바가지를 만들어 봉순네를 감탄케 했거니와 심심하면 나무든 흙이든 깎고 빚고 해서 '꼭두각시/꼭둑각시'를 만들어 보는 것은 그의 유일한 낙이었다.

'꼭두각시'는 '꼭두각시놀음에 나오는 여러 가지 인형.', '남의 조종에 따라 움직이는 사람이나 조직'을 비유적으로 이르는 말이다.

표준어 규정 제17항 비슷한 발음의 몇 형태가 쓰일 경우, 그 의미에 아무런 차이가 없고, 그 중 하나가 더 널리 쓰이면, 그 한 형태만을 표준어로 삼는다. 예를 들면, '귀고리/귀엣고리, 귀지/귀에지, 냠냠거리다/얌냠거리다, 멸치/며루치, 보습/보십, -습니다/-읍니다, 잠투정/잠투세' 등이 있다. 그러므로 '꼭두각시'라고 적어야 한다.

'보습'은 '쟁기, 극젱이, 가래 따위 농기구의 술바닥에 끼우는, 넓적한 삽 모양의 쇳조각.'을 말한다. '잠투정'은 '어린아이가 잠을 자려고 할 때나 잠이 깨었을 때 떼를 쓰며 우는 짓.'을 말한다.

24) 차라리 동네 구멍가게에서 산 백원짜리 얼음과자만도 못하다. 그게 쌀 한 되 값이나 되는 1천 5백원짜리라니 돈이 아까웠다. 속담에 "아재비 술 한 잔이 촌놈 겉보리가 '서∨말/세∨ 말'"이라더니 그 말이 꼭 들어 맞았다.

– 권정생 『팥빙수 한 그릇과 쌀 한 되』

속담은 '있는 사람은 예사로 쓰는 돈이지만, 없는 사람에겐 무척 큰 것.'이라는 뜻으로 빗대는 말이다.

'서∨말'에서 '서'를 표준어로 인정한 것이다.

표준어 규정 제17항 비슷한 발음의 몇 형태가 쓰일 경우, 그 의미에 아무런 차이가 없고, 그 중 하나가 더 널리 쓰이면, 그 한 형태만을 표준어로 삼는다. 예를 들면, '-던가/-든가, -려고/-ㄹ려고, 빰따귀/뺌따귀, 상판대기/쌍판대기, 오금팽이/오금탱이, -올시다/올습니다' 등이 있다. 그러므로 '서'로 적어야 한다.

'빰따귀'는 '뺨'을 비속하게 이르는 말이다. '상판대기'는 '얼굴'을 속되게 이르는 말이다. '오금팽이'는 '오금(무릎의 구부러지는 오목한 안쪽 부분.)이나, 오금처럼 오목하게 팬 곳'을 낮잡아 이르는 말이다. '-올시다'는 '어떠한 사실을 평범하게 서술'하는 종결 어미이다. 화자가 나이가 꽤 들어야 쓴다.

25) "한식에 '멸치/며루치/메리치'가 많이 들면 사람이 많이 죽는다.", '겨울에 멸치가 많이 나는 해는 사람도 많이 죽는다.'라는 말이 있다. 날씨가 좋든 나쁘든 목숨을 걸고 출어해야 할 정도로 멸치잡이는 중요한 어업이었다.

– 이태원 『현산어보를 찾아서』

속담은 '멸치가 많이 잡히면 그것을 잡으려고 악천후에도 출어하다가 많은 사람이 죽게 된다.'라는 뜻으로 빗대는 말이다.

'멸치'를 표준어로 인정한 것이다. 표준어 규정 제17항 비슷한 발음의 몇 형태가 쓰일 경우, 그 의미에 아무런 차이가 없고, 그 중 하나가 더 널리 쓰이면, 그 한 형태만을 표준어로 삼는다. 그러므로 '멸치'로 적어야 한다.

26) "언사가 개차반이구료 내게 무슨 허물이 있다고 그러시오? 경강으로 가지 않으면 그만이지 쪽박은 왜 깨려 드오?" "이놈 , 썩 물러가거라. **마방이 안 되려면 나귀만 '꾀어든다/꼬이어든다'더니** 공연히 부아를 긁어 놓질 않나?" – 김주영 『객주』

속담은 '일이 안되려면 제 일과는 관계없는 잡일만 생긴다.'라는 뜻으로 빗대어 이르는 말이다.

'꾀다/꼬이다'는 '그럴듯한 말이나 행동으로 남을 속이거나 부추겨서 자기 생각대로 끌다.'라는 뜻이다. '꾀다'는 '꼬이다'의 준말이다.

표준어 규정 제18항 다음 단어는 원칙으로 하고 허용도 한다. 예를 들면, '네/예, 쇠-/소-, 쐬다/쏘이다, 죄다/조이다, 쬐다/쪼이다' 등이 있다. 그러므로 '괴어, 고이어'로 적어야 한다.

'쐬다/쏘이다'는 '얼굴이나 몸에 바람이나 연기, 햇빛 따위를 직접 받다.'라는 뜻이다. '쏘이다'의 준말이다. '죄다/조이다'는 '느슨하거나 헐거운 것이 단단하거나 팽팽하게 되다. 또는 그렇게 되게 하다.'라는 뜻이다. '쬐다/쪼이다'는 '볕이 들어 비치다.'의 뜻이다. '쪼이다'의 준말이다.

보충 설명하면, 비슷한 발음을 가진 두 형태에 대하여 그 발음 차이가 국어의 일반 음운 현상으로 설명되면서 두 형태가 널리 쓰이는 것들이기에 모두 표준어로 인정하였다.

27) **고달근이는 아전의 뒤에 서 있는 사내를 넘겨 다 보았다. 그는 첫눈에 사내가 포청 밥 먹는 자임을 알아차렸다. 눈매가 그러하고 탄탄한 어깨며 기골이 그러하였다. 또한 고달근이가 길에서 사당거사질로 반평생을 보낸 사람이라 기찰 포교 '나부랭이/너부렁이'들은 시끄러운 장터에서 만나더라도 마치 콩 가운데 팥 골라내는 일처럼 수월한 노릇이었다.**

– 황석영 『장길산』

속담은 '어떤 일을 하기가 무척 수월하다.'라는 뜻으로 빗대는 말이다.

'나부랭이/너부렁이'는 '어떤 부류의 사람이나 물건'을 낮잡아 이르는 말이다. 표준어 규정 제19항 어감의 차이를 나타내는 단어 또는 발음이 비슷한 단어들이 다 같이 널리 쓰이는 경우에는, 그 모두를 표준어로 삼는다. 예를 들면, '고까/꼬까, 고린-내/코린-내, 교기(驕氣)/갸기, 구린-내/쿠린-내, 꺼림-하다/께름-하다, 나부랭이/너부렁이' 등이 있다. 그러므로 '나부랭이, 너부렁이'로 적어야 한다.

'고까/꼬까'는 '어린아이의 말로, 알록달록하게 곱게 만든 아이의 옷이나 신발' 따위를 이르는 말이다. '때때'라고도 한다. '고린내/코린-내'는 '썩은 풀이나 썩은 달걀 따위에서 나는 냄새와 같이 고약한 냄새.'를 말한다. '교기/갸기'는 '남을 업신여기고 잘난 체하며 뽐내는 태도.'를 말한다. '구린-내/쿠린-내'는 '똥이나 방귀 냄새와 같이 고약한 냄새.'를 뜻한다. '꺼림-하다/께름-하다'는 '마음에 걸려 언짢은 느낌이 있다.'라는 뜻이다.

보충 설명하면, 어감(語感)이란 '말이 주는 느낌'을 이른다. 어감의 차이가 있다는 것은 별개의 단어라고 할 수 있으나 기원을 같이하는 단어이면서 그 어감의 차이가 미미하기 때문에 복수 표준어로 인정하였다.

28) **"'자두/오얏' 껍데기가 시다고 해서 '자두/오얏'가 신과일은 아닐 것**이며 껍데기를 벗기고 먹으면 달다고 해서 마음 놓고 덥썩 먹을 수 있는 과일도 아닐 것이며, 조심스럽게 발라 먹어야지 씨앗 가까이 가면 껍데기 못잖게 시거든." – 박경리 『토지』

속담은 '겉과 속이 같지 않다.'는 뜻으로 비유해 이르는 말이다.

표준어 규정 제20항 사어(死語)가 되어 쓰이지 않게 된 단어는 고어로 처리하고, 현재 널리 사용되는 단어를 표준어로 삼는다. 예를 들면, '난봉/봉, 낭떠러지/낭, 설거지-하다/설겆다, 애달프다/애닯다' 등이 있다. 그러므로 '자두'로 적어야 한다.

'난봉'은 '허랑방탕한 짓.'을 의미한다. '낭떠러지'는 '깎아지른 듯한 언덕.'을 의미한다. '설거지-하다'는 '먹고 난 뒤의 그릇을 씻어 정리하다.'라는 뜻이다. '애달프다'는 '마음이 안타깝거나 쓰라리다.'의 의미이다.

보충 설명하면, '사어(死語)'는 '과거(過去)에는 쓰였으나 현재(現在)에는 쓰이지 아니하게 된 언어'를 말한다. '고어(古語)'는 '오늘날은 쓰지 아니하는 옛날의 말'을 일컫는다. 발음상의 변화가 아니라 어휘적으로 형태를 달리하는 단어들을 사정한 것이다.

'자두'는 자두나무의 열매. 살구보다 조금 크고 껍질 표면은 털이 없이 매끈하며 맛은 시큼하고 달콤하다.

29) **"미대접 이어서 면목이 아닙니다. 뒤꼍에다 등물을 마련해 놓긴 하였습니다만 곤하시면 그대로 침석에 드시지요." "나 또한 면목이 없소만 자빠진 김에 쉬어 가더라고 하룻밤 '구들장/방돌' 신세를 져야 하겠소."** – 김주영 『객주』

속담은 '어떤 일이 일어난 김에 그동안 하고 싶었던 것을 한다.'라는 뜻으로 빗대는 말이다.

'구들-장'은 '방고래 위에 깔아 방바닥을 만드는 얇고 넓은 돌.'을 말한다. '구들돌, 온돌석'이라고도 한다.

표준어 규정 제21항 고유어 계열의 단어가 널리 쓰이고 그에 대응되는 한자어 계열의 단어가 용도를 잃게 된 것은, 고유어 계열의 단어만을 표준어로 삼는다. 예를 들면, '가루-약/말-약(末藥), 구들-장/방-돌(房-), 길품-삯/보행-삯(步行-), 까막-눈/맹-눈(盲-), 꼭지-미역/총각-미역(總角--), 나뭇-갓/시장-갓(柴場-), 늙-다리/노닥다리(老---), 두껍-닫이/두껍-창(--窓)' 등이 있다. 그러므로 '구들장'으로 적어야 한다.

'길품-삯'은 '남이 갈 길을 대신 가 주고 받는 삯.'을 말한다. '보행료, 보행전'이라고도 한다. '꼭지-미역'은 '한 줌 안에 들어올 만큼을 모아서 잡아맨 미역.'을 일컫는다. '나뭇-갓'은 '나무를 가꾸는 말림갓(산의 나무나 풀 따위를 함부로 베지 못하게 단속하는 땅이나 산.).'을 말한다. '늙-다리'는 '늙은이'를 낮잡아 이르는 말이다. '두껍닫이'는 '미닫이를 열 때, 문짝이 옆벽에 들어가 보이지 아니하도록 만든 것.'을 뜻하며, '두껍집'이라고도 한다.

30) 근데 이 절 큰스님이란 자가 알구보니 어찌나 어물쩍한지 **반디불루 언 쥐껍데기를 벗길 늙다립니다.** 아 글쎄 그 **'늙다리/노닥다리'**가 그럴듯하게 꾸며내서 하는 말이 ……. – 홍석중 『황진이』

속담은 '소견이 좁고 옹졸한 사람.'의 뜻으로 빗대는 말이다.

'늙다리'는 '늙은 짐승.', '늙은이.'를 낮잡아 이르는 말이다. 표준어 규정 제22항 고유어 계열의 단어가 생명력을 잃고 그에 대응되는 한자어 계열의 단어가 널리 쓰이면, 한자어 계열의 단어를 표준어로 삼는다. 예를 들면, '개다리-소반(小盤)/개다리-밥상, 겸-상(兼床)/맞-상, 고봉-밥(高捧-)/높은-밥, 단-벌(單-)/홑-벌, 방-고래(房--)/구들-고래' 등이 있다. 그러므로 '늙다리'로 적어야 한다.

'개다리-소반'은 '상다리 모양이 개의 다리처럼 휜 막치 소반.'을 일컫는다. '겸-상'은 '둘 또는 그 이상의 사람이 함께 음식을 먹을 수 있도록 차린 상.'을 말한다. '고봉-밥'은 '그릇 위로 수북하게 높이 담은 밥.'을 뜻한다. '단-벌'은 '오직 한 벌의 옷.'을 말하며, '단거리, 단건'이라고 한다. '방-고래'는 '방의 구들장 밑으로 나 있는, 불길과 연기가 통하여 나가는 길.'을 뜻한다. '고래'라고도 한다.

31) 포장마차에서 술 한 잔 하다보면 서비스로 '멍게/우렁쉥이'를 한 접시 준다.

'멍게'는 표준어로 쓰이는 것은 원래대로 내버려 두고, 방언이던 것을 표준어로도 인정한 것이다.

표준어 규정 제23항 방언이던 단어가 표준어보다 더 널리 쓰이게 된 것은, 그것을 표준어로 삼는다. 이 경우, 원래의 표준어는 그대로 표준어로 남겨 두는 것을 원칙으로 한다. 예를 들면, '물-방개/선두리, 애-순/어린-순' 등이 있다. 그러므로 '멍게, 우렁쉥이'로 적어야 한다.

'물-방개/선두리'는 '물방갯과의 곤충'이다. 몸의 길이는 3.5~4.0cm이며, 검은 갈색에 녹색 광택이 나고 딱지날개의 가에는 노란 띠가 둘려 있다. 뒷다리는 길고 크며 털이 많다. 수컷은 앞다리의 발목마디가 부풀어 빨판 모양으로 되어 있다. 연못, 무논 따위의 물속에 사는데 한국, 일본, 중국, 대만 등지에 분포한다.

'애-순/어린-순'은 '나무나 풀의 새로 돋아나는 어린싹.'을 말한다.
보충 설명하면, '방언(方言)'은 '한 언어에서, 사용 지역 또는 사회 계층에 따라 분화된 말'의 체계로 '사투리'라고도 한다. 방언 중에서도 언어생활을 하는 사람들이 널리 쓰게 된 것을 표준어(標準語)로 규정하였다.

'멍게'는 '멍겟과의 원삭동물'이다. 몸은 15~20cm이고 겉에 젖꼭지 같은 돌기가 있다. 더듬이는 나뭇가지 모양이고 수가 많으며 껍질은 두껍다. 한국, 일본 등지에 분포하며, '우렁쉥이(Halocynthia roretzi)'라고도 한다. '원삭동물(原索動物)'은 '척삭동물에서 미삭동물이나 두삭동물에 속하는 동물을 통틀어 이르는 말'이다. 발생 도중에 나타나는 척삭을 일생 동안 가지는 동물로, 중추 신경은 대롱 모양으로 척삭의 등 쪽에 있고 호흡 기관은 위창자관에서 발생한다. '척삭(脊索)'은 '척수의 아래로 뻗어 있는 연골로 된 줄 모양'의 물질이다. 척추의 기초가 되는 것으로, 원삭동물에서는 일생 동안 볼 수 있으나 척추동물에서는 퇴화한다.

32) 서희는 '귀밑머리/귓머리'를 남은 머리에 모아서 머리채를 앞으로 넘겨 다시 세 가닥으로 갈라땋는다.

'귀밑-머리'는 방언이던 단어를 표준어로 인정하였다. '이마 한가운데를 중심으로 좌우로 갈라 귀 뒤로 넘겨 땋은 머리.', '뺨에서 귀의 가까이에 난 머리털.' 등을 뜻한다.

'귀밑머리'는 방언이던 말이 많이 쓰여서 표준어로 인정한 것이다. 예를 들면, '웬 귀밑머리 땋은 총각 하나가 숨이 턱에 닿게 헐레벌떡 달려오더니….', '희끗희끗 귀밑머리가 세게 늙었으나 체대가 큰 모습은 아직 육중하였다.' 등이 있다.

표준어 규정 제24항 방언이던 단어가 널리 쓰이게 됨에 따라 표준어이던 단어가 안 쓰이게 된 것은 방언이던 단어를 표준어로 삼는다. 예를 들면, '까-뭉개다/까-무느다, 빈대-떡/빈자-떡, 생인-손(생-손)/생안-손, 역-겹다/역-스럽다, 코-주부/코-보' 등이 있다. 그러므로 '귀밑머리'로 적어야 한다.

'까뭉개다'는 '높은 데를 파서 깎아 내리다.', '인격이나 문제 따위를 무시해 버리다.' 등의 뜻이다. '생인손'은 '손가락 끝에 종기가 나서 곪는 병.'을 뜻한다. '대지(代指), 사두창, 생손, 생손앓이'라고도 한다. '역겹다'는 '역정이 나거나 속에 거슬리게 싫다.'라는 뜻이다. '코주부'는 '코가 큰 사람을 놀림조'로 이르는 말이다.

33) 가끔, 아주 드물게 꽃치는 밥을 얻어먹은 집의 일을 도와주기도 한다. '부지깽이/부지팽이'도 덤벙이는 모내기철이나 가을걷이 때, 꽃치에게 일 좀 도와 달라고 하면 꽃치는 그 말을 듣고서 좋다 싫다 말은 한 마디도 없지만, 말은커녕 고개 한 번 끄덕이는 일도 없지만, 무슨 일을 해야 하는지 다 알고 일을 시작한다.

– 박상률『봄바람』

속담은 '가을철 추수에는 하도 바빠서 모든 사람들이나 뭇 사물들이 다 그냥 있지 못할 정도.'의 뜻으로 빗대는 말이다.

'부지깽이'는 '아궁이 따위에 불을 땔 때에, 불을 헤치거나 끌어내거나 거두어 넣거나 하는 데 쓰는 가느스름한 막대기'를 말하며, '화곤(火棍), 화장(火杖)'이라고도 한다.

표준어 규정 제25항 의미가 똑같은 형태가 몇 가지 있을 경우, 그 중 어느 하나가 압도적으로 널리 쓰이면, 그 단어만을 표준어로 삼는다. 예를 들면, '겸사-겸사/겸지-겸지/겸두-겸두, 고구마/참-감자, 골목-쟁이/골목-자기, 광주리/광우리, 괴통/호구, 국-물/멀-국/말

-국, 군-표/군용-어음, 까다롭다/까닭-스럽다/까탈-스럽다' 등이 있다. 그러므로 '부지깽이'라고 적어야 한다.

'겸사-겸사'는 '한 번에 여러 가지 일을 하려고, 이 일도 하고 저 일도 할 겸 해서.'라는 뜻이다. '골목쟁이'는 '골목에서 좀 더 깊숙이 들어간 좁은 곳.'을 일컫는다. '광주리'는 '대, 싸리, 버들 따위를 재료로 하여 바닥은 둥글고 촘촘하게, 전은 성기게 엮어 만든 그릇.'을 일컫는다. '괴통'은 '괭이, 삽, 쇠스랑, 창 따위의 쇠 부분에 자루를 박도록 만든 통.'을 일컫는다. '까다롭다'는 '성미나 취향 따위가 원만하지 않고 별스럽게 까탈이 많다.'라는 뜻이다.

34) **"아무래두 놈이란 놈한테 '안다미를 씌워놓은/안다미를 시키는' 게 꼭 사금파리를 통채루 삼킨 것 같아서 불안하단 말야."**

— 홍석중 『황진이』

속담은 '기분이 몹시 찜찜하고 불안하다.'라는 뜻으로 비유하는 말이다.

'안다미씌우다'는 '제가 담당할 책임을 남에게 넘긴다.'는 뜻이다.

표준어 규정 제25항 의미가 똑같은 형태가 몇 가지 있을 경우, 그 중 어느 하나가 압도적으로 널리 쓰이면, 그 단어만을 표준어로 삼는다. 예를 들면, '술-고래/술-꾸러기/술-부대/술-보/술-푸대, 식은-땀/찬-땀, 신기-롭다(신기하다)/신기-스럽다, 쌍동-밤/쪽-밤, 쏜살-같이/쏜살-로, 아주/영판, 안쓰럽다/안-슬프다, 안절부절-못하다/안절부절-하다' 등이 있다. 그러므로 '안다미씌우다'로 적어야 한다.

'술고래'는 '술을 아주 많이 마시는 사람'을 비유적으로 이르는 말이다. '식은-땀'은 '몸이 쇠약하여 덥지 아니하여도 병적으로 나는 땀.'을 의미한다. '신기롭다'는 '새롭고 기이한 느낌'이 있다. '쏜살-같이'

는 '쏜 화살과 같이 매우 빠르게.'라는 뜻이다. '살같이'라고도 한다. '안쓰럽다'는 '손아랫사람이나 약자에게 도움을 받거나 폐를 끼쳤을 때 마음에 미안하고 딱하다.'라는 의미이다. '안절부절-못하다'는 '마음이 초조하고 불안하여 어찌할 바를 모르다.'라는 말이다.

35) **옥사정 홍동지가 눈을 빛내면서 이죽거리는데 또 한 소리가 나간다. "네 어찌 산중왕을 자처하느냐. 생겨 처먹은 몰골이 '가뭄/가물' 끝의 쥐참외 꼴이다.** 이 자식아."

– 황석영 『장길산』

속담은 '아주 조그맣고 볼품이 없다.'라는 뜻으로 빗대 말이다.

'가뭄/가물'은 '오랫동안 계속하여 비가 내리지 않아 메마른 날씨.'를 말한다. 표준어 규정 제26항 한 가지 의미를 나타내는 형태 몇 가지가 널리 쓰이며 표준어 규정에 맞으면, 그 모두를 표준어로 삼는다. 예를 들면, '가는-허리/잔-허리, 가락-엿/가래-엿, 가뭄/가물, 가엾다/가엽다, 가엾어/가여워, 가엾은/가여운, 감감-무소식/감감-소식, 개수-통/설거지-통, 개숫-물/설거지-물, 갱-엿/검은-엿' 등이 있다. 그러므로 '가뭄/가물'로 적어야 한다.

'가는-허리/잔-허리'는 '잘록 들어간, 허리의 뒷부분.'을 일컫는다. '세요(細腰)'라고도 한다. '가락-엿/가래-엿'은 '둥근 모양으로 길고 가늘게 뽑은 엿.'을 말한다.

'가엾다/가엽다'는 '마음이 아플 만큼 안되고 처연하다.'라는 뜻이다. '감감-무소식/감감-소식'은 '소식이나 연락이 전혀 없는 상태.'를 말한다. '개수-통/설거지-통'은 '음식 그릇을 씻을 때 쓰는, 물을 담는 통.'을 말한다. '개숫-물/설거지-물'은 '음식 그릇을 씻을 때 쓰는 물.'을 뜻한다. '갱-엿/검은-엿'은 '푹 고아 여러 번 켜지 않고 그대로 굳혀 만든, 검붉은 빛깔의 엿.'을 말한다.

36) **"그렇기에 옛말에도 담장에 호박 '넝쿨/덩굴/덩쿨' 키를 넘을 때에는 딸네 집에도 가지 말라는 말이 있지 않느냐. 어려운 춘궁 칠궁을 겸한 이때 그들이 무엇으로 주린 창자를 채워보겠느냐." 상민이는 잠잠히 말이 없고 전봉준은 긴 한숨을 내쉬었다.**

– 박태원 『갑오농민전쟁』

속담은 '아무리 가까운 딸이라고 하더라도 춘궁기에 가면 더욱 어려움을 주게 된다.'라는 뜻으로 빗대는 말이다.

'넝쿨'은 '길게 뻗어 나가면서 다른 물건을 감기도 하고 땅바닥에 퍼지기도 하는 식물의 줄기'를 뜻한다.

표준어 규정 제26항 한 가지 의미를 나타내는 형태 몇 가지가 널리 쓰이며 표준어 규정에 맞으면, 그 모두를 표준어로 삼는다. 예를 들면, '귀퉁-머리/귀퉁-배기, 극성-떨다/극성-부리다, 기세-부리다/기세-피우다, 기승-떨다/기승-부리다, 깃-저고리/배내-옷/배냇-저고리, 까까-중/중-대가리, 꼬까/때때/고까' 등이 있다. 그러므로 '넝쿨, 덩굴'로 적어야 한다.

'극성-떨다/극성-부리다'는 '몹시 드세거나 지나치게 적극적으로 행동하다.'라는 뜻이다. '기세-부리다/기세-피우다'는 '남에게 영향을 끼칠 기운이나 태도'를 드러내 보인다는 뜻이다. '기승떨다/기승-부리다'는 '기운이나 힘 따위가 성해서 좀처럼 누그러들지 않다.'라는 의미이다. '깃-저고리/배내-옷/배냇-저고리'는 '깃과 섶을 달지 않은, 갓난아이의 옷.'을 일컫는다. '까까-중/중-대가리'은 '까까머리를 한 중, 또는 그런 머리.'를 말한다.

37) "이놈! 내가 죽은 줄 알았더냐?" 하고 **'닭장/닭의장' 속에 들어간 족제비를 튀기듯이** 소리를 벽력같이 질렀다.

– 심훈 『탈춤』

속담은 '아주 큰 소리로 어떤 것을 꾸짖거나 놀라게 한다.'라는 뜻으로 빗대는 말이다.

'닭장'은 '닭을 가두어 두는 장'이며, '계사(鷄舍), 계서(鷄棲), 닭의장'이라고도 한다.

표준어 규정 제26항 한 가지 의미를 나타내는 형태 몇 가지가 널리 쓰이며 표준어 규정에 맞으면, 그 모두를 표준어로 삼는다. 예를 들면, '뒷-갈망/뒷-감당, 뒷-말/뒷-소리, 들락-거리다/들랑-거리다, 들락-날락/들랑-날랑, 딴-전/딴-청, 땔-감/땔-거리, -뜨리다/-트리다, 뜬-것/뜬-귀신, 만장-판/만장-중(滿場中), 만큼/만치, 말-동무/말-벗, 먹-새/먹음-새, 면-치레/외면-치레, 모-내다/모-심다, 모-내기/모-심기' 등이 있다. 그러므로 '닭장, 닭의장' 등으로 적어야 한다.

'뒷-말/뒷-소리'는 '계속되는 이야기의 뒤를 이음, 또는 그런 말.'을 뜻한다. '들락-거리다/들랑-거리다'는 '자꾸 들어왔다 나갔다 하다.'라는 뜻이다. '딴-전/딴-청'은 '어떤 일을 하는 데 그 일과는 전혀 관계없는 일이나 행동.'을 일컫는다. '-뜨리다/-트리다'는 몇몇 동사의 '-아/어' 연결형 또는 어간 뒤에 붙어, '강조'의 뜻을 더하는 접미사이다. '-트리다'와 같다. 깨뜨리다/밀어뜨리다/부딪뜨리다/밀뜨리다/쏟뜨리다/찢뜨리다. '뜬-것/뜬-귀신'은 '떠돌아다니는 못된 귀신.'을 의미한다. '등신, 부귀(浮鬼), 부행신'이라고도 한다. '만장-판/만장-중(滿場中)'은 '많은 사람이 모인 곳. 또는 그 많은 사람.'을 말한다. '만큼/만치'는 '주로 어미 '-은, -는, -던' 뒤에 쓰여, 뒤에 나오는 내용의 원인이나 근거가 됨'을 나타내는 말이다. '말-동무/말-벗'은 '더불어 이야기할 만한 친구.'라는 뜻이다. '먹-새/먹음-새'는 '음식을 먹는 태도.'를 말한다. '면-치레/외면-치레'는 '체면이 서도록 일부러 어떤 행동을 함, 또는 그 행동.'을 뜻한다. '낯닦음, 사당치레, 외면치레, 이면치레, 체면치레'라고도 한다. '모-내기/모-심기'는 '모를 못자리에서 논으로 옮겨 심는 일.'을 말한다.

38) 이처럼 **'땔감/땔거리'**를 거두는 것만을 생각할 뿐 나무를 기를 계획은 전혀 세우고 있지 않고 있으니 **아홉 길 깊은 샘물은 파지 않고 소 발자욱에 고인 물만 기대하는 격**이 아닐 수 없다.

– 이태원 『현산어보를 찾아서』

속담은 '앞날을 충분히 준비하지 않고, 그때그때만 때워 넘기려 한다.'는 뜻으로 빗대는 말이다.

'땔감/땔거리'를 표준어로 인정한 것이다. 표준어 규정 제26항 한 가지 의미를 나타내는 형태 몇 가지가 널리 쓰이며 표준어 규정에 맞으면, 그 모두를 표준어로 삼는다. 예를 들면, '물-봉숭아/물-봉선화, 물-부리/빨-부리, 물-심부름/물-시중, 물추리-나무/물추리-막대, 물-타작/진-타작, 민둥-산/벌거숭이-산, 밑-층/아래-층, 바깥-벽/밭-벽, 바른/오른[右], 버들-강아지/버들-개지, 벌레/버러지, 변덕-스럽다/변덕-맞다' 등이 있다. 그러므로 '땔감, 땔거리'로 적어야 한다.

'물-봉숭아/물-봉선화'는 '봉선화과의 한해살이풀'이다. 줄기는 높이가 60㎝ 정도이고 붉고 물기가 많으며, 잎은 어긋나고 넓은 피침 모양이며 뾰족한 톱니가 있다. 8~9월에 붉은 자주색 꽃이 줄기의 끝에서 꽃대가 나와 방상(房狀) 화서로 핀다. 산이나 들의 습지에 나는 데 한국, 일본, 만주 등지에 분포한다.

'물-부리/빨-부리'는 '담배를 끼워서 빠는 물건.'을 말한다. '물-심부름/물-시중'은 '세숫물이나 숭늉 따위를 떠다 줌, 또는 그런 잔심부름.'을 일컫는다. '물추리-나무/물추리-막대'는 '쟁기의 성에(쟁기의 윗머리에서 앞으로 길게 뻗은 나무. 허리에 한마루 구멍이 있고 앞 끝에 물추리막대가 가로 꽂혀 있다.) 앞 끝에 가로로 박은 막대기.'를 말한다. '끌이막대'라고도 한다. '물-타작/진-타작'은 '베어 말릴 사이 없이 물벼 그대로 이삭을 떨어서 낟알을 거둠. 또는 그 타작 방법.'을 말한다. '버들-강아지/버들-개지'는 '버드나무의 꽃.'을 말하며, 솜처럼 바람에 날려 흩어진다. '개지, 유서(柳絮)'라고도 한다. '벌레/버러지'는 '곤충을 비롯하여 기생충과 같은 하등 동물'을 통틀어 이르는 말이다. '변덕-스럽다/변덕-맞다'는 '이랬다저랬다 하는, 변하기 쉬운 태도나 성질이 있다.'라는 뜻이다.

39) "승냥이가 아무리 개와 비슷하게 생겼어도 개는 집에서 살고 승냥이는 산에서 살게 마련입니다. 텃밭 '벌레/버러지/벌거지/벌러지'는 텃밭에서 죽는 것이 운명입니다." - 홍석중 『황진이』

속담은 '누구나 제 살던 터전에서 살다 죽게 마련.'이라는 뜻으로 빗대는 말이다.

'벌레'는 '곤충을 비롯하여 기생충과 같은 하등 동물'을 통틀어 이르는 말이다. 표준어 규정 제26항 한 가지 의미를 나타내는 형태 몇 가지가 널리 쓰이며 표준어 규정에 맞으면, 그 모두를 표준어로 삼는다. 예를 들면, '아무튼/어떻든/어쨌든/하여튼/여하튼, 앉음-새/앉음-앉음, 알은-척/알은-체, 애-갈이/애벌-갈이, 애꾸눈-이/외눈-박이, 양념-감/양념-거리, 어금버금-하다/어금지금-하다, 어기여차/

어여차, 어림-잡다/어림-치다, 어이-없다/어처구니-없다' 등이 있다. 그러므로 '벌레, 버러지' 등으로 적어야 한다.

'아무튼/어떻든/어쨌든/하여튼/여하튼'은 '의견이나 일의 성질, 형편, 상태 따위가 어떻게 되어 있든.'이라는 뜻이다. '앉음-새/앉음-앉음'은 '자리에 앉아 있는 모양새.'를 말한다. '알은-척/알은-체'는 '어떤 일에 관심을 가지는 듯한 태도를 보임.'이라는 뜻이다. '애-갈이/애벌-갈이'는 '논이나 밭을 첫 번째 가는 일.'을 말한다. '애꾸눈-이/외눈-박이'는 '한쪽 눈이 먼 사람'을 낮잡아 이르는 말이다. '양념-감/양념-거리'는 '양념으로 쓰는 재료.'를 말한다. '어기여차/어여차'는 '여럿이 힘을 합할 때 일제히 내는 소리.'를 의미한다. '어림-잡다/어림-치다'는 '대강 짐작으로 헤아려 보다.'라는 뜻이다. '어이-없다/어처구니-없다'는 '일이 너무 뜻밖이어서 기가 막히는 듯하다.'라는 의미이다.

4 표준 발음

1) 볶은 머리는 무람없이 퉁명을 부리더니 그것도 금방이고 이내 변덕스럽게 상냥한 **'말씨[말:씨/말씨]'**로 동을 달았다. "아저씨는 문학가라면서 **애들은 장난하다가 애 배고 늙은이는 장난하다가 탈 난단** 말도 못 들었어요?"

– 이문구 『보리밥』

속담은 '누구나 장난삼아 놀다가 급기야 큰 일을 저지르게 된다.'라는 뜻으로 빗대는 말이다.

'말씨[말:씨]'는 단음절로 된 장단음(長短音)에 대한 발음이다. 장단음은 우리말 낱말의 첫 음절에만 긴소리를 인정하고 그 이하의 음절은 모두 짧게 발음함을 원칙으로 한다. 또한 동음이의어에 대한 의미의 구별도 가능하다. 표준 발음법 제6항 모음의 장단을 구별하되, 단어의 첫 음절에서만 긴소리 나타나는 것을 원칙으로 한다.

예를 들면, '말:(언어)/말(동물), 발:(–을 치다)/발(–바닥), 살:(–다)/살(–결), 밤:(–송이)/밤(–낮), 벌:(–집)/벌(–받다), 병:(–원)/병(–마개), 시:장(––님)/시자(––하다), 모:자(––관계)/모자(––쓰다), 과:장(––하다)/과장(––님)' 등이 있다. 그러므로 '말씨[말:씨]'로 발음하여야 한다.

2) 하루 이틀도 아니고 **'참말[참말/참말:]'**로 이 노릇을 어쩌끄나. 눈에 뵈능 것은 머엇이든지 한심 천만, 큰일이 나기는 날랑갑다. **날리가 날라먼 산천초목이 먼첨 안다등마는**, 그나저나 동이 트면 평순이 아부지라도 일찌감치 원뜸으로 올라가서 괴기를 좀 건져 와야 헐랑가.……)

– 최명희 『혼불』

속담은 '큰 일이 나려면 산천초목들이 그 조짐을 먼저 내보이게 된다.'는 뜻으로 빗대는 말이다.

'참말[참말]'은 두 번째 음절을 단음으로 발음하여야 하는 것들이다. 표준발음법 제6항에서 '모음의 장단을 구별하여 발음하되, 단어의 두 번째 음절에서만 짧은 소리가 나타나는 것을 원칙으로 한다.'라는 규정으로 '첫눈[천눈], 쌍동밤[쌍동밤]' 등이 있다. 그러므로 '참말[참말]로 발음하여야 한다.

3) **"나 비단옷 혀줄라 말고 자식들 가르칠 궁리나 혀요, 바가지를 차고 움막으로 '기어[겨:/겨]' 들어가도 안에서 글 읽는 소리만 들으면 정승 부럽지 않대요."** — 류영국 『만월까지』

속담은 '아무리 가난해도 자식들이 공부하는 것을 보면 어느 부모든 행복을 느낀다.'라는 뜻으로 빗대는 말이다.

'기어→겨:'는 용언의 단음절 어간에 어미 '-아'가 결합되어 한 음절로 축약되는 경우에 긴소리로 발음한다. 용언의 단음절 어간에 '-아/어, -아라/어라, -았다/었다' 등이 결합되는 때에 그 두 음절이 다시 한 음절로 축약되는 경우에는 긴소리로 발음한다. 또한 용언의 활용이 아니더라도 피동·사동이 어간과 접미사가 축약된 형태의 경우로 '누이다→뉘다[뉘:다], 트이다→틔다[티:다]' 등은 긴소리로 발음한다. 표준 발음법 제6항 [붙임]에는 '용언의 단음절 어간에 어미 '-아/어'가 결합되어 한 음절로 축약되는 경우에도 긴소리로 발음한다.'라는 규정으로 '되어→돼[돼:], 하여→해[해:]' 등이 있다. 그러므로 '기어[겨:]'로 발음하여야 한다.

'축약(縮約)'은 두 형태소가 서로 만날 때에 앞뒤 형태소의 두 음소나 음절이 한 음소나 음절로 되는 현상이다. ‘좋고’가 ‘조코’로, ‘국화’가 ‘구콰’로, ‘가리+어’가 ‘가려’로, ‘되+어’가 ‘돼’로 되는 것 따위이다.

4) **큰 북에서 큰 소리 나고 큰 나무가 큰 집을 ‘지어[져/져:]’,** 나야 이렇게 살다 이렇게 가겠지만, 당신만은 다르게 살아야 해. 그래야 나도 눈물 마르면서 살지.…….”

– 한수산 『까마귀』

속담은 ‘사람의 됨됨이가 크면 베푸는 덕도 크게 미친다.’는 뜻으로 빗대는 말이다.

‘지어→져’는 긴소리로 발음하지 않는 것으로 ‘오아-〉와, 찌어-〉쪄’ 등이 있다. 또한 ‘가아-→가, 서어→서’ 등은 같은 모음끼리 만나 모음 하나가 빠진 경우로 짧게 발음한다. 그러므로 ‘지어[져]’로 발음하여야 한다.

5) 기력이 모자란다 하여 남아서 상직을 서게 하였던 구닥다리 조졸 열 명은 조깃대가리처럼 줄 엮음을 당해서 순포막(巡捕幕)에 처박히었고, 노적했던 혜곡 백여 섬은 하늘에 뜬 구름이 되어 버렸다. **토끼를 ‘쫓다[쫀따/쪼따/쫏다/쫏따]’가 뒤따르던 호랑이에게 물린 격**이니 돌탄을 한들 무슨 소용이며 뉘를 보고 눈을 부라리랴.

– 김주영 『객주』

속담은 ‘하찮은 이익을 쫓다가 큰 화를 당한다.’라는 뜻으로 빗대는 말이다.

‘쫓다[쫀따]’에서 ‘ㅊ’은 대표음 ‘ㄷ’으로 뒤 음절의 첫소리는 된소리로 발음한다. 그러므로 ‘쫓다[쫀따]’로 발음하여야 한다. 결국, 국어의 음절 끝소리 규칙은 'ㄱ, ㄴ, ㄷ, ㄹ, ㅁ, ㅂ, ㅇ' 7개의 자음만으로 발음하는 것을 말한다.

표준 발음법 제9항에서 "받침 'ㄲ, ㅋ', 'ㅅ, ㅆ, ㅈ, ㅊ, ㅌ', 'ㅍ'은 어말 또는 자음 앞에서 각각 대표음 'ㄱ, ㄷ, ㅂ'으로 발음한다."라는 규정으로 '키읔[키윽], 키읔과[키윽꽈]'는 'ㄱ', '젖[젇], 뱉다[밷:따]'는 'ㄷ', '앞[압], 덮다[덥따]'는 'ㅂ' 등으로 발음한다.

6) "가슴이 화룡선이라더니 나으리는 정녕 속이 트이시고 도량이 '넓으십니다.[널브십니다/널으십니다/넙으십니다]'"

– 김주영 『객주』

속담은 화룡선(火龍扇)이란 용을 그려놓은 큰 배이다. '사람의 마음 씀씀이가 매우 크고 넓다.'라는 뜻으로 빗대는 말이다.

'넓으십니다[널브십니다]'에서 겹받침 'ㄼ'은 'ㅂ'이 발음되지 않고 'ㄹ'이 발음되며, 뒤의 음절로 연음되어 발음한다. 그러므로 '넓으십니다[널브십니다]'로 발음하여야 한다. 국어의 겹받침은 'ㄳ, ㄵ, ㄶ, ㄺ, ㄻ, ㄼ, ㄽ, ㄾ, ㄿ, ㅀ, ㅄ' 11개가 있다. 이 중에서 'ㅎ'을 가진 'ㄶ, ㅀ'을 제외하면 어말이나 자음 앞에서는 하나의 자음이 탈락되고, 나머지 하나의 자음만 발음된다. 두 자음 중에서 어떤 것이 발음되느냐 하는 것은 겹자음에 따라 다르다. 겹자음의 발음을 예를 들면, '넋[넉], 앉다[안따], 핥다[할따], 값[갑]' 등이 있다. 결국 겹받침 'ㄳ, ㄵ, ㄶ, ㄼ, ㄽ, ㄾ, ㅀ, ㅄ'인 경우에는 앞 자음이 발음되고, 겹받침 'ㄺ, ㄻ, ㄿ'인 경우에는 뒤 자음이 발음된다. 다만 'ㄿ'의 경우는 뒤 자음 'ㅍ'이 중화 현상을 거쳐 'ㅂ'으로 발음된다. 표준 발음법 제10항에서 "겹받침 'ㄳ', 'ㄵ', 'ㄼ, ㄽ, ㄾ', 'ㅄ'은 어말 또는 자음 앞에서 각각 'ㄱ, ㄴ, ㄹ, ㅂ'으로 발음한다."라는 규정에 근거한다.

'탈락(脫落)'은 둘 이상의 음절이나 형태소가 서로 만날 때에 음절이나 음운이 없어지는 현상이다. '가+아서'가 '가서'로, '울+는'이 '우는'이 되는 것 따위이다.

7) **그러나 부산을 빼앗더라도 만약 왜적이 패전한 것을 수치스럽게 여겨** 다시 일어나 대대적으로 침범해 온다면 이는 속담에 이른바 **"잠자는 호랑이의 꼬리를 '밟다[밥:따/발:따].'"**라는 격이 되어 후회가 **있을까 두렵다.**

– 『조선왕조실록(선조)』

속담은 '가만히 있는 것을 괜스레 건드려 화를 자초한다.'라는 뜻으로 빗대는 말이다.

'밟다[밥:따]'는 표준 발음법 제10항에서 "겹받침 'ㄳ', 'ㄵ', 'ㄼ, ㄽ, ㄾ', 'ㅄ'은 어말 또는 자음 앞에서 각각 'ㄱ, ㄴ, ㄹ, ㅂ'으로 발음한다."라는 규정을 따르지 않는다. 결국 겹받침 'ㄼ'은 'ㄹ'로 발음되지 않고 'ㅂ'으로 발음되며, 뒤의 음절은 된소리로 발음한다. 겹받침의 발음에서 예외적인 규정으로 'ㄼ'은 'ㄹ'로 발음되는데, 동사 '밟다[밥:따]'는 'ㅂ'으로 발음되고, '넓다[널따]'로 발음된다. 표준 발음법 제10항에서 "다만, '밟-'은 자음 앞에서 '밥'으로 발음하는 것"으로 '밟지[밥:찌], 밟게[밥:께]' 등이 있다. 그러므로 '밟다[밥:따]'로 발음하여야 한다.

8) "아무튼 내 불찰이지 뭐, **아침에 밥 먹고 저녁에 죽 먹으라면 좋아해도 아침에 죽 먹고 저녁에 밥 먹으라면 '싫어[시러/실어/실허]'하는 게** 촌사람들인데 삼천만 원짜리 수표를 떡 내밀었으니 돈 같겠어……."

– 이문구 『우리동네』

속담은 '별 차이가 없는 일을 두고 분별없이 시시비비를 따진다.'라는 뜻으로 빗대는 말이다.

'싫어[시러]'은 받침 'ㅀ' 뒤에 모음으로 시작되는 어미가 결합되는 경우에는 'ㅎ'을 발음하지 않는다. 그러므로 '싫어[시러]'로 발음해야 한다. 표준 발음법 제12항에서 "받침 'ㅎ'의 발음은 다음과 같다. 'ㅎ(ㄶ, ㅀ)' 뒤에 모음으로 시작된 어미나 접미사가 결합되는 경우에는 'ㅎ'을 발음하지 않는다."라는 규정으로 '많아[마나], 닳아[다라], 싫어도[시러도]' 등이 있다.

9) **"아무리 '밭이[바치/바티/바지]' 좋아도 피보리 심은 땅에 보리 나까! 하늘 보고 침 뱉기지. 와 날 원망하요!" 김서방댁이 훌작훌짝 뛰면서 삿대질을 했다.**
– 박경리 『토지』

속담은 '근본이 시원치 않으면 노력도 한계가 있다.'라는 뜻으로 빗대는 말이다.

'밭이[바치]'는 받침 'ㅌ'이 모음 'ㅣ'로 시작하는 형식 형태소와 만나 받침 'ㄷ'이 'ㅊ'으로 바뀌어서 발음된다. 그러므로 '밭이[바치]'로 발음하여야 한다. 다시 말하면, 구개음화(口蓋音化)는 조건이나 환경이 매우 다양한 방식으로 기술된다. "첫째, 'ㄷ, ㅌ(ㄾ)'이 모음 'ㅣ'나 반모음 'ㅣ'로 시작하는 형식 형태소와 만나면 'ㄷ, ㅌ'이 센입천장소리 'ㅈ, ㅊ'으로 바뀐다. 둘째, 받침 'ㄷ, ㅌ(ㄾ)'이 조사나 접미사의 모음 'ㅣ'와 결합되는 경우에는, 'ㅈ, ㅊ'으로 바뀌어 뒤 음절 첫소리로 옮겨 발음한다. 셋째, 'ㄷ, ㅌ' 받침 뒤에 종속적 관계를 가진 '–이–'나 '–히–'가 올 적에는 그 'ㄷ, ㅌ'이 'ㅈ, ㅊ'으로 소리나더라도 'ㄷ, ㅌ'으로 적는다."라는 것이다.

표준 발음법 제17항에서 "받침 'ㄷ, ㅌ(ㄾ)'이 조사나 접미사의 모음 'ㅣ'와 결합되는 경우에는, 'ㅈ, ㅊ'으로 바뀌어서 뒤 음절 첫소리로 옮겨 발음한다."라는 규정으로 '미닫이[미다지], 곧이듣다[고지듣따]' 등이 있다.

10) "거 삶은 감자라도 좀 내와." "이 사람이 자다가 나온 건 맞나 보네. 잠결에 남의 다리 '긁는다[긍는다/글는다/극는다]'더니, 뜬금없이 무슨 감자타령이여." – 한수산 『까마귀』

속담은 '갑자기 엉뚱한 짓을 한다.'는 뜻으로 빗대어 이르는 말이다.

'긁는다[긍는다]'에서 앞 음절의 받침 'ㄺ'이 'ㄱ', 다시 'ㅇ'으로 바뀌는 것은 뒤 음절 첫소리 'ㄴ'이 있기 때문이다. 결국, 동화 규칙(同化規則)은 동화의 대상에 따라 자음동화와 모음동화로 나눌 수 있고, 동화의 정도에 따라 부분동화와 완전동화, 동화의 방향에 따라 순행동화와 역행동화로 나눈다. 자음 동화의 하나로서 비음화는 받침이 파열음이 오면 뒤에 오는 비음에 동화되어 비음으로 바뀌는 것이다. 표준 발음법 제18항에서 "받침 'ㄱ(ㄲ, ㅋ, ㄳ, ㄺ), ㄷ(ㅅ, ㅆ, ㅈ, ㅊ, ㅌ, ㅎ), ㅂ(ㅍ, ㄼ, ㄿ, ㅄ)'은 'ㄴ, ㅁ' 앞에서 'ㅇ, ㄴ, ㅁ'으로 발음한다."라는 규정이다. 이러한 변동의 양상을 음운 규칙으로 정리하면 다음과 같다. 첫째, /ㄱ, ㄲ, ㅋ, ㄳ, ㄺ/ → [ㅇ] _ /ㄴ, ㅁ/으로 '깎는[깡는], 키읔만[키응만], 흙만[흥만]' 등이 있다. 둘째, /ㄷ, ㅅ, ㅆ, ㅈ, ㅊ, ㅌ, ㅎ/ → [ㄴ] _ /ㄴ, ㅁ/으로 '옷맵시[온맵시], 있는[인는], 맞는[만는], 놓는[논는]' 등이 있다. 셋째, /ㅂ, ㅍ, ㄼ, ㄿ, ㅄ/ → [ㅁ] _ /ㄴ, ㅁ/으로 '앞마당[암마당], 읊는[음는]' 등이 있다. 그러므로 '긁는다[긍는다]'로 발음하여야 한다.

11) “바로 이 앞산 너머 복골이란 동네에 인물이 소문난 처녀가 하나 있네. 산골 찬물꽃이 남의 산직답 몇 마지기에 얹혀, 어미 아비 세 식구가 **책력 보아가며 ‘밥 먹는[밤멍는/밥멍는/밤먹는]’ 지경으로** 찢어지는 형편 인데, …….”

– 송기숙 『녹두장군』

속담은 ‘늘 굶주리며 산다.’라는 뜻으로 빗대어 이르는 말이다.

‘밥 먹는[밤멍는]’는 단어와 단어 사이에서 비음으로 바뀌는 현상을 말하는 것이다. 장애음(障碍音)의 비음화(鼻音化)는 여러 낱말을 하나의 말토막으로 발음할 때에는 낱말 경계를 넘어서 적용해야 한다는 것이다. 그러므로 ‘밥 먹는[밤멍는]’으로 발음하여야 한다. 표준 발음법 제18항 [붙임]에서 ‘두 단어를 이어서 발음하는 경우에도 이와 같다.’라는 규정으로 ‘흙 말리다[흥말리다], 값 매기다[감매기다]’ 등이 있다.

12) 알음도 없는 타관객지에서 일시 육신을 누일 곳 도 없었고, 객주와 여각에는 더욱 고개를 디밀 엄두가 나지 않았었다. **‘칼날[칼날/칼랄]’ 위를 걷는 기분**이요, 칼날을 베고 자는 기분이었다. 생화가 또한 막연한 터에 하루 세 끼 연명이 지난하였다.

– 김주영 『객주』

속담은 ‘아주 위태로운 일을 감행한다.’라는 뜻으로 비유하는 말이다.

‘칼날[칼랄]’는 받침 ‘ㄹ’ 뒤에서 ‘ㄴ’이 ‘ㄹ’로 발음되는 경우이다. 이것을 유음화라고 한다. 유음화는 순행적 유음화와 역행적 유음화로 나눈다. 위의 예는 순행적 유음화이다. 국어에서 자음강도를 바탕으로 하는 음소배열제약을 지키는 데도 불구하고 소리의 변동이 일어나는 것은 ‘ㄹ－ㄴ’의 연쇄가 국어에서는 불가능한 음소배열이기 때문이다. 표준 발음법 제20항에서 "'ㄴ'은 'ㄹ'의 앞이나 뒤에서 'ㄹ'로 발음한다."라는 규정으로 '대관령[대:괄령], 물난리[물랄리], 할는지[할른지]' 등이 있다.

13) 경찰은 '공권력[공꿘녁/공꿘력]'을 행사하였다.

'공권력[공꿘녁]'은 받침 'ㄴ' 뒤에 'ㄹ'이 오는 경우 'ㄴ'이 'ㄹ'로 발음되는 것의 예외이다. 이러한 형태를 가진 낱말의 경우 앞 자음 'ㄴ'을 유음화시킴으로써 자칫 우리의 인식 범위를 벗어나는 것을 막기 위한 것이라고 할 수 있다. '공권력'은 [공꿘녁]을 표준발음으로 인정한다. 이유는 '공권력'을 사람에 따라서는 [공꿜력]으로 발음하기도 하기 때문이다. 그것은 낱말을 '공권+력'으로 인식하기보다는 '공+권력'으로 인식하기 때문이다. 표준 발음법 제20항에서 "다만, 다음과 같은 단어들은 'ㄹ'을 'ㄴ'으로 발음한다."라는 규정으로 '의견란[의:견난], 횡단로[횡단노], 입원료[이붠뇨]' 등이 있다. 그러므로 '공권력[공꿘녁]'으로 발음하여야 한다.

14) "머, 자식이사 '옷고름[옫꼬름/옫고름/옷꼬름]'의 패물겉은 기라 안깝디까. 돈 있으믄 사요. 뭐니뭐니 해도 돈 없는 놈이 젤 불쌍치." "아니다. 강산이 지꺼라도 자식없는 사람이 젤 섧단다. 생각해보라모 재물이야 뺏어갈라 카믄 뺏아갈 수도 있는기고, 핏줄을 우찌 끊을 것꼬?"

– 박경리 『토지』

속담은 '자식이란 장식물에 불과하다.'라는 뜻으로 빗대어 이르는 말이다.

'옷고름[옫꼬름]'는 받침 'ㅅ'이 'ㄷ'으로 발음되면서, 뒤 음절이 된

소리 [ㄲ]으로 발음된다. 받침의 발음 중 파열음은 'ㄱ, ㄷ, ㅂ' 등이 있다. 경음의 짝을 가진 평음은 'ㄱ, ㄷ, ㅂ, ㅅ, ㅈ' 등이다. 이 경우에는 예외 없이 뒤 자음이 반드시 경음으로 발음된다. 표준 발음법 제23항에서 "받침 'ㄱ(ㄲ, ㅋ, ㄳ, ㄺ), ㄷ(ㅅ, ㅆ, ㅈ, ㅊ, ㅌ), ㅂ(ㅍ, ㄼ, ㄿ, ㅄ)' 뒤에 연결되는 'ㄱ, ㄷ, ㅂ, ㅅ, ㅈ'은 된소리로 발음한다."라는 규정으로 '닭장[닥짱], 낯설다[낟썰다], 읊조리다[읍쪼리다]' 등이 있다. 그러므로 '옷고름[옫꼬름]'으로 발음하여야 한다.

15) **그보다 더 '불세출[불쎄출/불세출]'한 사람을 역사에서 찾아내기도 어렵다.**

'불세출[불쎄출]'은 한자어에서 'ㄹ' 받침 뒤에 연결되는 'ㅅ'은 된소리 'ㅆ'으로 발음한다. 우리말의 평장애음 'ㄱ, ㄷ, ㅂ, ㅅ, ㅈ'은 'ㄱ, ㄲ, ㅋ, ㄷ, ㅌ, ㅂ, ㅍ, ㅅ, ㅆ, ㅈ, ㅊ, ㅎ' 등의 장애음 뒤에서 경음 'ㄲ, ㄸ, ㅃ, ㅆ, ㅉ'으로 발음하는 것이다. 표준 발음법 제26항에서 "한자어에서, 'ㄹ' 받침 뒤에 결합되는 'ㄷ, ㅅ, ㅈ'은 된소리로 발음한다."라는 규정으로 '말살[말쌀], 불소(弗素)[불쏘], 일시[일씨]' 등이 있다. 그러므로 '불세출[불쎄출]'로 발음하여야 한다. 그러나 '결과[결과], 물건[물건], 열기[열기]' 등은 된소리로 발음되지 않는다.

16) **한놈은 대게 처음 이 누리에 내려올 때에 정과 한의 뭉텅이를 가지고 온 놈이라, 나면 '갈 곳[갈꼳/갈곧]'이 없으며, 들면 잘 곳이 없고, 울면 믿을 만한 이가 없으며, 굴면 사랑할 만한 이가 없어 한놈으로 와, 한놈으로 가는 한놈이라. 사람이 고되면 근본을 생각한다더니 한놈도 그러함인지 하도 의지할 곳이 없으며 생각나는 것은 조상의 일 뿐이더라.**

– 신채호『꿈하늘』

속담은 '사람의 삶이 고통스러우면 태어나고 죽는 일과 같은 근본적인 문제를 궁리한다.'라는 뜻으로 빗대는 말이다.

'갈 곳[갈꼳]'은 관형사형 어미 '-(으)ㄹ' 뒤에 연결되는 장애음 'ㄱ'이 된소리 [ㄲ]으로 바뀌는 현상이다. 관형사형 어미 다음에 오는 요소가 의존 명사나 보조 용언일 때에는 어김없이 된소리되기가 일어나고 자립 명사일 때에는 '용언의 관형사형+명사'를 하나의 말토막으로 발음할 때, 관형사형 어미 뒤에 휴지가 오지 않을 때에만 된소리되기가 일어난다. 표준 발음법 제27항에서 "관형사형 '-(으)ㄹ' 뒤에 연결되는 'ㄱ, ㄷ, ㅂ, ㅅ, ㅈ'은 된소리로 발음한다."라는 규정으로 '할 바를[할빠를], 만날 사람[만날싸람]' 등이 있다. 그러므로 '갈 곳[갈꼳]'으로 발음하여야 한다.

17) 옛날에 **'밀밭[밀받/밀밧]'**에서 놀다가 주인에게 꾸중을 들었다.

'밀밭[밀받]'은 뒤 음절 첫소리가 된소리로 나지 않는 것이다. 첫말이 관형격의 주체, 수식의 관형어가 충분히 되지 못하는 경우 두 말을 분리할 것이 아니라 단일한 명사로 보아야 하기 때문이다. 위와 같이 경음화되지 않는 것으로 몇 가지를 제시하겠다. 첫째, 첫말이 다음 말에서 포함하고 있는 내용의 한 재료가 되는 경우이며, '마루방, 돌담, 질그릇' 등이 있다. 둘째, 말이 한 개의 완전히 독립된 명사가 아니고 동사, 형용사의 어간으로부터 명사로 바뀐 경우로 '해돋이, 손잡이, 덤받이' 등이 있다. 그러므로 '밀밭[밀받]'으로 발음하여야 한다.

18) "그래도 거기 미쓰 유는 여전 그냥 있겠지?" "바람과 함께 사라진지가 언제라구요. **나비 날자 '꽃잎[꼰닙/꼳닙/꼳잎]' 날기** 아니에요.?

– 이문구『산너머 남촌』

속담은 '남자가 떠나면 여자 또한 더난다.'라는 뜻으로 빗대는 말이다.

'꽃잎[꼰닙]'는 고유어로 'ㄴ' 첨가 현상이 일어나면서 발음한다. 'ㄴ' 첨가는 합성어나 파생어의 앞 말이 자음으로 끝나고 뒷말이 'i'나 'j'로 시작할 때 'ㄴ' 소리가 첨가되는 음운현상이다. 'ㄴ' 첨가가 일어나는 환경은 합성어나 파생어 앞 낱말이나 접두사의 끝이 자음이고, 뒤 낱말이나 접미사의 첫 음절이 '이, 야, 여, 요, 유'인 경우이다. 자세히 살펴보면 첫째, 'ㄴ' 음 첨가는 합성어나 파생어에서 일어난다. 앞말에 받침이 있고 뒷말의 첫 음절이 '이, 야, 여, 요, 유'인 경우라도 그것이 합성어나 파생어가 아니면 'ㄴ' 음 첨가가 일어나지 않는다. 둘째, 앞말은 반드시 받침을 가지고 있어야 한다. 셋째, 뒷말의 첫소리는 반드시 '이, 야, 여, 요, 유' 중의 하나이어야 'ㄴ' 첨가가 된다.

표준 발음법 제29항 합성어 및 파생어에서, 앞 단어나 접두사의 끝이 자음이고 뒤 단어나 접미사의 첫음절이 '이, 야, 여, 요, 유'인 경우에는 'ㄴ' 소리를 첨가하여 [니, 냐, 녀, 뇨, 뉴]로 발음한다. 예를 들면, '한-여름[한녀름], 색-연필[생년필], 직행-열차[지캥녈차], 눈요기[눈뇨기], 영업-용[영엄뇽], 식용-유[시굥뉴]' 등이 있다. 그러므로 '꽃잎[꼰닙]'으로 발음하여야 한다.

19) 골목강아지가 들으면 깔보는 탓에 자칫하면 사람들에게 "사나운 개 '콧등[코뜽/콛뜽]' 아물 틈이 없다"라는 싫은 소리나 듣기가 십상이다.

– 이문구 『속담과 인생』

속담은 '남과 다투기를 즐겨 하면 저 자신도 늘 상처를 입게 마련.'이라는 뜻으로 빗대는 말이다.

'코등[코뜽/콛뜽]'은 'ㄷ'으로 시작하는 단어 앞에 사이시옷이 올 때는 '등'은 [뜽]으로 발음한다.

사이시옷 현상이란 두 낱말 사이에 어떤 소리가 들어가 소리의 변동이 일어나는 현상을 일컫는다. 위와 같은 경우는 합성명사 중에서 앞의 말이 모음으로 끝나고 뒷말의 초성이 된소리로 발음된다. 표준 발음법 제30항에서 "사이시옷이 붙은 단어는 다음과 같이 발음한다. 'ㄱ, ㄷ, ㅂ, ㅅ, ㅈ'으로 시작하는 단어 앞에 사이시옷이 올 때는 이들 자음만을 된소리로 발음하는 것을 원칙으로 하되, 사이시옷을 'ㄷ'으로 발음하는 것도 허용한다."라는 규정으로 '빨랫돌[빨래똘/빨랟똘], 뱃전[배쩐/밷쩐]' 등이 있다. 그러므로 '코등[코뜽/콛뜽]'으로 발음하여야 한다.

20) 어머니께서는 깨끗한 **'베갯잇[베갠닏/베갣닏/베갠잇/베갯닛]'을 사오셨다.**

'베갯잇[베갠닏]'은 '베개'와 '잇'이 합쳐진 합성어로서 '개'에서는 'ㄴ'으로 덧나고, '잇'에서 첫소리 'ㅇ'이 'ㄴ'으로 발음된다. 위와 같은 규정은 'ㄴ' 첨가와 다른 점이 있다. 첫 번째는 앞말의 끝이 자음이 아닌 모음으로 끝난다는 것이고, 두 번째는 파생어의 경우는 제외하고 합성어만 인정한다는 것이다. 표준 발음법 제30항에서 "사이시옷 뒤에 '이' 소리가 결합되는 경우에는 'ㄴㄴ'으로 발음한다."라는 규정으로 '깻잎[깯닙→깬닙], 나뭇잎[나묻닙→나문닙]' 등이 있다. 그러므로 '베갯잇[베갠닏]'으로 발음하여야 한다.

5 그 밖에 유용한 속담

1) 가갸 뒷자도 모른다.

속담은 '불학무식(不學無識)하여 글자를 전혀 모르는 사람.'을 두고 빗대는 말이다.

> 한글 자모의 기역이라는 글자는 낫 모양을 하고 있습니다. 그러므로 "낫 놓고 ㄱ자도 모른다."는 말은 일자무식(一字無識)을 나타내는 데 쓰입니다. 이와 비슷한 표현으로 "**가갸 뒷자도 모른다.**"도 있고 …….
>
> – 이인섭 외『우리말 고운말』

2) 가까운 턱을 차지 먼 귀를 찰까.

속담은 '일을 쉽게 할 것이지 굳이 어렵게 할 까닭이 있겠느냐.'라는 뜻으로 빗대는 말이다.

> **"가까운 턱을 차시지 먼 귀를 차려시오."** 아직 독이 오르지도 않은 담배는 벌써 베려시오.
>
> 그리고 건넌마을 박도사댁에서는 긍이로 심은 콩을 떤다고 왔읍니다. 며칠 있으면 서울 행보한다고 했으니까 도사댁에도 가봐야지요.
>
> – 김주영『객주』

3) 가난뱅이가 갑자기 부자 되면 부자의 병까지 시늉한다.

속담은 '가난할 때 얼마나 뼈 맺히게 부자가 되고 싶었으면 그럴까. 닮기를 간절히 염원했기에 병까지 닮는 게 당연하다.'라는 뜻으로 빗대는 말이다.

그날 이후 그들의 책가방이나 다른 들것들, 웃음소리나 걸음새까지 살피며 흉내를 내보는 게 유일한 기쁨이었다네, **가난뱅이가 갑자기 부자가 되면 부자의 병까지 시늉한다지?** – 이병천 『매』

4) 가난이 일찍 철들게 하고 효자 만든다.

속담은 '가난에서 벗어나려 이런저런 궁리도 하고 실제 일도 하게 되니 일찍 철들고, 효자가 되기 쉽다.'라는 뜻으로 빗대는 말이다.

"제 걱정은 마세요. 졸업도 얼마 안 남았고, 한 시간씩만 빨리 일어나면 돼요. 요새는 버스도 많이 다니니까요" **가난이 일찍 철들게 하고 효자도 만든다**더니 아들은 이렇게 대견스럽게 말했다.
– 조정래 『한강』

5) 가는 떡이 하나면 오는 떡도 하나다.

속담은 '다른 사람에게 정을 충분히 베풀어야 나에게도 그에 상응하는 몫이 돌아온다.'라는 뜻으로 빗대는 말이다.

가는 정이 있어야 오는 정이 있고, **가는 떡이 있어야 오는 떡이 크다**고 기쁠 때나 서러울 때나 발길을 끊지 않고 뭐나 주지 못해 까래가시를 뜯으며 지내온,……. – 림원춘 『몽당치마』

6) 가락이나 알고 나팔을 불어라.

속담은 '사리 판단을 제대로 하고 일에 덤벼들어야 한다.'라는 뜻으로 핀잔하는 말이다.

"알려거든 좀 똑바로 알고 초래를 불어, 나무에 올려 놓고 흔드는 니 같은 종자가 멸종되지 않기 때문에 남북통일이 안 되고 있는 거야.

가락이나 알고 나팔을 불어야지……" – 김수용 『우봉리 사람들』

7) 가랑잎도 떨어질 때가 되어야 떨어진다.

속담은 '뭐든지 때가 되어야 일이 이루어진다.'라는 뜻으로 빗대는 말이다.

"**가랑잎도 떨어질 때가 돼야 떨어진다**구. 뭔 일이든 다 때가 있는 법이거든." "그럼 형부는 우리 결혼은 일단 찬성은 하신단 말이죠? 다만 시기가 너무 이르다, 그 말씀이시죠?" – 김문수 『가지 않은 길』

8) 가만 있으면 가마떼긴 줄 알고, 점잖으면 전봇대나 된 줄 안다.

속담은 '사람 좋게 가만히 있으면 상대방이 무시하고 들어온다.'라는 뜻으로 빗대는 말이다.

"죽을 때 죽더라도 찍 소리는 하고 죽어야 제, **가만 있으면 가마떼긴 줄 알고 점잖으면 전봇대나 되는 줄 아는** 놈들헌테 우리도 배알은 가지고 있다는 것쯤은 알려야제……." – 김영현 『달맞이꽃』

9) 가루 팔러 가면 바람 불고, 소금 팔러 가면 이슬비 온다.

속담은 '일이 되지 않으려면 공교롭게 하는 일마다 조건이나 환경이 나쁘게 맞아 떨어진다.'라는 뜻으로 빗대는 말이다.

셋방살이는 또 그렇다치더라도 서울이라는 곳은 멀쩡한 사람을 병신 만드는 동네였다. 안 되는 놈은 뒤로 자빠져도 코가 깨지고 **가루 팔러 가면 바람 불고 소금 팔러 가면 이슬비 온다**고, 희복 씨는 하는 일마다 되는 게 없었다. – 심상대 『희복씨의 부동산』

10) 가문 뜯어먹고 산다.

속담은 '능력은 없으나 조상을 잘 둔 덕에 무난하게 살아간다.'라는 뜻으로 빗대어 이르는 말이다.

> **"가문 뜯어먹고 살더라고** 어려서는 외가 젓 먹고 성례 후엔 처가 것 먹고 늙으면 사돈 것 먹는다 안 하든가.?" "성님도 짓덕이사 많이 타가지고 안 왔십니까?" —박경리 『토지』

11) 가을 부채는 시세가 없다.

속담은 '한참 애용되던 여름철을 지나 가을이면 버려진다.'라는 말로, '아주 외로운 처지.'라는 뜻으로 빗대는 말이다.

> 태수인 신석주의 소실이 되어 겉으로는 요족을 누린다 한들, 궐녀의 심기는 **가을 부채처럼 쓸쓸할 수밖에 없었다**. – 김주영 『객주』

12) 가을 전어, 겨울 숭어.

속담은 '가을에는 전어, 겨울에는 숭어의 회 맛이 빼어나다.'라는 뜻으로 이르는 말이다.

> 숭어회 중에서도 원동을 위해서 몸속에 지방을 축적하는 겨울철 숭어 회가 제 맛이다. 그래서 새만금 지역에서는 생선의 회맛을 평가할 때 **'가을 전어 겨울 숭어'**라는 말이 있을 정도다.
> – 백용해 『갯벌 이야기』

13) 가죽신 신고 발바닥 긁는다.

속담은 '하는 짓이 갑갑하고 어리석음.'을 빗대어 이르는 말이다.

"흥, 병의 뿌리는 허두가 씌운 데 있거늘 이 약 저 약 써 봤자 **가죽 신 신고 가려운 발바닥 긁기지**. 판을 벌여야지." 갑석 아범의 눈이 데꾼해졌다. – 김소진 『장석조네 사람들』

14) 나가는 년이 물 길어놓고 갈까?

속담은 '일이 이미 뒤틀어진 처지에 있는 사람이 뒷일까지 생각하겠냐.'라는 뜻으로 빗대는 말이다.

"**나가는 년이 물 질러 놓고 나가고**, 남의 동네 세간 걱정까지 하고 나갈 것이여?" – 송기숙 『자랏골의 비가』

15) 나는 새도 떨어뜨리고 닫는 달도 멈추게 한다.

속담은 '세도가 아주 대단하다.'라는 뜻으로 빗대는 말이다.

산 진 거북이요 돌 진 가재로, K씨의 세도가 하늘에 닿아 **나는 새도 떨어뜨리고 닫는 달도 멈추게 할 때는** 갖은 아첨 다 부리며 간이라도 빼줄 듯 나대더니,……. – 강준희 『쌍놈열전』

16) 나 기른 개에 발뒤꿈치 물린다.

속담은 '은혜를 베풀었는데도 도리어 화를 입힌다.'라는 뜻으로 빗대는 말이다.

놀랍고 분한 생각이 일시에 격동하여 수각이 황망히 돌아다니며 구석구석 수색하다가, "**나 기른 개가 발뒤꿈치를 물었구나!**" 원망과 슬픔이 아울러 나오는 소리로 한 번 탄식하더니……. – 이상협 『눈물』

17) 나막신 신고 압록강 얼음판을 건너간다.

속담은 '아주 끈질기고 성실하게 노력하여 어려운 일을 이루어낸다.'라는 뜻으로 빗대는 말이다.

> 속습을 바로잡는 데에 관계되는 일이라면 마땅히 **나막신 신고 압록강 얼음판을 건너간다**는 속담처럼 정성껏 따르고 삼가 지켜야 할 것인데도 불구하고 감히 이처럼 상반되는 행위를 한 것은 과연 무슨 속셈이란 말인가. — 『조선왕조실록(정조)』

18) 나무는 키 큰 덕을 입어도, 사람은 키 큰 덕을 입는다.

속담은 '세도 있는 사람이 있으면 주위 사람들은 작은 덕이라도 보게 된다.'라는 뜻으로 빗대는 말이다.

> "앞으론 우리 군수님 말씀 무조건 복종해야 되어. 누가 알어 또? 이담에 크게 되시면 덕 볼는지." "암. **나무는 큰 나무 덕을 못 봐도 사람은 큰 사람 덕을 본댔어**. 그러니께로 우리 군수님 시키시는 대로 해야 되어." — 강준희 『쌍놈열전』

19) 나무만 보고 숲을 볼 줄 모른다.

속담은 '작은 것만 볼 줄 알고 큰 것을 보지 못한다.'라는 뜻으로 빗대는 말이다.

> 박갑동은 고민 끝에 이 편지를 김상룡 앞에 내놓았다. 일선 일꾼들의 고민을 알아달라는 뜻도 있고, 앞으로의 전술을 짜는 데에서 다소의 참고가 되지 않을까 해서였다. 김상룡은 그 편지를 주의깊게 읽고 있더니 "이 사람은 **나무만 보고 숲을 볼 줄 모르는군**." 했을 뿐이었다.
> — 이병주 『남로당』

20) 나팔 불면 아전이 앞선다.

속담은 '주제 파악을 하지 못하고 나댄다.'라는 뜻으로 빗대는 말이다.

"꼴 좋다! **나팔 불면 아전이 앞선다더니**." "얼씨구! 기생 점호는 내시가 한다던가." 이들 얘기로 우리는 욕의 약발을 여실히 깨닫는다. 잘난 척 덤비는 것들, 설치는 것들에게 카운터 펀치 매겨서 서민들이 거두는 역전의 대승리. 그것은 꿈만은 아니다. - 김열규 『욕』

21) 낙락장송도 근본은 씨앗.

속담은 '아주 커다란 나무도 작은 씨앗으로부터 비롯되었듯이, 훌륭한 사람도 작은 아이가 커서 된다.'라는 뜻으로 빗대는 말이다.

"만 리 길도 한 걸음에서 시작되는 게구 **낙락장송도 근본은 보잘 것 없는 씨앗일세**. 시시한 잡일을 시킨다구 다르게 생각하지 말구 맡긴 일을 힘껏 성심으루 하란 말야. 알겠나?" - 홍석중 『높새바람』

22) 낙수가 돌에 구멍을 뚫는다.

속담은 '사소한 힘이지만 계속되면 큰일을 해낸다.'라는 뜻으로 비유하는 말이다.

"**낙수가 돌에 구멍을 뚫는다더니**…… 백련이는 가히 보살이로구나 무엇이든 한 가지에 이른 자는 모두 불심을 아는 모양이구나. 허나 승려가 주를 가까이하고 심지어 색마저 나란히 할 수야 있겠느냐."

- 조정래 『태백산맥』

23) 난세가 충신을 만든다.

속담은 '고통스런 시대에는 백성들을 구하려는 사람들이 많이 생겨나게 마련.'이라는 뜻으로 빗대는 말이다.

"아니지. 수가 없으면 수를 내야지." **난세가 충신을 만든다**고 했다. 우리가 여기 앉아서, 내려오는 폭탄을 보고 있을 수만은 없다.

- 한수산 『까마귀』

24) 날마다 장마다 꼴뚜기 날까.

속담은 '항상 있는 일이 아니라.'라는 뜻으로 빗대는 말이다.

> "똥이사 참으믄 약이 되제만 홧증은 참으믄 벵이 되는 벱이여. 그렇게 여그서 말짱 풀고 가더라고. **날마다 장마다 꼴뚜기는 아닝게** 시방 이 기회여.……"
>
> — 이동하『물풍선 던지기』

25) 다 된 농사에 낫 들고 덤빈다.

속담은 '일이 다 끝난 다음에 괜히 참견을 한다.'라는 뜻으로 빗대는 말이다.

> "**다 된 농사에 낫들고 덤빈다**더니 누군 아니랍니까. 하지만 갑자기 광주부중에서 공사를 열어 접장을 다시 차정하고 보부청으로 이문을 올리라는 엄칙이 추상같았으니 봉행할 수밖에 없소……."
>
> — 김주영『객주』

26) 다시 보니 수원 손님이라.

속담은 '멀리서 제대로 구별을 못했지만 가까이서 보니 추측한 대로 그 사람.'이라는 뜻으로 빗대는 말이다.

> 서로 할 말 못 할 말, 때 묻은 왕사발 부스듯 하더라도 둘 사이에 쌓여진 정리가 깊고 깊어, 끝내는 **다시 보니 수원 손님 이라**고, 두꺼비 씨름한 셈치는 게 상례이건만 오늘은 분위기가 이만큼 막가고 말았던 것이었다.
>
> — 박범신『물의 나라』

27) 다 팔아도 내 땅이라.

속담은 '어떻게 하든지 결국에 가서는 다 내 이익이 된다.'라는 뜻으로 빗대는 말이다.

제호는 이건 좀 창피한 고패로다고 어름어름하는데, 이어 초봉이가 "아저씨 바쁘실 텐데……." 하는게, 저도 벌써 알아차리고 슬며시 드러누우면서도 그저 숫보기답게 부끄럼을 타느라고 괜한 검사나 한마디 해보는 눈치인 것 같았다. 머, 그만하면 **다 팔아도 내 땅이다**.

– 채만식 『탁류』

28) 단단한 땅에 물이 고인다.

속담은 '인간관계나 돈의 씀씀이나 견실하게 다져야 성과가 좋다.' 라는 뜻으로 빗대는 말이다.

"그럼 농사도 못 짓게!" "예, 여보 당신같이 잘다가는 담배씨로 뒤웅을 파겠수!" "무슨 말이야 **단단한 땅에 물이 괴이지**."

– 송기숙 『자랏골의 비가』

29) 단오 선물은 부채요, 동지 선물은 책력이라.

속담은 '여름 선물은 부채가 제일이고, 겨울 선물로는 달력이 제일.'이라는 뜻으로 빗대는 말이다.

다시 말해서 임금이 신하와 관민에게 달력을 하사한 셈이다. 각 관청의 아전들도 동짓날에는 각자 친한 사람들에게 책력을 선사하는 것이 통례였다. 서울의 옛 풍속도를 전하는 말 가운데 '**단오 선물(여름 선물)은 부채요 동지 선물(겨울 선물)은 책력**'이라는 말까지 있었다.

– 최상수 『가는 세월과 달력』

30) 달리는 말이 날개를 얻었다.

속담은 '잘 되어가는 일이 더욱 좋게 된다.'라는 뜻으로 빗대는 말이다.

이생원의 서울 양반 친척이 개성 유수로 부임해와 **달리는 말에 날개를 얻은 듯** 한층 양양해진 그의 세도로 인근 마을의 힘없는 백성들은 잠자리조차 편한 날이 없을 즈음 그의 집엔 큰 경사가 났다.

– 박완서『미망』

31) 닭도 남의 닭이라야 더 맛있다.

속담은 '남의 것을 공으로 먹어야 더 맛있게 여겨진다.'라는 뜻으로 빗대는 말이다.

"육지 가시내 며느리 볼 것도 아니라, 꼬라지에 분칠 할 줄이나 알고 밭에 XX질 할 줄이나 알까 아무짝에도 쓸모가 없단 말이다." 심지어는 이런 말까지 튀어나왔다. "**덕(닭)도 넘해 덕이라야 맛이 있지**."

– 이병주『지리산』

32) 담을 넘는 데는 소문처럼 빠른 것이 없다.

속담은 '소문이란 막을 수도 없이 빠르다.'라는 뜻으로 빗대는 말이다.

담을 넘는 데는 소문처럼 빠른 것이 없다. 누구의 입을 통해선지 유의태와 도지 부자의 언쟁의 내용이 산음 현민들에게 퍼져나갔고 엊그제까지 도지의 의술을 경하해주던 현민들은 허준의 낙방의 이유를 알자 이번에는 허준의 그 의로움을 입에 침이 마르도록 칭송해마지 않았다.

– 이은성『소설 동의보감』

33) 당나귀 끌고 말죽거리서 왔어도, 갓만 쓰면 선비라.

속담은 '근본은 시원찮은데 외양을 꾸며 그럴듯한 인물로 행세한다.'라는 뜻으로 빗대는 말이다.

"사람은 있어두 일꾼이 없기는 어디나 마찬가지요." "**당나구 끌구 말 죽거리서 왔더라두 갓만 쓰면 선비**라지만, 영등포 구석쟁이서 날품을 팔어두 내려오면 죄다 중앙에 가 있다구 흰소리 허니, 워느 놈이 거름내 두엄내 좋다구 지게 지려 허겄냐."

— 이문구 『누워서 연구하는 사내』

34) 당장 먹기에는 사탕이 달다.

속담은 '우선은 하기 좋은 것이 좋겠지만 끝까지 좋겠지만 끝까지 좋을 수는 없다.'라는 뜻으로 빗대는 말이다.

"**당장 먹기는 곶감이 제일인 줄 누구는 모르나**. 허지만 사람들이 늘 겁먹고 살아온 것을 생각해 보게. 좋기도 하겠네."

— 이문구 『산 너머 남촌』

35) 마구 뚫어진 창구멍이다.

속담은 '함부로 지껄이는 사람의 입이나, 질서도 없이 난잡한 상태.'를 빗대는 말이다.

"이 녀석 입이 **마구 뚫어진 창구멍이로구나**. 아무리 동생한테 허물없이 하는 말이라두 무슨 과장이 그리두 요란허냐?" 충남은 반 롱조로 꾸짖는 척 했으나…….

— 홍석중 『황진이』

36) 마당에 누워서 안방 걱정한다.

속담은 '저와 관계가 먼 일에 대해 괜스레 걱정을 한다.'라는 뜻으로 빗대는 말이다.

"불쌍하제, 양반 밑구녕 훑아주고 묵고 살라고 드는 늠이나, 그런 늠한테 주묵질을 하는 늠이나 다 불쌍하기는 마찬가지라꼬." "에라, 시끄럽다 이 사람덜아. **마당에 누워서 안방 걱정하지 마라고마**……"

– 정동주 『백정』

37) 마디가 있어서 새 순이 난다.

속담은 '무슨 일이든지 어떤 계기가 있어야 참신한 일이 생긴다.'라는 뜻으로 빗대는 말이다.

"계정희가 세간에 이름이 나서 회원들이 많이 불편해하는 기색일세. 이러다가는 회 자체가 깨어지는 게 아닌지 모르겠네." "깨어지기야 하겠는가. **마디가 있어야 새순이 난다구** 나는 이번 일을 외려 잘된 일루 생각허네."

– 홍성원 『먼동』

38) 마부가 상전 말 타면 낙상하기가 십중팔구라.

속담은 '분수에 맞지 않는 일을 하면 화를 당하기 쉽다.'라는 뜻으로 빗대는 말이다.

"고연 놈, 어데 내가 빈말 했나. 저늠이 인자 늙은이한테 하대말까지 쓰네. 니가 벌씨러 방앗간 주인이나 된 기분이구나. **마부가 상전 말 타모 낙상하기 십중 팔구란 걸 알아**." 영감이 발끈 성을 냈다.

– 김원일 『불의 제전』

39) 마음은 늘 콩밭에 가 있다.

속담은 '어떤 일을 하기는 하지만 생각은 엉뚱한 것에 향해 있다.'라는 뜻으로 빗대는 말이다.

학교에 나와 있어도 집의 가장과 자식들에게 종속되어 **마음은 늘 콩밭에 가 있는** 여교사들이야 그런 약점 때문에 눈 한번 흘겨도 깜박

죽게 마련이었다. – 현기영 『나까무라씨의 영어』

40) 마음이 있어야 꿈에 보인다.

속담은 '마음이 간절하면 꿈속에서도 나타날 정도.'라는 뜻으로 빗대는 말이다.

"어, 이게 무슨 꿈인가? 속담에 **맘이 있어야 꿈에 뵌다**는데, 내가 장난 삼아 처를 한번 상종한 일이지, 바늘 끝만치나 못 잊혀 생각을 하기에 펄쩍 보이나?……." – 이해조 『화의혈』

41) 마지막 한 방울이 잔을 넘긴다.

속담은 '방심하면 아주 하찮은 것 때문에 일을 그르친다.'라는 뜻으로 빗대는 말이다.

"그러니 네 생각엔 어쨌으문 좋겠다는 게냐?" "**마지막 한 방울이 잔을 넘기는 겐데**…… 메뚜기두 류월 한철이라지 않습니까? 이제 그만 만석이란 놈을 아예……." – 홍석중 『황진이』

42) 마패는 하나인데 출또야 소리는 사방이라.

속담은 '하나의 힘을 믿고 여럿이 대든다.'라는 뜻으로 빗대는 말이다.

역시 그쪽에서도 자칫하면 방에 갇혀 몰매를 맞겠다는 공산이 컸는지 슬그머니 손을 내리고 말았다. "나 온 …드러워서. **마패는 하난데 출또야 소리는 사방일세**. 기분 상하여 노름 못하겠군!"

– 황석영 『장길산』

43) 막둥이처럼 대답만 잘한다.

속담은 '일을 시키면 대답만 잘하고 실천하지 않는 사람.'을 두고 빗대는 말이다.

> 이런 때의 이모를 두고 "**막둥이처럼 대답만 잘한다.**"는 말이 나왔는지 대답만은 시원하게 하는 이모는 할머니의 말씀 중 '기저귀'라고 하는 부분에서 나를 쳐다보았다. – 은희경 『새의 선물』

44) 말 갈아타듯 한다.

속담은 '매우 자주, 그리고 쉽게 바꾼다.'라는 뜻으로 빗대는 말이다.

> "조 첨지 놈이 군수 어른 혼례 축의금을 두 냥 내라고 다녀갔다. 내가 성이 나서 '이 계집 저 계집 **말 갈아타듯 하는** 혼례에 뭔 짝에 축의금이냐'고 쏘아 붙였더니 이 사람 누가 들으면 큰일 날 소리 한다고 입을 막더니 나가더구먼……." – 채길순 『소설 동학』

45) 말 글 배워 되 글로 써먹는다.

속담은 '많이 배운데 비해 써먹는 것은 아주 조금뿐.'이라는 뜻으로 빗대는 말이다.

> "자네는 연희전문 아니라 경성제대 나와도 출세 못하네!" 노인의 이 말에 선규는 기분이 굉장히 상했다. "그게 무슨 말씀이십니까?" 선규는 기분이 잡쳐서 목소리가 높아졌다. "자네 팔자는 무록지격(無祿之格)일세. **말글 배워 됫 글도 못 써먹는단** 말이지."
> – 윤태현 『팔자』

46) 말 몰라 삼 년, 귀먹어 삼 년, 눈 어두워 삼 년.

속담은 '시집가서 처음 몇 년은 묵묵하게 참는 것이 최선.'이라는 뜻으로 빗대는 말이다.

"**말 몰라 삼 년, 귀 먹어 삼 년, 눈 어두워 삼 년**, 석 삼년을 살아야 시집을 제대로 산다네……." "일찍 터득해서 잘 됐어. 역시 시련은 연단을, 또 연단은 지혜까지도 낳는 거군."

– 오성찬 『모래 위에 세운 도시』

47) 말 속에 말 들었다.

속담은 '말 속에 또 다른 진정하나 의미가 도사리고 있다.'라는 뜻으로 빗대는 말이다.

'말 한 마디에 천 냥 빚도 갚는다' / '말 많은 것은 과부집 종년' / '**말 속에 말 들었다**' / '말하는 것은 얼음에 박 밀듯 한다' / '말하면 백량이고 입 다물면 천량이라'……. – 조규익 『말타령』

48) 말에 짐을 무겁게 실으면 걷지를 못한다.

속담은 '어떤 사람이 가진 능력 이상의 것을 강요하면 오히려 일을 그르친다.'라는 뜻으로 빗대는 말이다.

말의 힘에는 한계가 있다. 짐을 너무 많이 실으면 걷지를 못한다. 이 속담은 운반하는 도구가 가지고 있는 힘의 한계를 넘으면 일이 되지 않는다는 것을 말한다. – 고영복 『속담 속의 인간관계』

49) 바깥에서 드는 도적은 지켜도, 안에서 나는 도적은 못 막는다.

속담은 '안에 있는 도적이 더 무섭다.'라는 뜻으로 빗대는 말이다.

누가 누구를 지킬 것이냐? **배깥에서 드는 도적은 지켜도 안에서 나는 도적은 못 막는다**고 안 그러등가? 내가 다 안다. 내 다 알어. 율촌 양반 병약허고 새서방은 전주로 달어나 부리고 – 최명희 『혼불』

50) 바늘 들고 황소 찌르려 한다.

속담은 '전혀 효과를 볼 수 없는 일을 시도하려 한다.'라는 뜻으로 빗대는 말이다.

> "너는 아직 젊다. 나두 젊어서는 그랬지. 그러나 나이를 좀 먹어보면 알게 된다. 관(官)이란 게 아주 허수룩하고 연약한 듯하지만 의외로 강대하단다. **바늘 들고 황소 찌르려 마라**." – 황석영 『장길산』

51) 바다 고운 것하고 여자 얼굴 고운 것하고는 믿지 말라.

속담은 '얼굴이 고운 여자는 얼굴값을 꼭 하기 때문에 믿을 수 없고, 바다는 갑자기 거칠어지기에 믿을 수 없다.'라는 뜻으로 빗대는 말이다.

> 그 여자는 숲길을 타고 밤골 농장으로 돌아가고 있는 것이었다. 구름의 그림자가 갯바위 위를 스쳐갔다. 바람이 세차졌다. 돌풍이었다. 파도가 드높았다. **바다 고운 것하고 여자 얼굴 고운 것하고는 믿지 말라**고 했다. 금방 변하기 때문이었다. – 한승원 『시인의 잠』

52) 바람 부는 대로 산다.

속담은 '세상을 순리대로 살아간다.'라는 뜻으로 빗대는 말이다.

> 충신 된다고 밥 주고 / 간신 된다고 이빨 빼랴, / 내사 이래도 이름 없고 / 저래도 이름 없는 평범한 인생, / 물결 치는 대로 **바람 부는 대로** / 구령 따라 노 젓는 엑스트러급 간신! // …….
> – 백성남 『이무기 대감』

53) 바람이 배가 바라는 쪽으로만 불까.

속담은 '모든 일들이 제가 원하는 대로만 되는 것은 아니라.'라는 뜻으로 빗대는 말이다.

> 이윽고 땅이 꺼지는 한숨을 몰아쉬며 허구픈 웃음을 지었다. "그러게 말일세, 그러니 어디 **바람이 배가 바라는 쪽으루만 분다던가?"**
>
> – 홍석중 『높새바람』

54) 바리데기가 효자 노릇 한다.

속담은 '전혀 기대를 하지 않았던 자식이 뜻밖에 효도를 한다.'라는 뜻으로 빗대는 말이다.

> "굽은 나무 선산지키고 **바리데기(바리공주)가 효자 노릇 헌다**고 안 협뎌. 서거칠이 시방은 요로코롬 보잘 것이 없어 도라우, 언젠가는 꼭 보란드끼 살 것이구만요." "그려, 그려, 말은 참말로 청산유수로구만잉."
>
> – 문순태 『타오르는 강』

55) 박쥐는 두 가지 마음을 버리지 못한다.

속담은 '어느 한 쪽에 붙어 있을 처지가 못 되어 늘 양쪽 사이에서 이해관계를 따진다.'라는 뜻으로 빗대는 말이다.

> 이솝은 한술 더 떠 날짐승과 길짐승 편을 오가며 자기 잇속을 취하려는 기회주의자로 박쥐를 표현했다. 우리 옛 속담에도 '**박쥐는 두 가지 마음을 버리지 못한다**.'고 했다.
>
> – 최재천 『생명이 있는 것은 다 아름답다』

56) 발라 놓은 대추씨 같다.

속담은 '몸이 말랐지만 아주 단단하게 보인다.'라는 뜻으로 빗대는 말이다.

병원에서 뇌에 공기 주사를 넣고 검사를 해보고 나더니 고칠 수 없는 병이라고 하였다. **발라 놓은 대추씨처럼** 깡마른 근육형 얼굴에 금테 안경을 쓴 의사는, 아기가 평생 제 힘으로 손가락하나 움직일 수 없을 것이라고 말했다. – 문순태『유월제』

57) 밥 남겨줄 샌님은 물 건너서부터 안다.

속담은 '어떤 사람의 됨됨이는 이미 한 행동을 통해 알 수 있다.'라는 뜻으로 빗대는 말이다.

밥 남겨줄 샌님은 물 건너서부터 안다고, 제가 그때 최가 놈과 혼인을 하려고 입을 악물리고 그리한 게지. 이종사촌은 무엇 말라죽은 게야! 한 번 견디어 보아라…… – 김우진『유화우』

58) 밤 자면 생각이 달라진다.

속담은 '굳게 먹었던 마음도 시간이 지나면 느슨해지게 마련.'이라는 뜻으로 빗대는 말이다.

개불이의 말처럼 어젯밤에는 자정이 넘도록 공 첨지 집 사랑방에 앉아 있었다.…… 그래서 **밤 자면 생각이 달라진다**는 말이 생긴 모양이다. – 홍석중『높새바람』

59) 사기그릇과 여편네는 내돌리면 탈이 난다.

속담은 '여자가 밖으로 나돌게 되면 좋지 않은 일이 생긴다.'라는 뜻으로 빗대는 말이다.

자고로 여편네와 변소는 손질하기에 달렸고 불과 똥은 쑤석거릴수록 탈난다고 했느니라.

그리고 또 **사기그릇과 여편네는 내돌리면 탈난다**는 말도 있느니라.

– 강준희 『쌍놈열전』

60) 사내하고 멸치는 달달 볶아야 한다.

속담은 '사내는 늘 잔소리를 해대야 다른 짓을 하지 않는다.'라는 뜻으로 빗대는 말이다.

"흥, 자갈 대신에 담밸 물리는구먼. 그저 **사내하고 멸치는 달달 볶아야 한다니까!**" "자갈을 물리는게 아니라 사괄 하는 뜻이겠지.……"

– 김문수 『여우』

61) 사돈네 강아지 이제 눈 뜬다.

속담은 '이제야 분별력이 생겼다.'라는 뜻으로 빗대는 말이다.

"**사돈네 강아지 이자 눈뜨듯이** 우리도 뒤늦게나마 알았은께 바다에서의 책임은 우리가 지겄소 배 밑창에다만 조개를 깔아도 열 가구가 넘을 틴게 해볼 만한 일 아니우." – 김중태 『해적』

62) 사또 간 뒤 나발 분다.

속담은 '때늦은 짓을 한다.'라는 뜻으로 빗대는 말이다.

"그 놈 직이고 내 죽으믄 고만 아니요? 더러분 놈의 세상 살믄 머할기요?" "어젯밤에 좀 그래 보지. 이불 밑서 활개치는 건가? 아니믄 **사또 간 뒤 나발 부는 긴가**?" – 박경리 『토지』

63) 사람 가꾸기가 소 가꾸기보다 어렵다.

속담은 '사람을 도와 어떤 일을 성취해 내기는 참으로 어렵다.'라는 뜻으로 빗대는 말이다.

"그 계산이 그렇게 안 되는 데에 문제가 있지요. 옛날 말 기억 안 나세요? **사람 테우리(가꾸기) 쇠 테우리보다 어렵다**고… 거기다 요즘은 단수들이 높아 놔서 겨우 맞는 조건들을 갖추어 맞선을 뵈주고 나면 하, 밖에 나가서 저들끼리 붙어 먹어 버린다니까요."

– 오성찬 『모래 위에 세운 도시』

64) 사람은 가르쳐야 사람 값을 제대로 한다.

속담은 사람은 누구나 배워야 제대로 행세를 할 수 있다는 뜻으로 빗대는 말이다.

"음마, 음마, 신간회가 이름 그대라고 사람 신간 편케 맨들어 주네이?" "얼랴, 꿈보담 해몽이 좋네그랴." "근디 그 한성서 내래온 사람덜 말이시, 변호사가 무섭기넌 무섭드마. 왜놈들이 쩔쩔매고" "긍게 **사람언 갤쳐야 사람값 지대로 헌다**고 안혀." – 조정래 『아리랑』

65) 사람에게는 농사 욕심하고 자식 욕심이 제일이라.

속담은 '농부에게는 농사 욕심이 자식 욕심에 못지 않다.'라는 뜻으로 빗대는 말이다.

사람에게 농사 욕심하고 자식 욕심이 제일이라는 말이 있듯이 벼가 논에 한창 자랄 때에는 이 풀이 심히 못마땅한 것이다. 따라서 베는 것이다. 그런데 비가 오고 나면 풀이 얼마나 잘 자라는지 한 번 낫을 대면 한 주먹씩 팍팍 잡히는 것이다. – 최래옥 『춘하추동 좋을시고』

66) 사람은 다 제 갈 길이 있다.

속담은 '사람은 가치관이 모두 다르기 때문에, 제 뜻대로 살아야 한다.'라는 뜻으로 빗대는 말이다.

> "제 복 제가 타고 나는 거고요, **사람은 다 제 갈 길이 있대요.**"
> "그 흉헌 놈이? 허이구, 말은 좋아. 그런 놈이 왜 변호사 안 하고 소장수를 헌다든."
> – 한수산 『까마귀』

67) 사람은 집안에서 만들고, 인물은 바깥에서 만든다.

속담은 '사람의 품행은 가정교육에 의해 형성되고, 명성은 사회적 활동에 의해 평가된다.'는 뜻으로 빗대는 말이다.

> "생긴 게 실지버던 개벼워 뵌다구덜 해싸서 역부러 앵경을 쓰고 박었넌디…… 아뭏건 **사람은 집안서 맹글구 인물은 바깥서 맹그는 것잉께** 성님이 밀어 주셔야 미언엡이가 크것다 이겁니다유."
> – 이문구 『강동만필·2』

68) 사람은 함께 여행을 해보면 알 수 있다.

속담은 '사람은 함께 어우러져 몇몇 가지를 겪어보면 품성을 알게 된다.'라는 뜻으로 이르는 말이다.

> 그런 가운데에 사람은 함께 노름을 해보면 알 수 있다는 이도 있고, 함께 술을 마셔보면 알 수 있다는 이도 있다. **같이 여행을 해보면 알 수 있다**는 이도 있고, 같이 동업을 해보면 알 수 있다는 이도 있다. 어쩌면 그럴지도 모른다. 또 그럴 만한 근거가 있어서 나온 말이기도 할 것이다.
> – 이문구 『까치둥지가 보이는 동네』

69) 사람의 욕심이란 굽 빠진 항아리다.

속담은 '사람의 욕심이란 끝이 없어서 도저히 채울 수가 없다.'라는 뜻으로 빗대는 말이다.

> **사람 욕심이란 굽 빠진 항아리**란데 무작정 따르다가 어떻게 견디오 원….
> – 허봉남 『영하 3도』

70) 사랑은 내리사랑이다.

속담은 '사랑은 윗사람으로부터 나이 어린 사람으로 향해가는 것이 진정한 사랑이며 더 크다.'라는 뜻으로 빗대는 말이다.

> 옛 어른들의 "**사랑은 내리사랑이다.**"라는 지혜로운 말씀은 자식에게 쏟았으면 자신이 받으려고 하지 말고 그 자식의 미래 자녀에게 다시 내리사랑해주는 것으로 만족하라는 뜻이 아닌가 싶습니다.
> – 김홍경 『동의 한마당』

71) 사십에 첫 버선.

속담은 '나이가 들어 어떤 일을 처음 해본다.'라는 뜻으로 빗대는 말이다.

> "신팔수 논 내놓더니 죄 입치레로 조지누먼." 하고 비웃적기리를 서슴지 않았다. 장은 짐짓 너스레를 떨며 "말허구 말씀허구 다르네유 **사십에 첫 버선인디**, 돈 얼굴 사귈 때 이름 긴 음식을 알어둬야 늙어서두 생각이 나지유."
> – 이문구 『우리동네』

72) 사위 사랑은 장모 사랑이다.

속담은 '장모는 사위를, 시아버지는 며느리를 끔찍스럽게 아낀다.' 라는 뜻으로 빗대는 말이다.

"하먼, **사위 사랑 장모님께.**" 오동평이는 어느덧 흡족한 얼굴로 맞장구를 치고는, "요것에 까시가 들기는 들었는디, 고것이 무신까시까?" 보퉁이를 끌어당기며 장칠복이를 빤히 쳐다보았다.

– 조정래『태백산맥』

73) 아기 밴 여자 세도 같다.

속담은 '아기를 배면 자긍심이 생겨 몹시 위세를 부리게 된다.'라는 뜻으로 빗대는 말이다.

아기 밴 여자 세도 같다. 애 밴 며느리는 상전이듯 모시고 등의 속어가 전해질 정도로 임부에 대한 온 가족의 협조는 필수적이며 그 중에도 남편의 협조가 가장 중요하다. – 유안진『도리도리 짝자꿍』

74) 아내가 귀여우면 처갓집 호박꽃도 곱게 보인다.

속담은 '아내가 귀엽게 여겨지면, 아내와 연관된 모든 것들도 다 좋게만 보인다.'라는 뜻으로 빗대는 말이다.

아내가 귀여우면 처갓집 말뚝 보고도 절한다는 속담처럼 열에 서너 사람은 그 나름의 '정서'와 즉흥적인 기분으로 표를 던졌고,……

– 이문구『풀뿌리와 꽃』

75) 아닌 밤중에 인절미.

속담은 '갑자기 얻는 행운.'이라는 뜻으로 빗대는 말이다.

"**아닌 밤중에 인절미**라고, 소리 장원에 뽑혀 가짜 명칭이 되잖는가, 과거 보는 데 과거 판을 이끌잖는가, 보성 촌놈 장호삼이가 오랜만에 출세 한번 크게 했소……." – 송기숙『녹두장군』

76) 아랫돌 빼서 윗돌을 막는다.

속담은 '임시방편으로 그때 그때 때워 넘긴다.'라는 뜻으로 빗대는 말이다.

"그나저나 저도 자식을 학교에 보내고 있지만, 요즘 교육문제 정말로 큰일이에요. 이건 선생님 앞에서 할 얘기가 아니지만서도, 가만하는 꼴들을 보면 **아랫돌 빼서 윗돌 괴기** 바쁜 게 요즘 교육 아닌가 싶어요."
– 이은식 『꽃 피고 새가 울면』

77) 아비를 보면 그 자식을 짐작할 수 있고, 자식을 보면 그 아비를 짐작할 수 있다.

속담은 '아비와 자식은 서로 닮았기 때문에 어느 한쪽만 보고도 다른 한쪽을 추측할 수 있다.'라는 말이다.

그 애비를 보면 그 자식을 알 수 있고 자식을 보면 그 애비를 짐작할 수 있다는 속담은 별로 신빙성이 가지 않는 것 같다. 자식 놈을 여럿 기르다 보면 그 애비도 애미도 형도 동생도 닮지 않은 엉뚱한 놈도 보게 된다.
– 오영수 『어린 상록수』

78) 아이 기르다 보면 반 의원도 되고 반 무당도 된다.

속담은 '아이를 기르다보면 온갖 정성과 노력이 들어야 한다.'라는 뜻으로 빗대는 말이다.

'**아이 기르다 보면 반 의원도 되고 반 무당도 된다**.'는 말이 있다. 기분이 좋은지 나쁜지, 어디가 얼마나 아픈지, 낫자면 어떻게 해야 하는지, 그냥 둬도 나을 병인지, 배가 고픈 건지 아픈 건지, 거짓말인지 참말인지…… 할머니들은 신통하게 잘 알고들 계신다.
– 김대행 『문학이란 무엇인가』

79) 아침에 차 맛이 좋으면 날씨가 맑다.

속담은 '음식물을 쾌적하게 받아들이는 것은 고기압으로 인한 신체 조건 때문이라.'라는 뜻으로 빗대는 말이다.

> '**아침에 차 맛이 좋으면 날씨가 좋다**.'라는 말이 있다.…… 이런 조건을 만족 시켜 주는 기상환경은 바로 고기압권 내에 있을 때이다. 이런 때는 자고 나면 몸이 가볍고 기분이 좋아진다. 그래서 차의 맛도 한결 좋아지는 것이다. 이 속담은 도시 생활을 하는 사람에게 맞는 속담으로 근거 있는 것이다. – 박대흥 『날씨를 알면 내일이 보인다』

80) 악처가 효자보다 낫다.

속담은 '아무리 악처라 하더라도 사내에게는 효도하는 자식보다 낫게 여겨진다.'는 뜻으로 빗대는 말이다.

> "너 올케 말로는 돌아가신 분 상도 안 벗었는데 얼마다 살겠다고 약 먹겠느냐 하셨다며?" "그러셨나봐요." "형무소 갔다 온 게 무슨 자랑이라고, 나는 약을 먹는데……허허헛……흔히들 **악처가 효자보다 낫다**는 말을 하는데 틀린 말은 아닌 모양이야." – 박경리 『토지』

81) 자기 집 문턱 드나들 듯 한다.

속담은 '제 마음대로 드나든다.'라는 뜻으로 빗대는 말이다.

> 닷새 만에 하루씩 **자기 집 문턱 드나들듯 했던** 양판인데, 이 꼴을 하고 들어서자니, 어디로 가야 하는가, 꼭 핑계 잃은 사돈네 집에 들어가기였다. – 송기숙 『자랏골의 비가』

82) 자루 속의 송곳은 빠져 나온다.

속담은 '어떤 일들이 자꾸 터져 숨길 수가 없다.'라는 뜻으로 빗대는 말이다.

> 소문이 대궐 밖으로 새여나갈까 봐 백관들의 입에 신언패라는 자갈을 물린다. 렴탐군을 박는다. 하여간 안한 것이 있는 줄 아시우? 그런다구 **자루 속의 송곳을 감출 수는 없는 거구**. – 홍석중 『황진이』

83) 자빠진 김에 쉬어 간다.

속담은 '어떤 일이 일어난 김에 그동안 하고 싶었던 것을 한다.'라는 뜻으로 빗대는 말이다.

> "미대접 이어서 면목이 아닙니다. 뒤꼍에다 등물을 마련해 놓긴 하였습니다만 곤하시면 그대로 침석에 드시지요" "나 또한 면목이 없소만 **자빠진 김에 쉬어 가더라고** 하룻밤 구들장 신세를 져야 하겠소."
> – 김주영 『객주』

84) 자식 놓고는 장담하는 게 아니다.

속담은 '제 자식이 어떻게 될지 모르기 때문에 함부로 입빠른 말을 하지 말라.'라는 뜻으로 빗대는 말이다.

> 한국에서 사는 한국 사람도 외국인과 결혼하는 경우가 많다는데 오죽하겠냐고 체념을 했었다. 그런 걸 보면서도 나는 전혀 고민하지 않았다. 내 딸이야 그러지 않겠지. **자식 놓고는 장담하는 게 아니라**더니 내가 그 짝이었다.
> – 이유진 『나는 봄꽃과 다투지 않는 국화를 사랑한다』

85) 자식을 겉은 낳아도 속은 못 낳는다.

속담은 '자식들이 제 생각대로 사는 것을 어찌 할 수가 없다.'라는 뜻으로 빗대는 말이다.

"느그 애미부텀 쳐 쥑인 연휴에 사회주의를 허든가 지랄을 허든가 맘대로 허라고 지아모리 목매달어도 오약눈 한나 깜작않는 목석 같은 종자를 낸들 으짤 것이요, **자식을 겉은 낳아도 속은 못 낳는다**는 옛말이 하나도 그르지 않습디다." – 윤흥길 『밟아도 아리랑』

86) 자식을 보기에 아비만한 눈이 없고, 제자를 보기에 스승만한 눈이 없다.

속담은 '자식은 제 아비가 가장 잘 알고, 제자는 스승이 제일 잘 알게 마련.'이라는 뜻으로 빗대는 말이다.

"허허. **자식 보기는 아비만한 눈이 없고 제자 보기는 선생만한 눈이 없다**더니, 내 속을 알기는 형수씨만한 사람이 없어."
– 송기숙 『암태도』

87) 자전거를 피하다가 트럭에 친다.

속담은 '하찮은 것을 피하려다 큰 화를 당한다.'라는 뜻으로 빗대는 말이다.

나라 잃은 슬픔과 사랑에 주린 고독을 심훈은 매양 술로 달래었다. 그러나 **자전거를 피하다가 트럭에 치는 수가 있는 모양**으로 슬픔을 가라앉히려고 술을 들이키다 도리어 덧드려서 몸부림치며 우는 수가 많았다. – 윤석중 『고향사에서의 객사·심훈』

88) 잘 먹고 잘 입어 못난 놈 없고, 왕후장상에 씨가 없다.

속담은 '귀하고 천한 사람의 씨가 따로 있는 것이 아니고, 잘 먹고 잘 입으면 누구나 귀하게 보인다.'라는 뜻으로 빗대는 말이다.

옛날 등빠진 잠뱅이의 뚝머슴 꼴은 간데 없고 등 따시고 배부른 신색이 그 화색에서부터 해돋이의 동쪽 하늘처럼 변했다. **잘 먹고 잘 입어 못난 놈 없고 왕후장상에 씨가 없다**던 옛말 틀린 데 없었다.
– 송기숙 『재수없는 금의환향』

89) 잘 키운 딸자식 열 아들 안 부럽다.

속담은 '딸을 잘 키워 놓으면 아들 많은 집보다 훨씬 낫다.'라는 뜻으로 빗대는 말이다.

잘 키운 딸자식 열 아들 안 부럽다더니 잘못 키운 딸이라도 숫자가 많으니까 잘 키운 아들은 저리 가라 돌려 세웠다. 칠공주 소리가 그렇게 겁이 났던지 딸 여섯 낳고 마누라를 억지로 보건소에 보내던 최였는데……. – 김수용 『우봉리 사람들』

90) 잠꾸러기 집은 잠꾸러기만 모인다.

속담은 '끼리끼리 어우러지게 마련.'이라는 뜻으로 빗대는 말이다.

"**잠꾸러기 집은 잠꾸러기만 모인다**." "조는 집은 문턱부터 존다." "조는 집에 자는 며느리 온다." 게으른 자의 떼짓기인데 나는 그런 부류가 아니다. – 최래옥 『말이 씨가 된다』

91) 차갑기는 섣달 냇물이다.

속담은 '사람의 언행이 무척 쌀쌀하다.'라는 뜻으로 빗대는 말이다.

길가의 대꾸가 **차갑기는 섣달 냇물인데** "이놈아, 고쟁이 열 두 벌을 껴입어도 보일 것은 다 보인다." "그렇다면?" "아주 도륙을 내어 본때를 보여주마." – 김주영 『객주』

92) 찬물 떠 놓고 성례한 놈들이 더 잘 산다.

속담은 '아무 것도 가진 것 없이 혼인하여 살기 시작한 부부가 열심히 일하며 더 잘 살게 된다.'라는 뜻으로 빗대는 말이다.

> "집안이 너무 잔구혀서 걔 신랑감으루야 워디 쓰겄어?" "원 영감두 옛말두 못 들어 봤우? **찬물 떠놓고 성례헌 눔들이 더 잘산다**구 말유.……"
> – 박경수 『귀향사』

93) 참새가 떠든다고 구렁이가 움직일까.

속담은 '하찮은 것이 나댄다고 해도 위인은 눈 하나 깜박 않는다.'라는 뜻으로 빗대는 말이다.

> "네 년이 내 위세를 몰라서 그런 말을 묻고 있는 게지. **참새가 떠든다고 움직이는 구렁이를 본적이 있느냐**?" – 김주영 『객주』

94) 참새가 죽어도 짹 한다.

속담은 '아무리 하찮은 것이라도 해치면 저항을 하게 마련.'이라는 뜻으로 빗대는 말이다.

> "제미, 아무리 양문이라고 하제마는 그래도 **참새도 죽을 적에는 짹 하고 죽는 것인디**, 턱 떨어진 외가리 맨키로 양문이 입만 쳐다보고 있다가, 곰 창날 받대끼 그런 뚜부에 이빨도 안들어갈 소리나 듣고 와서, 괴 불알 앓는 소리나 듣고 와서, 괴 불알 앓는 소리도 아니고, 도깨비 여울물 건너는 소리도 아닌 소리로 연설이나 풀고 있단 말이여?"
> – 송기숙 『자랏골의 비가』

95) 참새 잡을 잔치에 소 잡는다.

속담은 '아주 하찮은 것으로 감당할 수 있었던 일을, 잘못하여 큰 재물을 들이게 되었다.'라는 뜻이다.

> 욕은 그 과장 때문에 "**참새 잡을 잔치에 소 잡을 놈**"이라고 욕 듣기 십상이다. 그러나 엄밀히 따져보자. 다 같은 과장법이라지만 욕의 과장법은 시적 과장법과는 다르다. – 김열규 『욕』

96) 처삼촌 무덤에 벌초하는 놈 없다.

속담은 '아주 멀게 느껴지는 친척의 일에 누구나 무관심하다.'라는 뜻으로 빗대는 말이다.

> "예전버텀 **처삼춘 무덤에 벌초허는 늠 없다**길래 왜 그런가 했더니 오늘 보니 알겄구먼." 하며 내가 남긴 엽차를 마저 마시고는…….
> – 이문구 『관촌수필』

97) 천 냥으로 집을 사고, 칠천 냥으로 이웃을 산다.

속담은 '이웃을 잘 두는 일이 살아가는데 무척 중요하다.'라는 뜻으로 빗대는 말이다.

> 그래서 우리나라 속담에 '집이 천 냥이면 이웃이 삼천 냥'이라 하고 '**천 냥으로 집을 사고 칠천 냥으로 이웃을 산다**.'고 하였던 것이다. 집이라는 말에도 건물이라는 뜻 외에 정다움이 있듯이 이웃에도 거리 말고도 정다움이 있는 것이다. – 최래옥 『우리 민속의 멋과 얼』

98) 코 앞에 밥알 떼기도 귀찮다.

속담은 '도무지 꼼짝하기도 귀찮다.'라는 뜻으로 빗대는 말이다.

> "천수 안 왔수?" "그자식 요새 제 **코 앞에 밥알 떼기두 귀찮은 형**

편인데 왜 찾으슈? 뭐 넘길 거 있으면 내가 후히 처리해 드리리다."

– 황석영 『장길산』

99) 큰 것을 보았어야 작은 것을 안다.

속담은 '견문이 풍부해야 사리를 제대로 판단할 수 있다.'라는 뜻이다.

교무실에 칼라 테레비 사다 바치는 건 큰 호사구 대사업이구먼? 허기는 그려. 원제 **큰 것을 봤으야 즉은 것을 알지**.

– 이문구 『우리동네』

100) 푸른 소나무 절개는 겨울이 되어야 한다.

속담은 '고난의 시대라야 올곧은 사람을 알게 된다.'라는 뜻으로 빗대는 말이다.

이때 이리저리 불 앞으로 몸을 굴리며 자고 있던 한 젊은 군사가 자리에서 벌썩 일어나며 말했다. "**푸른 소나무의 절개는 겨울이 되어야 알 듯이** 어려운 때를 당하고야 사람의 마음을 알게 된다더니…… 참, 대장부 한번 먹은 마음이야 한결같아야지."

– 박태원 『갑오농민전쟁』

101) 파장 나그네 갓끈 조이듯.

속담은 '뭔가를 바짝 조여댄다.'라는 뜻으로 빗대는 말이다.

"조사원들이 출정 용사의 집은 감히 들어가질 못했기 때문이었다. 그랬는데 웬일인지 이 봄 들어서는 **파장 나그네 갓끈 조이듯** 바짝 조여 숨도 제대로 쉴 수가 없었다."

– 강준희 『그리운 보릿고개』

102) 파장 늙은이 막걸리 팔듯.

속담은 '뭔가를 아주 싸게 마구 내놓는다.'라는 뜻으로 빗대는 말이다.

> 송도 문전의 기둥 같고 금강산 비로봉같이 두리뭉실 굵고도 헐한 엿이 싸구려. "**파장 늙은이 막걸리 팔듯**, 색주에 큰애기 궁둥이 팔듯 막 팔아요. 거저 주는 엿이요." – 황석영 『장길산』

103) 나무라는 시어머니보다, 말리는 시누이가 더 밉다.

속담은 '겉으로는 위해주는 척 하면서 속으로는 정 반대의 생각을 하기 십상.'이라는 뜻으로 빗대는 말이다.

> 멀어져 가는 그들을 노려보며 두 번 째 농부가 이빨을 뿌드득 갈았다. "**나무래는 씨엄씨보담 말기는 시누가 더 밉다**는 말언 저 이동만 이놈 두고 헌 말이여." 세 번째 농부가 주먹질을 해댔다.
> – 조정래 『아리랑』

104) 밥 먹고 살려면 돌멩이도 씹고 뉘도 씹게 마련이라.

속담은 '살아가려면 때때로 고통을 겪게 마련.'이라는 뜻으로 빗대는 말이다.

> 안경을 벗어들고 짓무른 눈자위를 비벼대며 그가 탁하게 가라앉은 목소리로 말했다. "새삼스럽게 마음 상해 하지들 마시우. **밥 먹고 살라면 때로 돌멩이도 씹고 뉘도 씹히게 마련** 아니우?"
> – 이동하 『몰매』

105) 가을 물은 소 발자국에 고인 물도 먹는다.

속담은 '가을 물은 여로 조건에 의해 무척 맑고 깨끗하게 되어, 웬

만하면 그냥 먹을 수 있다.'라는 뜻으로 빗대는 말이다.

> 아무나 주워댄 속담 가운데에 '**가을 물은 소 발자국에 고인 물도 먹는다**.'는 말이 있는 것을 보면 짐작이 가고도 남는 일이 아니겠는가.
>
> – 이문구 『가을비 속의 가을물 소리』

106) 사람은 죽어서도 넋두리가 있다.

속담은 '사람은 죽어서라도 이런저런 방법으로 넋두리를 하게 된다.'라는 뜻으로 빗대는 말이다.

> "말이나 않으면 중간이나 가지." 하고 조는 귀살머리스럽다는 듯이 고개를 돌렸다. "**사람은 죽어서도 넋두리가 있는 법**인데 산 입 두었다가 뭐하려고 말을 안허냐?"
>
> – 이문구 『산너머 남촌』

(* Ⅲ. 속담을 활용한 우리말글 실례는 『한국의 속담 대사전, 정종진』에서 속담을 활용하였으며, 국어학적인 내용은 『문식력을 키우는 우리말글, 황경수』에서 보완하여 가지고 왔다.)

Ⅳ. 언어 예절

Ⅳ. 언어 예절

1 인사 예절

1) 인사의 의미

① 인사는 마음의 문을 여는 열쇠이다.

② 인사는 자신의 인격을 표현하는 최초의 행동이다.

③ 인사는 개인적 소양을 나타내는 자기표현이다.

④ 상대에게 예절의 시작이며 기본이다.

⑤ 상대에게 좋은 이미지와 진심을 전달한다.

⑥ 선배님에 대한 존경심과 동료 및 후배에 대한 애정의 외적 표현이다.

2) 인사말

① 밝은 마음: '안녕하십니까?', '안녕하세요.'

② 상냥한 마음: '네', '예'

③ 사과하는 마음: '미안합니다.', '죄송합니다.'

④ 겸허한 마음: '덕택으로', '당신 때문에'

⑤ 감사하는 마음: '고맙습니다.', '감사합니다.'

⑥ 간청하는 마음: '부탁합니다.', '도와주십시오.'

3) 올바른 인사법

(1) 인사의 종류

① 목례: 평교지간, 아랫사람, 우연히 두 번 이상 만난 분, 낯선 어른 등을 만날 때: 상체를 15도 숙임.

② 보통례: 일상생활에서 어르신이나 교수님을 만날 때: 상체를 30도 숙임.

③ 경례: 집안 어르신, 결혼식 등: 상체를 45도 숙임.

(2) 인사 거리

① 인사 대상과 방향이 다를 때: 30보 이내

② 인사 대상과 방향이 마주칠 때: 6보 이내

(3) 시선

① 인사하기 전에 상대방의 시선을 바라본다.

② 1.5미터 정도 전방을 본다.

③ 인사 후에도 상대방의 시선을 본다.

(4) 양손의 위치

여자: 오른손으로 왼손을 감싸서 아랫배에 가볍게 댄다.

남자: 왼손으로 오른손을 감싸서 아랫배에 가볍게 대거나 가볍게 주먹을 쥐고 바지 재봉선에 둔다.

(5) 표정

① 얼굴에 가벼운 미소를 띤다.

② 입술 양끝에 살며시 힘을 주어 약간 위로 올린다.

③ 인사말을 할 경우에는 밝은 목소리로 한다.

4) 잘못된 인사법

① 망설이다 하는 인사

② 고개만 까딱하는 인사

③ 무표정한 인사

④ 눈맞춤이 없는 인사

⑤ 말로만 하는 인사

2 응대 예절

1) 악수 예절

악수는 사람이 처음 만날 때 하는 인사 행위로서 매우 중요하다. 악수를 할 때는 상대방의 눈을 쳐다보면서 부드럽게 미소를 지으면서 악수를 한다. 상대가 여성인 경우는 손을 가볍게 쥐는 것이 예의다. 악수를 하면서 고개를 숙이거나 허리를 굽혀 인사를 하는 사람이 있는데, 악수 그 자체가 인사의 일종이므로 다른 인사를 할 필요가 없다.

① 악수를 청하는 순서

- 여성이 남성에게 한다.
- 윗사람이 아랫사람에게 한다.
- 결혼한 사람이 결혼하지 않은 사람에게 한다.
- 선배가 후배에게 한다.

② 악수 매너

- 소개를 받았다고 곧바로 손을 내밀지 않는다.
- 오른 손을 잡고 얼굴에 미소를 띠며 기쁜 마음으로 악수한다.
- 악수를 할 때 어깨에 걸치거나 껴안는 등 불필요하고 과장된 행동은 품위가 없어 보이므로 삼간다.

- 너무 세게 쥐거나 약하게 잡아서는 안 되며, 손끝만 내밀어서는 안 된다.
- 손을 잡은 채로 오래 말을 해서는 안 되며, 인사만 끝나면 곧 손을 놓는다.
- 악수를 청했는데 받아 주지 않는 것은 상대방을 무시하거나 도전적인 의사의 표시로 여겨지므로 주의한다.
- 예식용 장갑은 벗지 않아도 되며, 방한용 장갑은 벗어야 하나, 상대가 장갑을 낀 채면 낀 채로 응해도 된다.
- 윗사람이나 여자에게 먼저 악수를 청해서는 안 된다.

2) 소개 예절

① 자신을 남에게 소개하는 경우

자신을 남에게 직접 소개할 경우 소개말의 기본적인 틀은 다음과 같다.

- 처음 뵙겠습니다.(또는 '인사드리겠습니다.')

  상대방이 자신을 잘 알 수 있도록 신상에 대한 정보를 주거나 부탁의 말을 덧붙이는 경우, 이러한 말은 기본적인 소개말의 중간이나 뒤에 붙인다. 이를테면 자신의 직장을 말할 경우, 다만 '○○에 근무하는' 보다는 '○○의' 또는 '○○에 있는'으로 해서 다음과 같이 하는 것이 좋다. 대화에서는 간결하고도 함축적인 표현이 효과적이기 때문이다.

② 다른 사람이 소개한 후, 혹은 여러 사람 앞에서 자신을 소개할 경우

- 안녕하십니까? ○○○입니다.

③ 동년배나 아랫사람에게 자기를 소개하는 경우

- 처음 뵙겠습니다. ○○○입니다.

④ 아버지에 기대어 자신을 소개하는 경우

- 저의 아버지는 ○자 ○자 이십니다.

⑤ 자신의 성이나 본관을 남에게 소개하는 경우

- 자신의 성이나 본관을 말할 때: ○가/○○ ○가
- 남의 성이나 본관을 말할 때: ○씨, ○○ ○씨

⑥ 사람을 소개하는 순서

중간에서 사람을 소개할 경우의 일반적인 원칙은 다음과 같다.

- 친소관계를 따져서 자기와 가까운 사람을 먼저 소개한다.
- 손아래 사람을 손위 사람에게 먼저 소개한다.
- 남성을 여성에게 먼저 소개한다.

3) 전화 예절

전화 예절의 핵심은 전화를 거는 사람이나 받는 사람이 서로 신분을 정확히 밝히고 용건을 분명하고, 정중하게 전하는 데 있다.

① 전화 사용 요령

㉠ 전화를 받을 때

벨이 울리면 수화기를 들고	**집**	여보세요. 여보세요.(지역 이름)입니다.[허용] 네, (지역 이름)입니다.[허용]
	직장	네, ○○○입니다.
전화를 바꾸어 줄 때	**집**	(네), 잠시(잠깐, 조금) 기다려 주십시오. 바꾸어 드리겠습니다.
	직장	(네), 잠시(잠깐, 조금) 기다려 주십시오. 바꾸어 드리겠습니다.
상대방이 찾는 사람이 없을 때	**집**	지금 안 계십니다. 들어오시면 뭐라고 전해 드릴까요?
	직장	지금 안 계십니다. 들어오시면 뭐라고 전해 드릴까요?
잘못 걸려 온 전화일 때	**집**	아닌데요(아닙니다), 전화 잘못 걸렸습니다.
	직장	아닌데요(아닙니다), 전화 잘못 걸렸습니다.

㉡ 전화를 걸 때

상대방이 응답을 하면	집	안녕하십니까? (저는, 여기는) ○○○입니다. ○○○씨 계십니까?
	직장	안녕하십니까? (저는, 여기는) ○○○인데요, ○○○ 씨 좀 바꾸어 주시겠습니까? (교환일 때) 안녕하십니까? ○○번 좀 부탁합니다.
통화하고 싶은 사람이 없을 때	집	죄송합니다만, ○○한테서 전화왔었다고 전해 주시겠습니까?/말씀 좀 전해 주시겠습니까?
	직장	죄송합니다만, ○○한테서 전화왔었다고 전해 주시겠습니까?/말씀 좀 전해 주시겠습니까?
대신 거는 전화	직장	안녕하십니까? ○○○ 님의 전화인데요. ○○○씨를 부탁합니다. (부탁한 전화가 연결되었을 때) 안녕하십니까? 저는 ○○회사 ○○○입니다. ○○○님의 전화인데요. 바꾸어 드리겠습니다.
전화가 잘못 걸렸을 때		죄송합니다(미안합니다), 전화가 잘못 걸렸습니다.

㉢ 전화를 끊을 때

안녕히 계십시오.
고맙습니다. 안녕히 계십시오.
이만(그만) 끊겠습니다. 안녕히 계십시오.

② 휴대폰 사용 예절

휴대폰으로 인한 문제가 많이 발생하고 있다. 유선 전화와 달리 휴대폰은 전자파의 발생으로 인해 병원이나 항공기 등과 같은 곳에서 사용할 경우 다른 기계에 치명적인 문제를 야기할 뿐만 아니라 때와 장소를 가리지 않고 울려대는 신호음 때문에 많은 문제를 일으키고 있다. 휴대폰을 사용할 때는 다음과 같은 점에 유의해야 한다.

- 여러 사람들이 모여 있는 공공장소에서 전화가 왔을 때는 밖으

로 나가서 받는다.

- 열차나 전철 안에서 사용할 때는 목소리를 낮추어 다른 사람에게 폐를 끼치지 않도록 조용하게 받는다.
- 음악회, 영화관 등에서는 휴대폰의 전원을 끄거나 진동으로 전환한다.
- 자의적으로 움직일 수 없는 강의 시간이나 회의 시간 등에는 휴대폰을 끄거나 진동으로 전환해 두고 전화를 받아서는 안 된다. 시간이 끝난 뒤 발신 전화를 확인해서 전화를 하도록 한다.
- 운전 중에는 휴대폰을 사용해서는 안 된다.
- 항공기나 병원 등 휴대폰 사용이 금지된 곳에서는 반드시 전원을 끄도록 한다. 휴대폰에서 발생되는 전자파가 정밀 전자기기에 영향을 미칠 수 있기 때문이다.

3 강의실 예절

강의실은 학문을 배우고 가르치는 신성한 공간이다. 교수와 학생, 선생과 학생이 모두 진지하게 자신의 미래를 설계해 가는 기초를 놓게 되는 시간이자 공간이기도 하다. 이런 신성한 공간에서는 그에 맞는 예절이 뒷받침 되어야 하며, 나 자신만이 아닌 그 공간에 있는 모두를 배려할 줄 아는 자세가 있어야 한다.

강의실에서 반드시 지켜야 하는 예절은 다음과 같다.

① 휴대전화를 꺼 놓아야 한다. 간혹 진동으로 해 놓는 경우도 있으나 진동으로 해 놓으면 옆에 있는 사람에게 방해가 될 뿐만 아니라 휴대전화에 모든 신경이 쓰여 강의에 집중이 되지 않는다. 결국 자신이나 타인에게 손해가 되는 결과를 가져온다.

② 책과 필기구, 노트 등은 기본적으로 준비해 가야 한다. 강의를

받으러 오고 어떤 지식이라도 습득해 갈 마음의 준비가 된 학생이라면 그 강의에 필요한 필기구 및 책, 노트는 기본적으로 가져와야 하며 강의를 해 주시는 교수님에 대한 예의이다.

③ 강의를 받을 수 있는 단정한 옷차림을 하며, 교수도 역시 정장을 입도록 한다. 가장 많은 문제가 있는 부분으로 대학의 경우에는 옷차림에 자율성이 강조되기 때문에 예의에 어긋나는 복장으로 수업에 임하는 학생이 대부분이다. 이는 잘못된 것으로 앞에서 강의하시는 교수에 대한 예의가 아니므로 주의해야 한다.

④ 학생은 미리 강의실에 도착하면 앞자리부터 자리를 채운다. 늦게 온 학생은 수업에 방해가 되지 않도록 뒷문으로 들어가 조용히 앉는다.

⑤ 학생들은 강의 시간에 늦지 않도록 주의해야 하며, 강의를 하는 교수도 강의 시간을 반드시 지켜야 한다.

⑥ 강의 시작할 때와 마칠 때에 정중하게 인사를 나누며, 출석을 부를 때에는 잡담을 하지 않는다.

⑦ 강의실에서는 품위 있는 표준말을 사용하고, 교수는 강의를 할 경우에 시선을 학생들에게 고르게 주고, 학생의 인격을 존중해 준다.

⑧ 학생은 한눈팔거나 떠들지 않고 강의에 성심껏 참여하며, 교수가 강의를 하고 있는데 음식을 먹거나 잠을 자거나 옆의 사람과 잡담을 하거나 화장을 고치거나 하지 않는다. 피치 못할 사정으로 꼭 그래야 한다면 조용히 강의실 밖으로 나가 일을 마치고 돌아온다.

⑨ 교수가 학생을 꾸중할 일이 생기면 조용히 짧게 주의를 주고, 길어질 것 같으면 연구실로 불러서 이해시킨다. 학생은 지적된 사항에 대해서 반성하고 이의가 있으면 교수의 말이 끝난 다음에 공손히 얘기한다.

그 외에 강의가 끝나 교수가 강의실을 나가면 그 후에 학생들은 자리에서 일어나며, 강의가 예정 시간보다 일찍 끝났더라도 옆 강의실에서는 강의가 진행 중이므로 조용히 한다. 또한 의자를 옮겨왔으면 강의 끝난 후 제자리에 갖다 놓고, 강의실을 깨끗이 사용하며, 음료를 마시고 난 빈 깡통은 반드시 쓰레기통에 버린다. 벽과 책상, 의자에 낙서를 하거나 칼로 긁지 않으며, 실습 할 경우에는 비품을 조심히 다루고 훼손했을 경우 즉시 보고한다. 마지막 강의 시에는 전등을 끄고 나간다.

4 교수님에 대한 예절

대학에서는 선생님을 '교수님'이라 부르고 있다. 중・고등학교처럼 담임 선생님이 있는 것이 아니고 학과에서는 전공별 교수님이 있다. 중・고등학교 때와는 달리 수업 시간 외에는 교수님과 마주칠 일이 없기 때문에 예절에 소홀할 수 있다. 그러나 학생이 많다고 교수님께서 '자신을 알아볼 수 있을까?'라는 의구심에 예절을 소홀히 하는 일은 없어야 한다. 또한 자신의 전공과 다른 전공의 교수님이라고 할지라도 자기 학교의 교수님이라는 사실을 알고 있다면 인사를 하는 것이 예의이다.

강의실이나 복도, 학과 사무실, 학과 자료실 등에서 교수님을 마주친다면 형식적인 인사보다는 예의를 갖추고 존경하는 마음을 가지고 인사를 해야 한다. 특히 다른 전공을 가르치시는 교수님이라도 가벼운 목례를 하도록 한다. 교수님께 인사할 때에는 등・하교 시나 교내에서 뵈었을 때는 15도로 하고, 강의 시간에는 30도로 하며, 개인적으로 교수님을 찾아뵙거나 교수님께서 자신을 찾을 경우에는 정중하게 45도로 인사하는 것이 좋다. 교수님과 거리는 2 ~ 5m 정도에서 인사를 하는 것이 적당하고, 교수님과 대화를 나눌 때는 몸을 함부로 움직이거나 책상을 손으로 짚는 등의 흐트러진 자세는 삼가야 한다.

대학에서는 중·고등학교와 달리 자신에게 상당 부분 자율성이 있다고 해서 교수님께 꾸지람을 듣거나 충고를 들을 때에 반항적이거나 변명, 무례한 행동 등은 올바르지 못한 것으로 순응하며 마음으로 받을 수 있는 성인의 자세가 필요하다.

교수님께 학문을 배우고 많은 가르침을 받을 경우에는 기본적으로 존경하는 마음가짐을 갖도록 하며, 취업 주선 및 지도를 받게 되면 감사의 인사를 해야 한다. 만약 바쁠 경우에는 전화로라도 자신의 근무 상태 및 안부를 전하는 것이 예의인 것이다.

한 학기가 끝나거나 졸업을 할 경우에는 감사의 인사, 사은회 등으로 대학 재학 중에 감사했던 인사를 전하는 것도 올바른 예절이라 할 수 있다.

참 고 문 헌

강규선(2001), 『훈민정음 연구』, 보고사.

강범모(2005), 『언어』, 한국문화사.

고영근(1983), 『국어문법의 연구』, 탑출판사.

국립국어연구원(1999), 『표준국어대사전』, 두산동아.

국립국어연구원(2003), 『표준 발음 실태 조사 I -III』, 국립국어연구원.

국립국어연구원(2001), 『한국 어문 규정집』, 국립국어연구원.

국어연구소(1988), 『한글 맞춤법 해설』, 국어연구소.

국어연구소(1988), 『표준어 규정 해설』, 국어연구소.

국어연구회(1990), 『국어연구 어디까지 왔나』, 동아출판사.

권인한(2000), 「표준발음」, 『국어생활』 10-3, 국립국어연구원.

권재일(1998), 『한국어문법사』, 박이정.

권희돈(2009), 『비움과 채움의 상상력』, 박문사.

김계곤(1996), 『현대국어 조어법 연구』, 박이정.

김광해(1993), 『국어어휘론 개설』, 집문당.

김기혁(1995), 『국어문법 연구』, 박이정.

김동소(2002), 『중세 한국어개설』, 대구가톨릭대학교 출판부.

김미형(1995), 『한국어 대명사』, 한신문화사.

김민수(1960), 『국어문법론 연구』, 통문관.

김방한(1992), 『언어학의 이해』, 민음사.

김선철(2004), 「표준 발음법 분석과 대안」, 『말소리』 50, 대한음성학회.

김영희(1988), 『한국어통사론의 모색』, 탑출판사.

김정은(1995), 『국어 단어형성법 연구』, 박이정.

김창섭(1996), 『국어의 단어형성과 단어구조 연구』, 태학사.

김하수 외(1997), 『한글 맞춤법, 무엇이 문제인가?』, 태학사.

김희숙(2011), 『21세기 한국어 정책과 국가 경쟁력』, 소통.
나찬연(2002), 『한글 맞춤법의 이해』, 월인.
노대규(1998), 『국어의미론연구』, 국학자료원.
남기심 · 고영근(1985), 『표준국어문법론』, 탑출판사.
리의도(1999), 『이야기 한글 맞춤법』, 석필.
문화부(1990), 「표준어 모음」, 『국어생활』 22.
문화부(2004), 『국어 어문 규정집』, 대한교과서주식회사.
미승우(1993), 『새 맞춤법과 교정의 실제』, 어문각.
민족문화사(2003), 『(한글)맞춤법, 띄어쓰기』, 민족문화사.
민현식(1999), 『국어정서법연구』, 태학사.
박덕유(2002), 『문법교육의 탐구』, 한국문화사.
박영순(2002), 『한국어 문법교육론』, 박이정.
박종호(2011), 「온톨로지 기반 한국어 동사 의미망 구축 방법 연구」, 청주대학교 박사학위논문.
박형익 외(2007), 『한국 어문 규정의 이해』, 태학사.
배주채(1996), 『국어음운론 개설』, 신구문화사.
배주채(2003), 『한국어의 발음』, 삼경문화사.
백문식(2005), 『(품위 있는 언어 생활을 위한) 우리말 표준 발음 연습』, 박이정.
북피아(2005), 『(새로운)한글 맞춤법, 띄어쓰기』, 북피아.
서정수(1998), 『국어문법』, 한양대학교 출판원
성기지(2001), 『생활 속의 맞춤법 이야기』, 역락 출판사.
손남익(1995), 『국어 부사 연구』, 박이정.
손세모돌(1996), 『국어 보조용언 연구』, 한국문화사
송기중(1991), 「한글의 로마자 표기법」, 『등불』, 국어정보학회.
송　민(2001), 『한국 어문 규정집』, 국립 국어 연구원.
송석중(1993), 『한국어문법의 새 조명』, 지식산업사.

송철의(1998), 「표준발음법」, 『우리말 바로 알리』, 문화부.
시정곤(1998), 『국어의 단어형성 원리』, 한국문화사.
신지영 외(2003), 『우리말 소리의 체계』, 한국문화사.
안상순(2004), 「표준어, 어떻게 할 것인가」, 『새국어생활』 14-1, 국립국어연구원.
이광호 외(2006), 『국어정서법』, 한국방송통신대학교출판부.
이승구(1993), 『정서법자료』, 대한교과서주식회사.
이은정(1990), 『최신 표준어 · 맞춤법 사전』, 백산출판사.
이은정(1991), 『한글 맞춤법에 따른 붙여쓰기/띄어쓰기 용례집』, 백산출판사.
이익섭(1983), 「한국어 표준어의 제문제」, 『한국 어문의 제문제』, 일지사.
이익섭(1992), 『국어표기법연구』, 서울대학교출판부.
이종운(1998), 『국어의 맞춤법 표기』, 세창 출판사.
이주행(2005), 『한국어 어문 규범의 이해』, 도서출판 보고사.
이호영(1996), 『국어음성학』, 태학사.
이희승 외(1989), 『한글 맞춤법 강의』, 신구문화사.
임지룡(1995), 『국어의미론』, 탑출판사.
임창호(2001), 『혼동되기 쉬운 말 비교사전』, 우석출판사.
임홍빈(1999), 『한국어사전』, 시사에듀케이션.
정재도(1999), 『국어사전 바로잡기』, 한글학회.
정경일 외(2000), 『한국어의 탐구와 이해』, 박이정.
정종진(2005), 『한국의 속담대사전』, 태학사.
조영희(2007), 『한글의 의미적 띄어쓰기 정석』, 신아출판사.
조항범(2004), 『정말 궁금한 우리말 100가지』, 예담.
조항범(2005), 『우리말 활용 사전』, 예담.
최인호(1996), 『바른말글 사전』, 한겨레신문사.
한겨레신문사(2000), 『남북한말사전』, 한겨레신문사.

한용운(2004), 『한글 맞춤법의 이해와 실제』, 한국문화사.
허 춘(2001), 「우리말 '표준 발음법' 보완」, 『어문학』 74, 한국어문학회.
황경수(2009), 『한국어 교육을 위한 한국어학』, 청운.
황경수(2010), 「띄어쓰기의 실제」, 『새국어교육』 제86호, 한국국어교육학회.
황경수(2011), 『글쓰기를 위한 우리말 좋은 글』, 청운.

저자 약력

황경수

- 충북 출생
- 청주대학교 국어국문학과(문학박사)
- 현, 청주대학교 교수
- 현, 청주대학교 국어문화원 책임연구원
- 현, 충청북도 자문위원
- 현, 충북방송 자문위원
- 논저, 효과적인 띄어쓰기에 대하여
- 충북지역 대학생들의 표준발음에 대한 실태 분석
- 훈민정음 중성의 역학사상
- 공문서의 띄어쓰기와 문장 부호의 오류 양상
- 훈민정음 연구(공저)
- 한국어교육을 위한 한국어학
- 한국 어문 규정의 이해 등 다수

최태호

- 경기도 여주 출생
- 한국외국어대학교 국어국문학과(문학박사)
- 중부대학교 한국어학과 교수
- 세계다문화교육학회 회장
- 한국다문화교육복지협회 이사장
- 논저, 한국적 다문화사회의 이해(문경출판사)
- 초급 한국어(문경출판사)
- 영문 노자도덕경(문경출판사)
- 현대시와 한시(은하출판사) 외 16권

박종호

- 충남 대전 출생
- 청주대학교 국어국문학과(문학박사)
- 현, 중부대학교 한국어학과 교수
- 현, 청주대학교 국어문화원 선임연구원
- 논저, 한국어 학습자의 문법적 오류 분석
- 'X하다'의 결합 유형에 관한연구
- 한국어 학습자의 조사 오류 연구
- 우리말 조금만 알면 쉽다(공저)
- 세계어로서의 한국어학(공저) 등 다수

대학인의 글쓰기를 위한
문식력과 문장력

저 자 / 황경수 · 최태호 · 박종호

인 쇄 / 2012년 2월 27일
발 행 / 2012년 3월 2일

펴낸곳 / 도서출판 **청운**
등 록 / 제7-849호
편 집 / 최덕임
펴낸이 / 전병욱

주 소 / 서울시 동대문구 용두동 767-1
전 화 / 02)928-4482,070-7531-4480
팩 스 / 02)928-4401
E-mail / chung928@hanmail.net

값 / 14,000
ISBN 978-89-92093-27-6

* 잘못 만들어진 책은 교환해 드립니다.